碳资产管理
理论与实务

杜 焱 张 琦 主 编
罗兰兰 杨 梅 谌 莹 吴文洋 副主编

清华大学出版社
北 京

内 容 简 介

本书全面介绍了在当前全球各国为控制气候变暖背景下碳资产的形成、定价、交易与市场发展进程，尤其是针对企业和行业，以案例实践的形式生动展现了企业和行业开展碳资产管理的现状和相关策略，为"双碳"背景下我国企业的碳资产管理和实务操作指明了方向。本书共 12 章，内容包括碳资产概述、碳排放交易、碳排放权交易市场、碳金融工具、碳资产定价概述、碳资产定价的理论与方法、碳资产市场的风险控制、企业碳资产管理概述、企业碳资产管理实施体系、碳资产管理实践案例、碳资产与企业融资案例、"双碳"目标下我国企业碳资产管理的发展之路。

本书适合企业管理者、能源行业从业者、碳资产管理行业从业者及大学生阅读使用。

图书在版编目（CIP）数据

碳资产管理理论与实务 / 杜焱，张琦主编. —北京：清华大学出版社，2023.12
ISBN 978-7-302-65012-6

Ⅰ.①碳…　Ⅱ.①杜…　②张…　Ⅲ.①二氧化碳—废气排放量—市场管理—中国　Ⅳ.①X510.6

中国国家版本馆 CIP 数据核字（2023）第 230804 号

责任编辑：吴梦佳
封面设计：傅瑞学
责任校对：李　梅
责任印制：杨　艳

出版发行：清华大学出版社
　　　　　网　　　址：https://www.tup.com.cn，https://www.wqxuetang.com
　　　　　地　　　址：北京清华大学学研大厦 A 座　　　　邮　　编：100084
　　　　　社 总 机：010-83470000　　　　　　　　　　邮　　购：010-62786544
　　　　　投稿与读者服务：010-62776969，c-service@tup. tsinghua. edu. cn
　　　　　质量反馈：010-62772015，zhiliang@tup. tsinghua. edu. cn
　　　　　课件下载：https://www.tup.com.cn，010-83470410
印 装 者：三河市天利华印刷装订有限公司
经　　　销：全国新华书店
开　　本：185mm×260mm　　　　印　　张：15.5　　　　字　　数：372 千字
版　　次：2023 年 12 月第 1 版　　　　　　　　　　印　　次：2023 年 12 月第 1 次印刷
定　　价：49.00 元

产品编号：099743-01

一、编写说明

编者广泛听取了专家和同行的建议,参考了碳资产管理相关的经典资料以及最新资料,并根据授课过程中的经验编写形成本书。

二、编写背景

在人类面临全球气候变化极大威胁的今天,各国政府广泛关注人与自然的和谐发展。党的二十大报告指出:大自然是人类赖以生存发展的基本条件,我们要加快发展方式绿色转型,实施全面节约战略,发展绿色低碳产业,倡导绿色消费,推动形成绿色低碳的生产方式和生活方式。2020 年 9 月 22 日,国家主席习近平在第七十五届联合国大会一般性辩论上庄严宣布:中国将提高国家自主贡献力度,采取更加有力的政策和措施,二氧化碳排放力争于 2030 年前达到峰值,努力争取 2060 年前实现碳中和。在此背景下,碳排放权等碳资产已成为企业等经济社会活动主体的一种独特发展资源。为通过市场化手段加速碳资源的流通和配置,加快以市场化的手段促进企业节能减排,2011 年 10 月,我国 7 省市启动了碳排放权交易试点工作,并于 2013 年起陆续开始上线交易;2017 年末《全国碳排放权交易市场建设方案(发电行业)》印发实施,2021 年全国统一的碳排放权交易市场建成,我国逐步形成了比较完善的碳市场交易体系,碳资产交易市场也逐渐走向成熟,这为企业等各类经济主体开展碳资产管理奠定了坚实的市场基础。

碳资产管理是以碳资产的取得为前提,战略性、系统性地围绕碳资产的开发、规划、控制、交易和创新而进行的一系列管理行为,是依靠碳资产实现企业价值增值的完整过程。碳资产管理与企业节能减排管理的区别在于碳资产管理不仅包括对碳排放权的日常管理和交易管理,还包含一系列围绕碳资产展开的战略性管理过程,目的是形成企业的独特资源,如碳知识、碳人力、碳制度和碳金融资源等。

对于企业来讲,进行碳资产管理的意义是什么呢?首先,在经济层面上,碳资产管理可以提高企业的碳资产资源使用效率,通过碳资产的价格信号和资源配置功能推动企业管理与运营,提高碳资产的利用率和企业生产率,促进技术升级和生产方式的转变。其次,在环境层面上,碳资产管理有利于环境资源的开发、利用和维护。只有站在可持续发展的战略高度,才能更好地确定碳资产管理的定位、内容和实施路径,更好地满足利益相关者的需求,响应国家对生态文明建设的要求,促进我国"双碳"目标的实现。最后,在社会层面上,碳资产管理能够体现企业的社会责任,有助于企业在消费者中树立良好的社会形象,从而获得公众的认同,并通过吸引消费者的关注而获得良好的社会效益。

正是基于以上现实背景,企业急需熟悉碳资产理论、定价、风险控制以及碳市场交易流程和碳金融工具使用方面的专业人才。编者基于多年的授课经验,辅以丰富翔实的案例资料,结合案例由浅入深地讲述碳资产管理的相关专业知识。本书可供高校相关专业的本科生和研究生学习使用,以达到培养碳资产管理专门人才的目的。

三、本书特色

本书内容全面、通俗易懂、案例配套。本书不仅详细介绍了碳资产的概念、理论及发展,而且介绍了碳金融工具、碳资产定价理论与方法、碳资产市场风险控制等实用性知识,梳理了国内外碳市场相关发展现状及趋势。全书以碳资产管理相关知识案例贯穿始终,注重理论性与实践性相结合。本书宗旨是:不仅帮助读者掌握碳资产管理的理论知识,而且能够将其应用到实践中,解决实际问题。不过,要达到合理、灵活地运用理论知识来解决实际问题,还需要对金融专业相关课程进行学习。

针对初学者和自学读者的特点,本书力求做到通俗易懂,对重点、难点知识的讲解深入浅出,用简洁的语言详细讲述知识要点。另外,本书提供的延伸阅读案例也能帮助读者进一步掌握所学理论知识,并熟悉其在解决实际问题中的应用。将理论知识与实践案例相结合的方式也是本书的一大特点。

四、编写分工

本书共分为 12 章,第 1、2 章由杜焱教授编写,第 3、4 章由张琦教授编写,第 5、6 章由杨梅博士编写,第 7、8 章由吴文洋博士编写,第 9、10 章由谌莹博士编写,第 11、12 章由罗兰兰副教授编写。在本书的编写过程中,编者们力求完善,但仍不免有疏漏之处,敬请读者见谅。

目 录
CONTENTS

第1章

碳资产概述

【内容提要】
　　介绍碳资产的概念、特征、种类,以及碳资产的发展趋势。
【教学目的】
　　掌握碳资产的概念、特征和种类,能够区分普通资产与碳资产之间的差异,了解碳资产的发展趋势。
【教学重点】
　　碳资产的概念和特征;普通资产与碳资产之间的区别。
【教学难点】
　　对碳资产的理解。

　　众所周知,工业革命在促进生产力快速发展的同时也给地球带来了资源枯竭、气候环境恶化等诸多弊端,人类的生存面临着极大的威胁。全球气候变化作为人类当前面临的最为严峻的挑战之一,受到了国际社会的广泛关注。碳资产作为继现金资产、实物资产、无形资产后的第四类资产,本质是基于全球气候变化,各国共同努力减少二氧化碳等温室气体排放而形成的一种全新类型的资产。

1.1　碳资产的概念

　　在掌握碳资产概念之前,我们先对资产的定义进行了解。国际会计准则理事会(IASB)指出,“资产是作为过去交易的结果,而由企业控制的、可望流入企业未来经济利益的资源”[①]。美国财务会计准则委员会(FASB)指出,“资产是可能的未来经济利益,它是特定个

———————————

① IASB,2004,IFRIC Interpretation No.3,Emission Rights.

体从已经发生的交易或事项所取得或加以控制的"[①]。由中国财政部制定,于 2006 年 2 月 15 日发布,自 2007 年 1 月 1 日起正式实施的《企业会计准则》(以下简称《准则》)第二十条明确指出,"资产是指企业过去的交易或者事项中形成的,由企业拥有或者控制的预期会给企业带来经济利益的资源"。同时,《准则》第二十一条规定:"符合本准则第二十条规定的资产定义的资源,在同时满足以下条件时确认为资产:(一)与该资源有关的经济利益很可能流入企业;(二)该资源的成本或者价值能够可靠地计量。"由此可见,某种资源能否被确认为资产需要满足以下四大要素。

第一,由企业过去的交易或事项形成的,包括购买、生产、建造等其他交易事项。

第二,企业对该资源具有所有权或者控制权。

第三,能够直接或者间接为企业带来经济利益的流入。

第四,能够可靠地计量该资源的成本或者价值。

吴宏杰在《碳资产管理》一书中对碳资产进行了定义。碳资产是指在强制碳排放权交易机制或者自愿碳排放权交易机制下,产生的可直接或间接影响组织温室气体排放的配额排放权、减排信用额及相关活动,具体包括:在碳交易体系下,由政府分配给企业的排放量配额;企业内部通过节能技改活动而减少的企业的碳排放量;企业投资开发的零排放项目或者减排项目(成功申请通过清洁发展机制项目、中国核证自愿减排项目等)所产生的减排信用额,等等[②]。这一定义主要强调碳交易市场中所交易的客体对象,可视为狭义的碳资产。根据前述对一般资产的界定,广义的碳资产可定义为:拥有并对碳(含二氧化碳等在内的多种温室气体)进行系列开发交易活动并由此能够带来经济利益流入的各类物质或权利。在广义视角下,碳资产既包括狭义上的碳资产,也包括为减排二氧化碳等温室气体而形成的先进设备、储备的先进技术、实施的有效措施等生产开发类型的碳资产。

1.2　碳资产的特征及种类

1.2.1　碳资产的特征

1. 全球性

各类科学研究报告表明,全球变暖的主要原因是温室气体的排放,各个国家及地区的温室气体排放都会对地球环境产生直接的影响。自 1974 年以来国际社会开展了各项延缓气候变化的活动,以期通过世界各国的努力来遏制地球环境的恶化,由此诞生了世界性碳交易,碳交易的根本目的是谋求一种全球性的温室气体排放控制机制。因此,作为碳交易机制的标的物——碳资产具有的全球性是毋庸置疑的。

2. 稀缺性

稀缺资源理论认为,一种资源只有在稀缺时才具有交换价值。环境的容量是有限的,随着世界各国及地区对温室气体排放问题的日益重视,碳资产作为一种环境资源所具有的稀

---

①　FASB,2008,Project Updates:Emission Trading Schemes.

②　吴宏杰. 碳资产管理[M]. 北京:北京联合出版社,2015.

缺性逐渐显露。稀缺性也使得碳资产具有价值,成为一种有价商品[①]。碳资产的价值既可以通过直接在市场上进行交易产生经济利益,也可以通过在生产过程中进行消耗而间接产生经济利益来体现。

3. 消耗性

碳资产的最终用途是被消耗,这里的消耗包括直接消耗和间接抵消消耗两种形式。可见,碳资产作为环境资源的一种,消耗性也是其本质属性。碳资产可能会在市场上流通交易,但最终还是会为终端用户所使用[②]。

4. 投资性

随着碳交易市场的出现,碳资产通过买卖流通,所产生的经济利益的流入便是其投资性的体现。无论是发展较为成熟的欧盟的碳交易市场,还是美国加利福尼亚州碳交易体系,又或是中国基于区域碳交易市场试点形成的全国碳交易市场,在为碳资产的流通提供了更加宽广的空间的同时也使碳资产的投资性愈发显现。

5. 商品属性

碳资产可作为商品在不同的企业、国家或者其他主体间进行买卖交易,因此具有基础的商品属性[③]。

6. 金融属性

当碳资产作为商品在碳交易市场上进行买卖流通时,其本身具有一定的资金融通功能,如拥有碳资产的企业面临流动性不足时,可以通过出售或抵押其碳资产而获得流动性。与此同时,碳资产交易行为本身也具有一定的市场风险、操纵风险和政策风险等。为了防范碳资产交易的风险并维持碳交易市场的稳定性,基于碳资产交易衍生出相应的用于规避风险的如碳期货、碳期权、碳掉期等金融工具,其本身也具有鲜明的金融属性。

1.2.2 碳资产的种类

碳资产从不同角度出发,可以分成不同的种类。按实物形态,可以分为碳有形资产和碳无形资产;按来源,可以分为政府无偿配额和有偿购买;按碳市场交易的客体不同,可以分为碳交易基础产品和碳交易延伸产品;按是否可在碳交易市场交易,可以分为生产类碳资产和交易类碳资产[④];按碳交易制度,可以分为配额资产和减排资产[⑤],见图1-1。

1. 按实物形态分类

根据碳资产是否具有实物形态可分为碳有形资产和碳无形资产。当企业拥有有别于其他企业的减排设备、节能灯具等时,这些资源有低碳价值且可以精确计算和评价,具有实物形态,都可以称为碳有形资产[⑥]。碳无形资产是指具有低碳价值但不具有实物形态的资产,

---

①② 张鹏.碳资产的确认与计量研究[J].财会研究,2011(5):40-42.

③ 聂利彬,魏东.战略视角下企业碳资产管理[C]// 中国管理学年会——组织与战略分会场. 2011.

④ 江玉国.碳资产的界定、识别与分类究[M]//江玉国.企业低碳竞争力评价——基于减排碳无形资产的视角.北京:社会科学文献出版社,2019:36-66.

⑤ 中研.《碳资产评估理论及实践初探》出版发行[J].中国资产评估,2014(1):45-46.

⑥ 高喜超,范莉莉.企业低碳竞争力探析[J].贵州社会科学,2013(2):136-141.

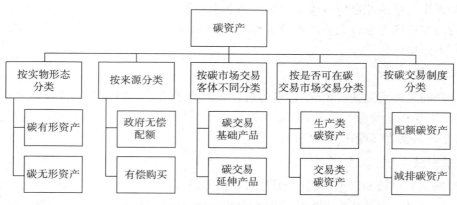

图 1-1 碳资产分类图

如企业实施了低碳措施,由此产生的效率提高、成本降低,进而获得的经济增量可以视为一种碳无形资产[①]。企业可以同时拥有碳有形资产和碳无形资产。

2. 按来源分类

碳资产的一个重要来源就是配额,目前碳配额主要有无偿获得和有偿获得两种取得方式。以国内建立碳交易市场为基础,政府于年初规划出全国整年内可能排放的二氧化碳数量,向省级分配,再由省级逐渐向下分配,这种即为政府无偿配额。当政府配额的碳排放权无法满足企业或者地区的正常生产经营时,则需要从有碳排放权剩余的其他企业或者地区进行购买,这种即为有偿购买。随着碳减排任务的加重和"双碳"目标的推进,政府无偿配额方式会呈现逐年减少的趋势,最终有偿购买碳配额会成为获得碳排放权的主要方式。

3. 按碳市场交易客体分类

按碳市场交易客体将碳资产分为碳交易基础产品和碳交易延伸产品两种类型。

碳交易基础产品也称为碳资产原生交易产品,包括碳排放配额和碳减排信用额。根据国际会计准则理事会发布的解释公告(IFRIC 3),碳排放配额归为排污权的范畴,定义为"通过确定一定时期内污染物的排放总量,在此基础上,通过颁发许可证的方式分配排放指标,并允许指标在市场上交易"[②]。根据《京都协定书》,碳减排信用额是指"在经过联合国或联合国认可的减排组织认证的条件下,国家或企业以提高能源使用效率,减少污染或减少开发等方式减少碳排放,因此得到可以进入碳交易市场的碳排放计量单位"。

碳交易延伸产品即碳交易衍生品、碳基金、碳交易创新产品等金融产品。

4. 按是否可在碳交易市场交易分类

按照是否可以在碳交易市场交易,可以将碳资产分为生产类碳资产和交易类碳资产。生产类碳资产指企业在运营过程中做出低碳贡献却不能在碳交易市场上进行交易的低碳资源,如低碳设备、低碳战略、低碳技术等。交易类碳资产指在碳交易市场上进行交易的碳指标,既包括了来自政府的碳配额等原生产品,也包括碳交易的延伸产品。

---

① 范莉莉,褚媛媛.企业环保支出、政府环保补助与绿色技术创新[J].资源开发与市场,2019,35(1):20-25,37.

② IASB,2004,IFRIC Interpretation No. 3,Emission Rights.

5．按碳交易制度分类

根据目前较为成熟的碳交易制度,碳资产可分为配额碳资产和减排碳资产[①]。

配额碳资产是指通过政府机构分配或进行配额交易而获得的碳资产,它是在"总量控制—交易机制"(cap-and-trade)下产生的。总量控制—交易机制是指控制温室气体排放的总量,它的特点是通过计算,同时在结合环境目标的前提下,政府会预先设定一定期间内温室气体排放的总量上限,即总量控制。在此基础上,再将总量划分成若干小的分量分配给各个企业,形成"碳排放配额",作为企业在该期间内允许排放的温室气体数量。如欧盟排放交易体系下的欧盟碳配额(European Union allowances,EUAs),详见表1-1。

表 1-1　欧盟排放量交易制度的变迁

比较指标	第一时期 (2005—2007年)	第二时期 (2008—2012年)	第三时期 (2013—2020年)	第四时期 (2021—2030年)
分配总额	2005年上升8.3%	比2005年下降5.6%	比2005年下降21%	碳排放配额年降率自2021年起升至2.2%,预计2026年后取消免费分配
分配方法	无偿分配	无偿分配	竞标方式	竞标方式
产业对象	能源与一般工业部门	扩大到航空部门	扩大到化工、铝精炼部门	具有碳泄漏风险的工业部门
未达成的代价	每吨二氧化碳处罚40欧元	每吨二氧化碳处罚100欧元	根据物价进行调整	根据物价进行调整

资料来源:根据欧盟委员会官网、英大证券研究所资料整理所得。

减排碳资产也称碳减排信用额或信用碳资产,是指通过企业主动进行温室气体减排行动,得到政府认可的碳资产,或是通过碳交易市场进行信用额交易获得的碳资产,这种碳资产是在"信用交易机制"(credit-trading)下产生的。信用交易机制旨在给企业提供一个自动减排的动因,通过允许企业将其所达成的温室气体减排量在碳交易市场进行交易,获取经济流入的方式,引导企业主动进行减排活动。如清洁发展机制下的核证减排量,自愿碳减排核证标准,中国核证自愿减排量,等等。

1.3　碳资产的发展趋势

1.3.1　碳资产形成的历史背景

1．全球变暖的严峻趋势

工业革命给人类生活带来便利的同时,也带来了越来越多的极端环境和气候,使得人类开始面临着前所未有的挑战。而造成冰川融化、海平面上升、持久干旱等极严峻环境问题的诸多因素中,气候变暖是最受人类关注且对环境造成影响最明显的因素。美国国家海洋及

[①]　张鹏.碳资产的确认与计量研究[J].财会研究,2011(5):40-42.

大气管理局(National Oceanic and Atmospheric Administration,NOAA)于 2010 年 7 月 28 日公布的《2009 年气候状况报告》证实全球正在不断变暖,并且最近十年将是最热的十年。报告指出,来自 48 个国家的 300 多位科学家对 37 项气象指标数据进行了分析,对其中与地球温度最直接也最密切相关的十项指标进行了详尽的评估,所有这些都印证了气候变暖这个无可否认的事实[①]。2022 年 5 月 18 日,世界气象组织(Word Meteorological Organization,WMO)在日内瓦发布《2021 年全球气候状况》报告(以下简称"报告"),其中温室气体浓度、海平面上升、海洋热量和海洋酸化四项关键气候变化指标在 2021 年创下新纪录。报告显示,全球大气温室气体浓度曾在 2020 年达到历史新高,当时全球二氧化碳浓度达到 413.2ppm(1ppm 为百万分之一),为工业化前水平的 149%。而来自特定地点的数据表明,大气中温室气体浓度在 2021 年和 2022 年初继续上升。全球平均海平面在 2013—2021 年平均每年上升 4.5 毫米,并在 2021 年创下历史新高。2021 年海洋上层 2 000 米深度范围持续升温,预计未来还将持续,而这一变化在百年到千年的时间尺度上是不可逆的。数据显示,海洋变暖率在过去 20 年中显示出极其强劲的增长,且这种升温渗透到越来越深的地方。同时海洋酸化现象不断加剧,联合国政府间气候变化专门委员会(Intergovernmental Panel on Climate Change,IPCC)表示:"当前公海表面的 pH 值是至少 26 000 年来的最低值。"

全球气候变暖的危害极其严重。联合国政府间气候变化专门委员会发布的《2021 年气候变化报告》表明:相比于 1900 年之前的时期,地球已变暖了 1.1℃;海洋上方温度平均升高 0.9℃,陆地上方温度平均升高 1.6℃。不能排除 21 世纪气温增幅超过 5.7℃的可能性,同时还存在气候系统"突发变化"的可能性,比如冰盖加速并且不可逆转地融化,洋流停转,森林死亡。如果全球变暖程度高,那么到 2150 年冰川融化加速造成的海平面上升能达到 2 米(但有比较大的不确定性,误差可能在 1～5 米),届时,世界像纽约和上海这样的低海拔城市将会全部被淹没。南欧更加干旱、北欧更加潮湿,而荷兰的冬天也更湿润、夏天降水更加不稳定,干旱和极端降水将发生得更为频繁。

2. 遏制全球变暖的国际努力

1962 年,《寂静的春天》(*Silent Spring*)一书唤醒了世界各国对环境的危机意识,拉开了世界环保运动的序幕。1972 年,联合国大会设置环境规划署(United Nations Environment Programmed,UNEP)统筹国际环境问题;1974 年,联合国第六次大会要求世界气象组织研究气候变化问题;1983 年,联合国成立了世界环境发展委员会(Word Commission on Environment and Development,WCED);1992 年 5 月 9 日,联合国在纽约联合国总部通过了《联合国气候变化框架公约》(United Nations Framework Convention on Climate Change,UNFCCC),其中规定附件一中所列国家必须将 2000 年的温室气体排放量下降到 1990 年的水平;1995 年,成立了世界可持续发展工商理事会(Word Business Council for Sustainable Development,WBCSD);1996 年,建立了 ISO14000 环境管理系统,WTO 贸易与环保委员会进一步使用技术性贸易障碍,来推动企业环保运动的发展;1997 年 12 月,在日本京都达成了《京都议定书》(Kyoto Protocol,KP),以法律约束的手段对温室气体排放量进行管制;2001 年,《斯德哥尔摩公约》(POPs)则意识到必须在全球范围内对持久性有机污染物采取行动;2002 年,世界可持续发展首脑会议发表了《约翰内斯堡宣言》。从这些世界性环境保护活动可以看

---

① 徐苗,张凌霜,林琳. 碳资产管理[M]. 广州:华南理工大学出版社,2015.

出,保护环境的紧迫性及世界各国对环境保护的重视程度在不断加强。表 1-2 是历年国际社会气候谈判成果。

表 1-2 历年国际社会气候谈判成果

年份	公约缔约方会议(COP)	会议地点	谈判成果
1995	COP1	德国柏林	通过《柏林授权》
1996	COP2	瑞士日内瓦	通过《日内瓦宣言》
1997	COP3	日本东京	通过《京都议定书》
1998	COP4	布宜诺斯艾利斯	通过《布宜诺斯艾利斯行动计划》
1999	COP5	德国波恩	通过《共同履行公约决定》附件,细化《公约》内容
2000	COP6	荷兰海牙	谈判形成欧盟、美国、发展中大国(中、印)鼎立之势
2001	COP7	摩洛哥马拉喀什	达成《马拉喀什协定》
2002	COP8	印度新德里	通过《德里宣言》
2003	COP9	意大利米兰	通过造林再造林模式和程序
2004	COP10	布宜诺斯艾利斯	未取得实质性进展
2005	COP11	加拿大蒙特利尔	《京都议定书》正式生效,"蒙特利尔路线图"生效
2006	COP12	肯尼亚内罗毕	"内罗毕工作计划"
2007	COP13	印度巴厘岛	"巴厘岛路线图"
2008	COP14	波兰波兹南	八国集团就温室气体长期减排目标达成一致意见
2009	COP15	丹麦哥本哈根	《哥本哈根协议》
2010	COP16	墨西哥坎昆	《坎昆协议》
2011	COP17	南非德班	美国、日本、加拿大以及新西兰不签署《京都议定书》
2012	COP18	卡塔尔多哈	达成 2013 年起执行《京都议定书》
2013	COP19	波兰华沙	发达国家再次承诺出资支持发展中国家应对气候变化
2014	COP20	秘鲁利马	就 2015 年巴黎气候大会协议草案的要素基本达成一致意见
2015	COP21	法国巴黎	签署《巴黎协定》
2016	COP22	摩洛哥马拉喀什	通过《巴黎协定》第一次缔约方大会决定
2017	COP23	德国波恩	为 2018 年完成《巴黎协定》实施细则的谈判奠定基础

续表

年份	公约缔约方会议(COP)	会议地点	谈判成果
2018	COP24	波兰卡托维兹	"卡托维兹气候一揽子计划"
2019	COP25	西班牙马德里	"智利—马德里行动时刻"
2021	COP26	英国格拉斯哥	达成《巴黎协定》实施细则

资料来源:皮书数据库。

3.《联合国气候变化框架公约》《京都议定书》《巴黎协定》签订与碳资产的形成

为了在全球范围内减缓全球气候变暖的速度,1992年6月4日,在巴西里约热内卢举行的联合国环境与发展大会上,与会各国就气候变化通过了《联合国气候变化框架公约》(以下简称《公约》),《公约》是世界上第一个为全面控制二氧化碳等温室气体排放,以应对全球气候变暖给人类社会带来不利影响的国际公约,也是国际社会在应对全球气候变化问题上进行国际合作的基本框架。合作的目标是把大气中的温室气体浓度稳定在一个安全的水平。《公约》于1994年3月21日正式生效,1995年起公约缔约方每年召开缔约方会议以评估应对气候变化的进展。截至2021年7月,《公约》缔约方已达197个。《公约》由序言及26条正文组成。这是一个具有法律约束力的公约,旨在控制大气中二氧化碳、甲烷和其他造成"温室效应"的气体的排放,将温室气体的浓度稳定在使气候系统免遭破坏的水平上。《公约》对发达国家和发展中国家规定的义务以及履行义务的程序有所区别。《公约》要求:发达国家作为温室气体的排放大户,应采取具体措施限制温室气体的排放,并向发展中国家提供资金以支付它们履行公约义务所需的费用。而发展中国家只承担提供温室气体源与温室气体汇的国家清单的义务,制订并执行含有关于温室气体源与汇方面措施的方案,不承担有法律约束力的限控义务。《公约》建立了一个向发展中国家提供资金和技术,使其能够履行公约义务的资金机制。这些条款是每年召开的缔约方大会谈判的基础。

在《公约》下,1997年12月11日在日本京都,公约缔约方第三次会议通过了具有法定约束力的《京都议定书》。《京都议定书》目标是"将大气中的温室气体含量稳定在一个适当的水平,进而防止剧烈的气候改变对人类造成伤害",其被公认为是国际环境保护中的一个里程碑,使世界各国在减缓气候变暖的进程中迈出了关键性的一步。《京都议定书》于2005年2月16日正式生效。这是人类历史上首次以法规的形式限制温室气体排放。为了促进各国完成温室气体减排目标,议定书允许采取以下四种减排方式:①两个发达国家之间可以进行排放额度买卖的"排放权交易",即难以完成削减任务的国家,可以花钱从超额完成任务的国家买进超出的额度;②以"净排放量"计算温室气体排放量,即从本国实际排放量中扣除森林所吸收的二氧化碳的数量;③可以采用绿色开发机制,促使发达国家和发展中国家共同减排温室气体;④可以采用"集团方式",即欧盟内部的许多国家可视为一个整体,采取有的国家削减、有的国家增加的方法,在总体上完成减排任务。《京都议定书》第一承诺期是2008—2012年,第二承诺期为2013—2020年。《京都议定书》第一承诺期对全球碳减排发挥了很大作用,在全球建立了旨在促进碳减排的三个灵活合作机制,即国际排放贸易机制(emission trading,ET)、联合履行机制(joint implementation,JI)和清洁发展机制(clean development mechanism,CDM),这些机制允许发达国家通过碳交易市场等灵活完成减排任务,而发展中国家可以获得相关技术和资金。正是这三种减排机制的引入,全球性的温室气体排放控制体系开始构建,世界各国开始陆续建立碳交易市场,其交易的对象即本书所指的狭义碳资产。

2015年12月12日,197个公约缔约方在巴黎气候变化大会上达成《巴黎协定》。这是继《京都议定书》后第二份有法律约束力的气候协议,为2020年后全球应对气候变化行动做出了安排。《巴黎协定》旨在大幅减少全球温室气体排放,将21世纪全球气温升幅限制在2℃以内,同时寻求将气温升幅进一步限制在1.5℃以内的措施。《巴黎协定》是197个缔约方对减排和共同努力适应气候变化做出的承诺,并呼吁各国逐步加强承诺。协定为发达国家提供了协助发展中国家减缓和适应气候变化的方法,同时建立了透明监测和报告各国气候目标的框架。持久的框架,为未来几十年的全球努力指明了方向,即逐渐提高各国的气候目标。为了促进这一目标的实现,该协定制定了两个审查流程,每五年为一个周期。《巴黎协定》标志着向低碳世界转型的开始。《巴黎协定》的实施对于实现可持续发展目标至关重要,该协定为世界推动减排和建设气候适应能力的气候行动提供了路线图,碳资产及其交易管理越来越成为各国重点关注的领域。

1.3.2 当前国内外碳资产的发展概况及趋势

1. 国内外碳资产的发展概况

2005年1月,欧盟碳排放交易市场正式启动,碳排放权即碳资产成为全球范围内的可交易商品,现已初步形成欧盟碳市场、瑞士碳市场、韩国碳市场、美国区域温室气体倡议、美国加利福尼亚州碳市场、加拿大魁北克省碳市场6个相对成熟的碳市场,全球碳资产交易市场已基本形成。据国际碳行动伙伴组织(International Carbon Action Partnership,简称ICAP)发布的《全球碳市场进展2021年度报告》,截至2021年1月,碳资产交易市场在不同的政府层级运行,包括1个超国家机构(欧盟)、8个国家(中国、德国、墨西哥、新西兰、哈萨克斯坦、韩国、英国、瑞士)、23个地方级政府(加利福尼亚州、康涅狄格州、特拉华州、缅因州、马里兰州、马萨诸塞州、新罕布什尔州、新泽西州、纽约州、魁北克省、罗得岛州、佛蒙特州、弗吉尼亚州、广东省、福建省、湖北省、琦玉县、北京市、重庆市、上海市、深圳市、天津市、东京市)。正在运行碳资产交易市场的司法管辖区的人口占全球总人口的1/3,GDP占全球总GDP的54%,覆盖全球16%的温室气体排放范围。2009—2020年,全球各个碳资产交易体系已通过拍卖碳排放配额资产筹集了超过1 030亿美元,其中欧盟筹集了807.37亿美元,占比78%。

对于我国而言,按照"十二五"规划纲要关于"逐步建立碳排放交易市场"的要求,2011年分别在北京市、天津市、上海市、重庆市、湖北省、广东省及深圳市7个省市启动了碳排放权交易试点工作。2013年起7个地方试点碳交易市场陆续开始上线交易,有效促进了试点省市企业的温室气体减排。2016年12月,福建省启动碳交易市场,作为国内第8个碳交易试点。生态环境部数据显示,截至2021年6月底,试点省市碳交易市场累计配额成交量达到4.8亿吨二氧化碳当量,成交额达114亿元。2021年7月16日,全国碳排放权交易市场启动上线交易,国内发电行业超过2 000家重点排放单位首批被纳入全国碳交易市场。截至2021年12月31日,全国碳交易市场第一个履约周期顺利结束,碳资产排放配额累计成交量1.79亿吨,累计成交额76.61亿元。

2. 国内外碳资产的发展趋势

1997 年通过的《京都议定书》和 2015 年通过的《巴黎协定》明确了世界所有国家负有减排和共同努力适应气候变化的义务,各个国家为了履行承诺,纷纷制订国家分配计划,将二氧化碳等温室气体减排指标分解到国内主要排放行业和企业,但由于不同行业企业完成减排任务的难易程度不同,部分企业可以通过国内外碳交易市场买卖"排放额度",也可以采用绿色开发机制产生的减排信用额并通过交易来实现企业控排任务。由此,碳排放配额和碳减排信用额等成为最初碳资产交易的品种。随着国际社会对气候问题共识的加深,以及未来全球各国控制二氧化碳等温室气体排放力度的推进,碳资产的发展必然朝着以下几个方面演进。

首先,碳资产必将由部分行业企业所有逐步转变为全社会经济活动主体所有。

我国于 2011 年起逐步建立碳排放交易市场,在北京、天津、上海、重庆、湖北、广东及深圳 7 个省市启动了碳排放权交易试点工作,截至 2019 年 6 月底,7 个试点碳交易市场覆盖了电力、钢铁、水泥等行业近 3 000 家重点排放单位。2021 年 7 月 16 日,全国碳排放权交易市场启动线上交易,发电行业 2 225 家企业成为首批纳入全国碳交易市场的行业企业。虽然我国碳交易市场将成为全球覆盖温室气体排放量规模最大的市场,但目前为止我国的碳交易市场仅覆盖了电力、钢铁、水泥等高污染高排放的行业。随着碳达峰与碳中和目标的推进,碳交易市场作为实现"双碳"目标的核心政策工具之一,"十四五"期间将逐步纳入 8 个高耗能行业,包括发电、石化、化工、建材、钢铁、有色金属、造纸和国内民用航空,之后将逐步覆盖全社会所有的行业企业。同时,个人作为全国碳交易市场的主体之一,也可以积极参与碳排放配额交易。个人可以在满足碳交易市场的基本条件后,通过建立个人碳账户,进行碳资产交易。

其次,碳资产必将由企业单一控排功能产品逐步转变为具有多种复合功能的资产产品。

碳资产的出现归因于环境的恶化与人类环保意识的觉醒,最初碳资产是被应用于企业控排的单一功能产品,但碳资产是一种数字化为载体的环境资源,会随着企业的生产而被消耗使用。当排放量受到的控制愈发严格,碳排放权的稀有属性与价值也会越来越明显。随着碳交易市场的建立与完善,碳资产的商品属性在稀缺性的推动下,使得通过技术创新、能源结构优化、效能提升而产生多余排放配额的企业可以将其在碳交易市场进行交易,在控制碳排放总量不变的情况下为企业带来融资、抵债等一系列经济活动。此时碳资产就由单一的控排功能产品逐渐转变为具有多种复合功能的资产产品。

再次,碳资产必然由最初的商品(服务)属性逐步演变为商品(服务)属性和金融属性并重。

随着碳交易市场愈发成熟以及碳资产商品属性的不断加强,越来越多的金融机构会看中碳交易市场的商业机会而选择参与其中。投资银行、对冲基金、私募基金以及证券公司等金融机构在碳交易市场中扮演着不同的角色,最初只是担当企业碳资产交易的中介机构,随着碳交易市场容量的扩大、流动性的加强,碳资产的形式也会逐渐变得多样化。随着碳交易市场试点地区的相继开市,同时进行了碳债券、碳基金、绿色结构存款、碳配额掉期、借碳、碳配额远期等碳资产创新实践。同时,在碳中和背景下,国内金融机构将更多地关注碳金融市场,并提供碳交易账户开户、资金清算结算、碳资产质押融资、保值增值等各项涉及碳金融的业务,碳金融发展空间会逐渐被打开,碳资产会由最初的商品(服务)属性逐步演变成商品

（服务）属性和金融属性并重。

最后,碳资产的总量必然随着控碳目标的实现而逐步呈现倒"U"形变化。

当前世界大多数国家还处在城镇化、工业化中高速发展阶段,煤炭、钢铁、火力发电、石化、水泥等重能耗产业是工业化进程中的主导产业,煤炭、石油、天然气等化石能源消费仍是能源消费的主要形式,碳排放控制任务相当繁重,由此碳配额作为控制各国碳排放的主要手段,其创造的配额资产必然随着全球控排任务的加重而增加。但随着全球各国发展绿色转型的成功,碳排放配额将逐步减少,企业可交易的碳资产也将逐步减少。以中国为例,我国作为世界上最大的发展中国家,很多地区的能源消费还呈现增加的趋势。根据中国社会科学院经济研究所发布的《工业化蓝皮书》和国务院印发的《国家人口发展规划(2016—2030年)》,我国将于2030年前后才能实现全面工业化并且达到人口峰值。同时在社会影响上,大量研究表明,家庭消费占到二氧化碳排放总量的65%以上,所以在2030年碳达峰目标之前,我国的碳排放量依然会呈现增长的态势。但随着2060年碳中和目标的推进,倒逼我国能源结构、产业结构和运输结构向着持续增强全球竞争力的方向调整,同时通过资源增效减碳、能源结构降碳、低质空间存碳、生态系统固碳和市场机制融碳等减排路径,碳排放会在2030年碳达峰后实现逐步下降,2060年碳排放基本达到"零排放",碳排放配额、中国核证自愿减排量等碳资产的总量会随着控碳目标的实现而逐步呈现倒"U"形变化。

延伸阅读 减碳获益:个人碳资产的形成与开发探索

课程思政

碳资产的形成对于我国积极应对全球气候变化有何重要意义?

习 题

1. 什么是碳资产?
2. 碳资产的特征有哪些?碳资产分为哪些不同种类?
3. 当前国内外碳资产发展的现状如何?
4. 谈谈碳资产的发展所具有的现实意义。
5. 结合现状,谈论碳资产的发展趋势。

第 2 章

碳排放交易

【内容提要】

　　介绍碳排放交易产生的背景、理论基础,以及国内碳排放交易的内在需求和相关政策。

【教学目的】

　　要求学生了解碳排放交易产生的背景和相关理论,理解国内碳排放交易的内在需求,掌握国内外碳排放交易的相关政策。

【教学重点】

　　碳排放交易产生的背景;国内碳排放交易产生的内在需求。

【教学难点】

　　碳排放交易的理论基础。

　　应对气候变化的核心举措之一是控制并逐步减少人为活动导致的温室气体排放,其关键是减少化石能源消费的二氧化碳排放。1992 年世界环境与发展大会在巴西里约热内卢举行,各国首脑共同签署了世界上第一个为全面控制二氧化碳等温室气体排放,以应对全球气候变暖给人类经济和社会带来不利影响的国际公约《联合国气候变化框架公约》,标志着人类减碳工作的开始。碳排放权交易的概念源于 1968 年美国经济学家戴尔斯提出的"排放权交易"。1997—2009 年,全球共有 183 个国家通过了《京都议定书》,将市场机制作为解决以二氧化碳为代表的温室气体减排问题的新途径,从而形成了二氧化碳排放权的交易,简称碳交易。碳排放权交易是通过市场经济的作用来达到保护环境目的的重要机制,允许企业在不突破碳排放交易规定的排放总量的前提下,用这些减少的碳排放量,使用或交易企业内部以及国内外的能源。

2.1　碳排放交易产生的背景

2.1.1　人类活动与全球气候变化

20 世纪 50 年代以来,全球气候发生急剧变化。联合国政府间气候变化专门委员会(IPCC)2021 年发布的第六次评估报告指出,自 1950 年以来,气候系统观测到的许多变化是过去几十年甚至近千年以来史无前例的。全球几乎所有地区都经历了升温过程,变暖体现在地球表面气温和海洋温度的上升、海平面的上升、格陵兰和南极冰盖消融和冰川退缩、极端气候事件频率的增加等方面。2001—2020 年全球平均温度已升高 1.09℃,海洋上层(0～700 米)已经变暖;2011—2020 年平均北极海冰的面积达到 1850 年以来最小的面积,夏季北极海冰的面积至少是过去一千年里最小的面积;1950 年以来全球几乎同步的冰川退缩至少在过去两千年未曾发生;1980 年以来全球大多数地区多年冻土层的温度已升高[①]。

科学研究表明,全球气候变化与人类活动密切相关,尤其是人类过度使用化石燃料或生物质燃料,如煤炭、石油和天然气等,排放了大量温室气体,如二氧化碳(CO_2)、甲烷(CH_4)、氧化亚氮(N_2O)等,目前这些温室气体的浓度已上升到 1950 年以来的最高水平(见表 2-1)。此外,工业生产过程中也会产生大量的氧氟碳化物、全氟碳化、六氟化硫等物质,这些都会引起气候变化。

表 2-1　大气中四种主要温室气体的浓度和来源

气体	大气中的浓度(ppm)	温室效应($CO_2=1$)	贡献率(%)	主 要 来 源
CO_2	355	1	55	煤、石油、天然气、森林砍伐
HFC	0.008 5	3 400～15 000	24	发泡剂、气溶胶、制冷剂、清洁剂
CH_4	1.714	11	15	湿地、稻田、化石燃料
N_2O	0.31	270	16	化石燃料、化肥、森林砍伐

资料来源:Valuing the Global Environment,1998.

气候的急剧变化使人类面临巨大的环境风险。IPCC 报告统计,从 20 世纪开始,冰川减少、海平面上升等全球气候变化导致的强降雨、热浪、洪水、干旱等极端天气事件发生频率增加,正不断给人类带来巨大灾难。同时 IPCC 报告预测,未来在全球范围内,强降雨的强度和密度都将上升,部分地区也会经历更加严重和频繁的旱灾,4 级到 5 级的热带风暴的频率也会增加。全球气候变化引起极端天气事件频发,严重影响了农业生产并威胁生态的多样性,对人类的生产生活产生了极大的负面影响[②]。

2.1.2　碳排放交易的产生

随着气候变化科学认知的发展,全球碳排放空间容量日益明确。欧盟率先提出未来将

---

① 周波涛,钱进.IPCC AR6 报告解读:极端天气气候事件变化[J].气候变化研究进展,2021,17(6):713-718.
② 沈永平,王国亚.IPCC 第一工作组第五次评估报告对全球气候变化认知的最新科学要点[J].冰川冻土,2013,35(5):1068-1076.

全球平均温升控制在工业革命发生以来 2℃ 范围内的目标,这一目标先后得到了一些国家的认可。2009 年意大利 G8 峰会提出的 21 世纪全球温升相比工业革命前不超过 2℃ 的目标被写入《哥本哈根协议》,2015 年底《巴黎协定》再次确认了全球 2℃ 温升控制目标并主张把升温幅度控制在 1.5℃ 之内(以工业化之前的水平为基准)[①]。尽管温升水平与大气中温室气体浓度之间的定量关系还存在一定的不确定性,但温升目标的确定在一定程度上相当于为全球的温室气体排放空间设置了一个总量的上限。根据德国全球变化咨询委员会(WBGU)的研究,如果要将温升目标控制在 2℃,则意味着从 2010 年到 2050 年全球只有 7 500 亿吨二氧化碳当量的排放空间。若按 2008 年全球排放量计算,突破这一排放上限只需 25 年左右,考虑到近年来全球碳排放量的持续大幅增长,这一空间将在 20 年之内被耗尽。这使得温室气体排放空间的稀缺性日益凸显[②]。

在过去几十年里,发达国家完成了工业化进程,实现了经济的飞速增长,同时大气中温室气体的浓度不断上升。要控制温室气体排放所带来的全球气候的急剧变化,主要是控制化石燃料的消耗。能源是人类生产生活的基础物质,控制化石燃料的消耗就是控制能源的使用,从而限制人类的生产生活和发展空间。一方面,发达国家的优先工业化导致了其累计人均碳排放量远远高于发展中国家,其是大气中温室气体排放的主要责任者;另一方面,发展中国家的工业化进程才刚刚起步,未来的发展还需要消耗大量的能源,其经济高速发展必然伴随着大规模的碳排放。因此,控温减碳需要发展中国家和发达国家共同的努力,如何在日益稀缺的碳排放空间下实现最大化的社会发展成为 21 世纪人类面临的最复杂的挑战之一。

控温减碳的核心是能源的使用问题,本质是未来的发展问题。应对全球环境的变化,需要各国共同的努力。从 1992 年的《联合国气候变化框架公约》到 2015 年的《巴黎协定》,全球主要碳排放国就各国的减排责任展开了激烈的谈判,碳排放权就意味着未来经济的发展权,因此各国的碳排放配额至今还没有完全确定,但是各国就总的碳排放额给出了定论,未来温室气体的排放空间只会越来越小。基于以上认识,世界各国都感受到削减温室气体排放的必要性和紧迫性,越来越多的国家开始倡导生态环保的理念,并开始采取措施推动国内企业的减排。

在此背景下,各国开始积极探索如何在有限的温室气体排放空间下合理利用日益稀缺的碳排放资源,实现经济社会效益的最大化。环境资源由人类共同享有,是一种典型的公共消费品。个体为了追求利益的最大化,过度地使用环境资源等公共消费品,从而造成公共利益的损害,产生负的外部性。治理也更具挑战。由于经济主体污染排放的成本不能完全内化,市场无法反映真实的环境成本,出现了市场失灵。将外部不经济内部化的方式主要有两种:一是引入政策干预,通过税收、补贴等政策手段使个人边际成本等于社会边际成本,以"庇古税"为代表;二是明确资源的产权,利用市场力量解决外部性问题,以"科斯定理"为代表。两种方式各有优劣(见表 2-2)。碳税和行政管理是各国政府最开始采用的手段,虽然可实现对企业的直接管控,但是效率并不高。随着排污交易理论的发展成熟和美国二氧化

---

① 薛冰,黄裕普,姜璐,等.《巴黎协定》中国家自主贡献的内涵、机制与展望[J].阅江学刊,2016,8(4):21-26.
② 张海滨,黄晓璞,陈婧嫣.中国参与国际气候变化谈判 30 年:历史进程及角色变迁[J].阅江学刊,2021(6):15-40.

硫排污权交易取得巨大成功,政策制定者看见了新的希望,并将这种排放权交易应用在解决温室气体排放问题上,"碳交易"应运而生。

表 2-2　碳税与碳交易的比较

比较指标	碳　税	碳　交　易
控碳总量目标	理论上可以用模型计算出碳税政策的减排总量,但受现实中各种不确定性的影响	碳交易有明确的总量控制目标,将其划分为若干份排放权,分配给不同的排放源
实施成本	通过收税的方式减排,实施成本较低	碳交易的建立需要收集大量的信息,建立公平的配额、监督、奖惩机制,其初期实施成本较高
交易效率	通过行政命令的手段进行管制,效率较低	利用市场机制去配置资源,具有较高的效率
公众接受度	企业和民众对碳税的接受度较低	企业和民众具有灵活的履约方式,对其接受度较高
企业竞争力	能源密集型的企业会受到较大的影响	会提高市场上企业的竞争力

资料来源:转引自杨姝影等.二氧化碳总量控制与区域分配方法研究[M].北京:化学工业出版社,2012.

"碳交易"是"碳排放权交易"的简称,这一概念最早出现于 1997 年 12 月在日本东京签订的《京都议定书》中,其中提出二氧化碳的排放权可以像普通商品一样交易。《京都议定书》把氧化亚氮、氧氟碳化物、二氧化碳、甲烷、全氟化物、六氟化硫六种气体确定为温室气体,由于在所有的温室气体中二氧化碳占据了绝对主导地位,因此温室气体排放权的交易被简称为"碳交易"[①],而从事这种排放权交易的市场被称为"碳交易市场",碳排放权交易被泛化为各类温室气体排放权的交易。碳交易不像普通商品交易,从本质上来说,是碳排放权的交易,排放权是对环境容量资源的限量使用权,属于稀缺资源。但是,这种权力的界定首先需要政府确定包括二氧化碳在内的各种温室气体的排放总量,然后以某种可接受的方式对排放权进行初始分配,界定其产权,相关企业才能在碳交易市场上对分配而得到的二氧化碳排放权进行自由交易,通过市场竞争确定排放权的价格,进而实现环境容量资源的优化配置,从而提高全人类的发展福利。

2.2　碳排放权交易的基本理论

碳排放权交易本质上是治理全球温室气体排放的一种制度安排。这种制度安排的理论依据主要有外部性理论、"公地悲剧"理论和可持续发展理论等[②]。

2.2.1　外部性理论

亚当·斯密在《国富论》的后半卷谈到公共工程和公共设施费用时就意识到了"外部性"

①　荆克迪.中国碳交易市场的机制设计与国际比较研究[D].天津:南开大学,2014.
②　徐苗,张凌霜,林琳.碳资产管理[M].广州:华南理工大学出版社,2015.

的存在。他认为公共工程和公共设施"由个人或少数人办理，那所得利润绝不能偿其所费。所以这种事业不能期望个人或少数人出来创办或维持"。显然他已认识到负外部性与市场供应失灵问题的存在，并提出了由政府建设和维持公共工程与设施，费用可由政府和受益者结合实际情况共同负担的解决办法①。

1890年剑桥学派的创始人马歇尔在《经济学原理》中提出了外部经济的概念，被认为是外部性概念的起源。在马歇尔看来，除了以往人们多次提及的土地、劳动、资本这三种生产要素，还有一种生产要素就是"工业组织"。马歇尔用"内部经济"和"外部经济"这一对概念来说明第四类生产要素的变化如何能导致产量的增加。所谓内部经济，就是企业内部各种因素所导致的生产费用的节约；而外部经济，就是指企业外部各种因素所导致的生产费用的减少。

庇古是马歇尔的嫡传弟子，他首次用现代经济学的方法从福利经济学的角度系统研究了外部性问题，在马歇尔提出的"外部经济"概念的基础上扩充了"外部不经济"的概念和内容，将外部性问题的研究从外部因素对企业的影响效果转向企业或居民对其他企业或居民的影响效果。庇古通过分析边际私人净产值与边际社会净产值的相互关系来阐释外部性，外部性实际上就是边际私人成本与边际社会成本、边际私人收益与边际社会收益的不一致。在没有外部效应时，边际私人成本就是生产或消费一件物品所引起的全部成本。当存在负外部效应时，如某一厂商的生产造成外部环境污染，导致其他经济主体增加诸如安装治污设施等所需的成本支出，这就是外部成本。边际私人成本与边际外部成本之和就是边际社会成本。很明显，当存在负外部性时，厂商的边际私人成本小于边际社会成本。当存在正外部效应时，企业所产生的收益并不完全由本企业占有，而是存在部分外部收益。边际私人收益与边际外部收益之和就是边际社会收益。通过经济模型可以说明，当存在外部经济效应时，纯粹个人主义机制不能实现社会资源的帕累托最优配置。因此，需要征收"庇古税"，即当存在外部经济负效应时，向企业征税；当存在外部经济正效应时，给予企业补贴。"庇古税"的征收使得外部效应内部化。将庇古税的理论应用于控制温室气体排放上，就是对企业征收碳税。环境资源作为人类赖以生存的重要资源，是一种具有非竞争性和非排他性的公共消费品，但是企业为了追求利润最大化，通常会将大量的二氧化碳等温室气体无节制地排放到自然环境中，造成的后果由所有社会成员共同承担，这就形成了典型的外部不经济。过去几十年来由于这种外部不经济没有得到重视，温室气体浓度急剧上升，全球气候环境发生了很大的变化，严重影响了人类的生产生活。现在解决这种外部不经济性的手段之一就是征收"庇古税"——当存在外部不经济时，对环境污染者征税；当存在外部经济时，对企业进行补贴。

长期以来，关于外部效应的内部化问题一直被"庇古税"理论支配。科斯在《社会成本问题》中多次提到庇古税问题，并在批判"庇古税"的过程中提出了解决外部性的新方法。科斯指出，如果交易费用为零，不论权利如何界定，都可以通过市场交易和自愿协商达到资源的最优配置；如果交易费用不为零，制度安排与选择是重要的。这就是说，解决外部性问题可能用市场交易形式即自愿协商替代庇古税。戴尔斯在科斯的基础上将产权概念引入环境污染控制，首次提出了排放权交易的概念，由政府界定并将污染排放的产权发放给排放

①　沈满洪，何灵巧.外部性的分类及外部性理论的演化[J].浙江大学学报：人文社会科学版，2002，32(1)：152-160.

者,同时允许交易转让此权利,通过市场手段优化资源配置。区别于传统的行政干预手段,基于市场的排放交易具有更低的减排成本,可以通过设计兼顾效率与公平①。此后经济学家们对于不同市场结构下的排放权交易进行了广泛讨论,为排放权的交易奠定了基础。1990年,美国《清洁空气法案修正案》构建的二氧化硫总量交易制度是排放权交易的首次大规模实践,取得了积极的环境治理效果,排放权交易制度在全球范围内迅速扩展,德国、澳大利亚、英国等国相继开展了排放权交易的实践。排放权交易从理论到实践的发展,为碳排放的外部不经济内部化提供了一种全新的手段。碳排放权的交易不但可以使温室气体排放实现资产化、市场化,由公共物品转变成非公共物品,而且避免了企业在承担环境治理责任时出现的"搭便车"问题,使环境资源配置达到效率的最大化。

2.2.2　"公地悲剧"理论

根据新制度经济学观点,社会产品大体可分为两类:公共物品和私人物品。私人物品是由私人企业生产并通过市场交易实现的产品,其消费具有排他性、可分割性。公共物品是由公共部门生产、由社会成员免费使用的产品,其消费具有非排他性和不可分割性。环境资源具有非排他性和非竞争性,是典型的公共物品,而"公地悲剧"理论恰恰反映了公共物品的问题。

1968年,英国哈丁教授在《公共地悲剧》(*The tragedy of the commons*)一书中首先提出"公地悲剧"理论模型。他说,作为理性人,每个牧羊者都希望自己的收益最大化。在公共草地上,每增加一只羊会有两种结果:一是获得增加一只羊的收入;二是加重草地的负担,并有可能使草地过度放牧。经过思考,牧羊者决定不顾草地的承受能力而增加羊群数量。于是他便会因羊只的增加而收益增多。看到有利可图,许多牧羊者也纷纷加入这一行列。由于羊群的进入不受限制,所以牧场被过度使用。"公地"作为一项资源或财产有许多共同拥有者,他们中的每一个人都有使用权,但没有权利阻止其他人使用,从而造成资源过度使用和枯竭。过度砍伐的森林、过度捕捞的渔业资源以及过度的温室气体的排放,都是"公地悲剧"的典型例子。之所以叫"悲剧",是因为每个当事人都知道资源将由于过度使用而枯竭,但每个人对阻止事态的继续恶化都感到无能为力,而且都抱着"及时捞一把"的心态加剧事态的恶化。公共物品因产权难以界定而被竞争性地过度使用或侵占是必然的结果。产生"公地悲剧"的原因众多,最重要的是产权不明确导致的责任缺失。例如,在环境的开发和利用上,"公地悲剧"现象体现得最为明显。环境作为人类共同的资源,其使用具有普遍性,但治理并没有明确的目标责任,企业为了追求利润,不惜以牺牲环境为代价,将企业的生产成本外部化,给社会造成沉重负担,如果所有企业都抱有这种思想,那么人类最终将走向灭亡。"公地悲剧"实质上就是公共产品的产权不明,导致企业和个人使用资源的成本小于社会所付成本,从而造成资源的无限制消耗,最终造成灾难。单纯依靠市场这只"无形的手"不能完全抑制"公地悲剧"的发生,而是需要事先明确事物产权,辅以强制手段。产权的界定是以法定的形式明确规定某种资源的所有权属,是开展经济活动的首要条件,只有所有权界定了才能促使商品在市场上有效地交易,促使资源得到优化配置。温室气体减排的困境源于"公地悲剧"理论,其认为资源用尽和环境问题都源于对资源获取的动机,当没有人可禁止他人使用和进入时,有限的资源最终会被污染或用尽。因此,碳交易的有效达成,核心是碳排放权

---

①　吴诺亚.西方外部性理论的发展[J].时代金融,2018(21):319.

的产权界定,政府对碳排放权在各经济主体之间进行合理分配,明确产权,不同经济主体对碳排放权的价值进行评估,不同的价值评估导致碳排放权在市场中的流通,从而形成碳排放权交易。有碳排放权需求的企业从富余企业购买碳排放的使用权,导致企业生产成本增加,温室气体排放的外部性内化,从而避免"公地悲剧"的发生。

2.2.3　可持续发展理论

1980 年 3 月,由联合国环境规划署(UNEP)、国际自然资源保护同盟(IUCN)和世界野生生物基金会(WWF)共同组织发起,多国政府官员和科学家参与制定了《世界自然保护大纲》,首次提出可持续发展的思想,强调"人类利用对生物圈的管理,使得生物圈既能满足当代人的最大需求,又能保持其满足后代人的需求能力"。"可持续发展"一词最初源于生态学,指的是对资源的一种管理战略,其后被广泛应用于经济学和社会学范畴,是一个涉及经济、社会、文化、技术和自然环境的综合的动态的概念。

可持续发展理论是人类在追求经济发展过程中,探索与自然环境和谐相处的产物,体现了人类环保意识的增强。可持续发展理论坚持"共同发展、协调发展、公平发展、高效发展和多维发展"的原则①。就共同发展而言,地球是一个复杂的巨系统,每个国家或地区都是这个巨系统不可分割的子系统。系统的根本特征是整体性,每个子系统都和其他子系统相互联系并发生作用,只要一个子系统发生问题,都会直接或间接影响到其他子系统,甚至会诱发系统的整体突变。就协调发展而言,协调发展既包括经济、社会、环境三大系统的整体协调,也包括世界、国家和地区三个空间层面的协调,还包括一个国家或地区经济与人口、资源、环境、社会以及内部各个阶层的协调,持续发展源于协调发展。就公平发展而言,可持续发展思想的公平发展包含两个纬度:一是时间纬度上的公平,即当代人的发展不能以损害后代人的发展能力为代价;二是空间纬度上的公平,即一个国家或地区的发展不能以损害其他国家或地区的发展能力为代价。就高效发展而言,可持续发展的效率不同于经济学的效率,可持续发展的效率既包括经济意义上的效率,也包含自然资源和环境的损益成分。因此,可持续发展思想的高效发展是指经济、社会、资源、环境、人口等协调下的高效率发展。就多维发展而言,可持续发展注重各国与地区从自身实际出发,探索多模式、多样性的发展道路。

低碳经济背景下,将碳排放权纳入市场体系,利用市场机制进行资源配置,在总量控制的基础上,将碳排放成本内部化为企业成本费用,促使各国降低成本,提高经济发展的效率,注重发展质量,达到经济发展、社会进步与环境保护的协调统一。碳排放权交易的思想和可持续发展的要求是一致的,最终都是为了实现全球的协调可持续发展。

2.3　国内碳排放权交易的需求与相关政策

2.3.1　我国发展碳排放权交易的需求

碳交易产生于全球开始谋求共同应对气候变化时期,发展于建设低碳经济的浪潮中,未来将在全球经济一体化的大环境下对世界经济和气候变化谈判格局产生深远影响。我国作

---

① 牛文元.中国可持续发展的理论与实践[J].中国科学院院刊,2012,27(3):280-289.

为全球主要的经济体和排放大国,对外要参与全球竞争,排解巨大的国际减排压力,对内要转变经济发展方式,缓解资源环境压力,需要积极促进和发展碳交易。

第一,从全球来看,低碳发展是时代发展的潮流,碳交易是低碳背景下产生的重大制度创新,我国需要顺应时代潮流,实践制度创新①。低碳经济是继工业经济、信息经济、知识经济以来产生的一种新的经济形态,代表着当今世界先进生产力和先进文化的发展方向,是当今时代发展的新潮流。新的经济形态要求有新的制度,碳交易制度正是在低碳背景下产生的一种新的市场经济制度。碳交易制度的出现,使得人类首次将完整的环境资源作为一种可交易的商品纳入市场交易体系。尽管产权理论早已出现,但是产权交易制度从最初的商品产权交易发展到要素产权交易和知识产权交易,最终发展到环境产权交易,这是现代市场经济制度的重大创新,也是和人类的社会进步和生产力发展相适应的。我国作为世界经济大国,必须适应时代发展潮流,努力追赶世界先进生产力的前进方向,大力发展低碳经济,积极开展碳交易。

第二,低碳发展是构建国际经济政治新秩序的道义制高点,碳交易是展示国家形象的新标签,我国需要把握有利时机,积极参与国际新秩序的构建,提升国家形象和国际地位。国际金融危机和欧盟债务危机之后,国际政治经济秩序酝酿新一轮调整。面对全人类的共同挑战,应对气候变化、化解能源危机、保障生态安全已经深刻地影响着人类的发展观念和各国的外交形象,低碳发展已经成为各国构建国际经济政治新秩序的道义制高点,将影响各国在未来全球政治经济格局中的地位。我国作为联合国常任理事国和全球第二大经济体,温室气体排放总量位居全球第一,在国际气候谈判中面临巨大压力。我国应该把握低碳发展良机,以更加积极的态度构建国际经济政治新秩序,以更加积极的行动抢占碳发展的道义制高点。碳交易已经成为各国积极发展低碳经济、应对国际危机的外交名片和国家标签。我国应积极开展碳交易,树立负责任大国形象,提升国际地位,在国际气候谈判中化被动为主动,争取未来排放空间,积极参与和影响碳交易国际规则的制定。

第三,发展碳排放权交易是应对国际碳金融竞争的需要。碳金融是环境金融的一部分,是用来完成环境目标和转移环境风险的金融工具。国际碳金融竞争的实质就是各参与方希望通过发展碳金融,掌握未来碳交易的国际定价权。欧盟碳交易市场现货和碳衍生品主要计价结算货币是欧元,随着各国在碳交易市场参与度的提高,日本、澳大利亚等国正试图提升本国货币在碳交易市场体系中的地位,将本国货币与碳交易挂钩。目前,我国碳金融体系还不健全,碳交易议价能力比较弱,建设有中国特色的碳交易市场,构建碳金融体系将有助于我国在本币国际化中掌握更多的筹码,是我国争取低碳经济制高点的关键一步。

第四,从国内来看,发展碳排放权交易是我国实现碳达峰目标和碳中和愿景的重要政策手段②。习近平主席于2020年9月宣布中国将提高国家自主贡献力度,力争在2030年前实现二氧化碳排放达峰,努力争取2060年前实现碳中和。发展碳排放权交易,建立覆盖全面的碳交易市场,发挥市场机制的作用,将有效减少政府的财政压力,以全社会最低的经济成本实现我国对外承诺的碳减排目标,为我国实现碳达峰碳中和目标节约巨大的经济成本。

第五,发展碳排放权交易是我国经济转型发展的需要。高污染、高排放和高耗能下的粗

① 戴彦德,康艳兵,熊小平.碳交易制度研究[M].北京:中国发展出版社,2014.
② 张希良,张达,余润心.中国特色全国碳市场设计理论与实践[J].管理世界,2021,37(8):80-94.

放型经济增长是我国过去经济增长的主要特征。工业化和城市化的快速发展,使我国对资源消耗和能源的需求不断增加,石化、钢铁、水泥、电解铝、电力等高耗能行业既是传统工业化的重要支撑行业,也是我国高碳排放的主要行业。在当前绿色、低碳、可持续发展目标下,石化、化工、建材、钢铁、有色、造纸、电力等行业成为经济高质量发展转型的重点行业。实施碳排放权交易后,国家可以对这些行业采取碳排放权分配标准,通过碳价机制为这些行业的去产能和转型升级提供有效的经济激励。尤其是在发展新能源和促进低碳技术开发方面,通过全国碳交易市场建设,形成合理有效的碳价机制,将有力促进核能、可再生能源、氢能等新能源产业的发展,推进以新能源为主体的新型电力系统建设,激励各行各业开展低碳零碳技术创新和投资,推动经济增长新动能的形成,促进我国经济低碳转型,降低全社会的碳排放。

第六,发展碳排放权交易是建设生态文明社会的重要保障。习近平总书记在党的十九大报告中指出:"坚持人与自然和谐共生。建设生态文明是中华民族永续发展的千年大计。必须树立和践行绿水青山就是金山银山的理念,坚持节约资源和保护环境的基本国策,像对待生命一样对待生态环境,统筹山水林田湖草系统治理,实行最严格的生态环境保护制度,形成绿色发展方式和生活方式,坚定走生产发展、生活富裕、生态良好的文明发展道路,建设美丽中国,为人民创造良好生产生活环境,为全球生态安全作出贡献。"现阶段我国环境改造和治理成本较大,大力推进碳排放交易体系的实施与环境改造和治理协同,实现行政手段和市场手段相结合,可以刺激企业以最优成本方案实现节能减排和环境保护,为我国建设生态文明社会提供重要保障。

2.3.2　国内碳排放权交易的相关政策

"碳排放权"是指企业依法取得向大气排放温室气体的权利,也是一种特殊的、稀缺的有价经济资源,紧密联结金融与绿色低碳经济,是绿色金融体系的重要组成部分。建设和完善碳排放权交易市场是实现"双碳"目标的重要途径,是构建国内绿色金融体系的内在要求,是争取国际碳排放定价权、推进人民币国际化的重大举措。2022年1月24日,习近平总书记在主持中共中央政治局第三十六次集体学习时强调,要充分发挥市场机制作用,完善碳定价机制,加强碳排放权交易。

中国的碳交易、市场信号和基础源于《京都议定书》中规定的CDM(清洁发展机制)。中国政府在2002年8月宣布核准《京都议定书》,随即启动CDM的国际合作。基于CDM的经验和国内发展碳排放权的需求,中国政府主管部门尝试构建国内碳交易体系。2011年,根据党中央、国务院关于应对气候变化工作的总体部署,为落实"十二五"规划关于逐步建立国内碳排放交易市场的要求,推动运用市场机制以较低成本实现我国在哥本哈根会议前提出的2020年我国控制温室气体排放行动目标,加快经济发展方式转变和产业结构升级,国家发展改革委决定在北京市、天津市、上海市、重庆市、湖北省、广东省及深圳市开展碳排放权交易试点。2015年6月,国家发展改革委发布《关于落实全国碳排放权交易市场建设有关工作安排的通知》。2016年1月出台的《关于切实做好全国碳排放权交易市场启动重点工作的通知》,确定2017年启动全国碳排放权市场交易,发挥市场机制作用。2019年5月,生态环境部印发《关于做好全国碳排放权交易市场发电行业重点排放单位名单和相关材料报送工作的通知》,确定全国碳排放权交易市场发电行业重点排放单位名单,要求做好配额分配、系统开户和市场测试运行的准备工作。2020 年,生态环境部连续印发《碳排放权交易管理办法(试行)》《纳入 2019—2020 年全国碳排放权交易配额管理的重点排放单位名单》等文件,发电行业被率先纳入碳排放配额管理。其中,《碳排放权交易管理办法(试行)》在准入标准、配额分配、排放交易、排放核查与配额清缴等方面进行了规范。《2019—2020 年全国碳排放权交易配额总量设定与分配实施方案(发电行业)》在配额分配、配额发放、配额清缴等方面做出了规定。《2021 年国务院政府工作报告》再次将碳排放权交易列入年度重点工作。2021 年 7 月 16 日,全国碳排放权交易市场正式开市。2021 年 10 月,生态环境部印发《关于做好全国碳排放权交易市场第一个履约周期碳排放配额清缴工作的通知》,确保各省区市碳排放权交易市场完成第一个履约周期的配额核定和清缴工作[①]。近年来,相关详细政策出台见表 2-3。

表 2-3　国内碳排放权交易的相关政策

时　间	文　件　名　称	主　要　内　容
2011 年 10 月 29 日	《国家发展改革委办公厅关于开展碳排放权交易试点工作的通知》	批准北京、天津、上海、重庆、湖北、广东和深圳七省市开展碳交易试点工作
2014 年 9 月 19 日	《国家应对气候变化规划(2014—2020 年)》	明确提出研究全国碳排放总量控制目标地区分解落实机制,制定碳排放权交易总体方案,明确全国碳排放权交易市场建设的战略目标、工作思路、实施步骤和配套措施等。到 2020 年,中国低碳试点示范要取得显著进展,国际交流合作要广泛开展,加快建立全国碳排放权交易市场
2014 年 12 月 10 日	《碳排放权交易管理暂行办法》	该管理办法主要是框架性文件,明确了全国碳交易市场建立的主要思路和管理体系
2015 年 6 月	《关于落实全国碳排放权交易市场建设有关工作安排的通知》	该通知主要是推动地方主管部门将碳排放权交易市场建设纳入重要议事日程,扎实做好各项准备工作,确保全国碳排放权交易市场的顺利启动
2016 年 1 月	《关于切实做好全国碳排放权交易市场启动重点工作的通知》	明确了参与全国碳排放权交易市场的八个行业。第一阶段将涵盖石化、化工、建材、钢铁、有色金属、造纸、电力、航空八大行业的重点排放企业
2019 年 5 月	《关于做好全国碳排放权交易市场发电业重点排放单位名单和相关材料报送工作的通知》	确定全国碳排放权交易市场发电行业重点排放单位名单,要求做好配额分配、系统开户和市场测试运行的准备工作

---

① 潘家华.碳排放交易体系的构建、挑战与市场拓展[J].中国人口·资源与环境,2016,26(8):1-5.

续表

时　间	文 件 名 称	主 要 内 容
2020 年 12 月	《碳排放权交易管理办法(试行)》《2019—2020 年全国碳排放权交易配额总量设定与分配实施方案(发电行业)》	发电行业被率先纳入碳排放配额管理并且在准入标准、配额分配、排放交易、排放核查与配额清缴等方面进行了规范
2021 年 7 月	—	全国碳排放权交易市场启动
2021 年 10 月	《关于做好全国碳排放权交易市场第一个履约周期碳排放配额清缴工作的通知》	确保各省区市碳排放权交易市场完成第一个履约周期的配额核定和清缴工作

我国自 2002 年核准《京都议定书》以来,积极履行国际减排义务,结合国内实际,制定相关碳交易政策,稳步推进区域碳交易试点和积极推进全国碳交易市场建设,有力促进了企业温室气体减排和绿色低碳转型。2013 年以来,我国 7 个试点碳交易市场先后启动,截至 2021 年 12 月 31 日,7 个试点碳交易市场碳排放配额累计成交量达 4.83 亿吨,成交额达 86.22 亿元。2021 年 7 月 16 日,全国碳交易市场上线交易正式启动,截至 2021 年 12 月 31 日,全国碳交易市场碳排放配额累计成交量达 1.79 亿吨,成交额达 76.84 亿元[1]。试点碳交易市场将与全国碳交易市场持续并行,并逐步向全国碳交易市场平稳过渡,取得了以下成果。

(1) 履约率高,促进碳排放总量下降。经过试点省市碳排放交易近十年的探索,全国及试点省市碳排放权交易政策减排成效显著,重点排放单位履约率高,有效促进了温室气体减排,推动了省域低碳城市建设和碳普惠平台搭建。

(2) 推动产业结构调整,期初免费配额客观上抑制了“碳泄漏”行为。在碳达峰、碳中和目标的双重驱动下,高能耗产业需承担更多的碳排放成本,在内部成本约束下企业逐步向低能耗、高附加值优化升级。

(3) 通过中国核证自愿减排量机制助推欠发达地区发展和乡村振兴。碳源大多位于经济发达地区,而碳汇多位于生态良好的欠发达地区。经济发达地区的企业通过水电、光伏和森林碳汇等方式从欠发达地区获得中国核证自愿减排量,助推欠发达地区发展和乡村振兴。

(4) 加速煤电机组运营绩效分化,推动社会低碳化发展。引入碳排放权交易市场后,碳排放的外部成本显化,转化为排放主体的内部成本[2]。

虽然国内碳交易取得了令人欣喜的成果,但建立完善的碳交易市场是一个循序渐进的过程。目前,国内碳交易交易市场的运行过程中也暴露出些许问题。

延伸阅读　美国排污权交易

(1) 交易市场流动性不足,惜售现象严重,市场活跃度低。全国碳排放权交易市场主要是电力行业,交易主体主要为大型央企和国企等火电企业,集中履约的直接碳配额现货交易导致市场流动性不足,市场活跃度不高。

(2) 碳交易市场核查体系和信息披露制度尚未完善。目前中国碳交易

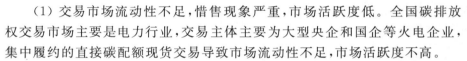
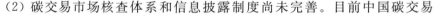

① 张修凡.我国碳排放权交易市场运行现状及交易机制分析[J].科学发展,2021(154):82-91.
② 陈星星.中国碳排放权交易市场:成效、现实与策略[J].东南学术,2022(4):167-177.

市场核查服务主要采取由省级生态环境主管部门委托第三方核查机构的方式进行核查,这可能导致独立性受损和"寻租"行为的产生,难以保证核查数据和结果的真实性和有效性。

（3）商业银行参与有限,碳金融政策激励不足,难以真正激活企业运营开发碳资产的积极性和促进碳交易市场的活跃性。

 **课程思政**

碳排放交易对促进我国生态文明建设有何重要作用?

习 题

1. 什么原因导致了全球气候发生急剧变化,全球气候变化将给人类带来什么样的影响?

2. 1992年世界环境与发展大会就对人类开始减碳工作进行了讨论,为何至今各国就碳排放权的分配还没有定论?

3. 碳排放权交易是如何产生的? 其相对于碳税有何优势?

4. 碳排放权交易这种制度安排有哪些理论依据? 请简要进行概述。

5. 在当前的时代背景下,为什么我国要大力发展碳排放权交易?

6. 自碳交易试点开展以来,我国碳排放权交易市场取得了哪些成果?

7. 目前我国的碳排放权交易市场存在哪些问题? 请结合案例进行分析,并为其后续发展提供建议。

第3章

▶ 碳排放权交易市场

【内容提要】

概述碳排放权交易市场的参与者、体系及类型,介绍国内外碳排放权交易市场的发展概况。

【教学目的】

要求学生掌握碳排放权交易市场的体系和类型以及国内碳排放权交易市场的发展,能够区分不同交易模式下的市场参与主体,了解国外碳排放权交易市场的发展历程。

【教学重点】

碳排放权交易市场的类型;国内碳排放权交易市场的发展。

【教学难点】

对碳排放权交易市场体系和类型的掌握。

全球气温的不断升高不仅严重影响了自然生态环境,也在一定程度上影响了经济发展,所以国际上高度重视控制温室气体排放的问题。随着对气候变化问题的深入研究,人们逐渐意识到大气环境可以看作一种资源,温室气体排放可以看作一项权利,因此可以通过市场机制对权利进行交易,从而达到优化资源配置的目的①。

碳排放权交易市场是指以控制温室气体排放为目的,以温室气体排放配额或温室气体减排信用为标的物的交易体系,是人为建立起来的政策性市场②。在温室效应和全球气候变暖等现象被明确重视后,碳排放权交易获得了广泛的应用,通过多种形式规范的市场经济手段,可以效率更高、成本更低地完成减排目标。总体来说,碳排放权交易市场的产生和形

---

① 孟早明,葛兴安.中国碳排放权交易实务[M].北京:化学工业出版社,2017.

② 王科,李思阳.中国碳市场回顾与展望(2022)[J].北京理工大学学报(社会科学版),2022,24(2):33-42.

成得益于国际社会对温室气体减排的深入研究[①]。

3.1 碳排放权交易市场参与者

3.1.1 碳排放权交易市场参与者的概念界定

在碳交易过程中,市场参与者是最具主观能动性和创新创造力的要素。国际碳排放权交易市场的成立,使得碳排放权市场的参与者越来越多元化,具体体现在身份多元化和目标多元化两个方面。身份多元化是指参与者身份包括政府、企业、个人和中介等[②]。目标多元化是指参与的目标可以是完成自身减排目标,也可以是用剩余配额进行资金周转。近年来,政府对气候变化问题高度重视,不断推动碳排放权交易市场的发展,地方政府及其下属的发电企业、林业、能化企业等市场主体都对参与碳交易市场表现出极大的兴趣。

碳排放权交易市场参与者是指在碳排放权交易过程中享有权利和承担义务的组织或个人。依据法律地位和权利义务的不同,可分为转让方、受让方、交易辅助方和交易监管方。其中转让方与受让方是指直接参与碳排放权交易的合同当事人,是碳排放权交易的主要参与者。转让方包括项目开发商、减排成本较低的排放企业、国际金融组织、碳基金、各大银行等金融机构、咨询机构以及技术开发转让商等。受让方则可分为履约买家和自愿买家。履约买家指减排成本较高的企业,自愿买家包括出于企业社会责任或准备履约进行碳交易的企业、政府、非政府组织以及个人。交易辅助方是指为碳排放权交易顺利完成而提供政策、技术、金融等方面服务的辅助机构,如经纪商、交易所和交易平台、银行、保险公司、自愿减排量核证机构、碳配额认证机构、金融机构、对冲基金、绿色基金等机构。交易监管方是指负责监管碳排放权交易市场,保障交易合法有序运行的机构,主要指与生态资源、林业等相关的具备监管职能的政府机构[③]。我国是通过国务院发展改革部门与相关部门共同对碳排放权交易市场实施分级监管,各相关部门根据自身职责对第三方核查机构、交易机构等实施监管,保障碳排放权交易市场规范有序的运行。

碳排放权交易市场参与者是整个碳排放权交易体系的重要组成部分,哪些政府或市场主体能参与到碳排放权交易市场中,以何种方式和身份(转让方、受让方、交易辅助方、交易监管方)参与到碳排放权交易中,这在根本上取决于碳排放权交易模式的设计[④]。目前,碳排放权交易市场模式包括降低成本模式、盈利模式以及服务提供商模式三种。降低成本模式是指购买或获得排放权,主要适用于高能耗企业,它们被分配的排放配额已经或很快将用尽并受到配额限制,因此,这些企业将通过碳排放权交易市场选择购买排放权。盈利模式主要适用于寻求从碳排放权交易业务中获利的排放项目开发商,一般包括可再生能源公司、工程公司,以及投资基金等金融机构。服务提供商模式主要适用于提供相关市场预测和咨询的公司或机构,例如,世界上最大的碳排放权交易市场信息和咨询服务提供商PointCarbon,其为客户提供行业领先的碳价格、市场新闻、市场趋势、政策影响等相关分析。

[①] 孟早明,葛兴安.中国碳排放权交易实务[M].北京:化学工业出版社,2017.

[②] 陆敏,苍玉权.中国碳交易市场减排成本与交易价格研究[M].北京:中国社会科学出版社,2016.

[③④] 蒋瑞雪,潘筼禾.碳排放交易要素:交易主体与模式[EB/OL].https://huanbao.bjx.com.cn/news/20210823/1171709.shtml.

3.1.2　碳排放权交易市场的主要参与者

1. 履约参与者

履约参与者指所有参与碳排放权交易市场的企业,它们是直接参与碳排放权交易的合同主体,包括碳排放权配额的转让方和受让方。在总量控制和交易机制下,转让方通过技术提升等手段完成规定的减排指标后,可选择将剩余的碳排放权配额出售或转让给其他企业。受让方即购买额外碳排放权配额的企业,其实际排放量超过了许可目标,需要购买配额,在得到额外的排放权额度后,才能够完成自身的减排目标。无论履约参与者是想追求内部减排策略的优化,还是利用市场交易来完成自身的减排目标,每一个参与者的市场地位均会对碳交易市场产生影响。

目前我国对碳交易主体有着比较明确的规定,《碳排放权交易管理办法(试行)》(以下简称《管理办法》)和《碳排放权交易管理规则(试行)》(以下简称《管理规则》)对碳交易主体做出了统一的规定:重点排放单位及符合国家有关交易规则的机构和个人,是全国碳排放权交易市场的交易主体。《管理办法》解释道:属于全国碳排放权交易市场覆盖行业,并且年度温室气体排放量达到 2.6 万吨二氧化碳当量(综合能源消费量约 1 万吨标准煤)的温室气体排放单位为重点排放单位。省级生态环境主管部门负责重点排放单位名录的制定,认为自身符合条件的企业也可主动申请,经核实符合规定条件的纳入重点排放单位名录。根据生态环境部发布的文件,我国现阶段石化、化工、建材、钢铁、有色、造纸、电力、航空八个行业为覆盖行业,上述行业中任一年度温室气体排放量达 2.6 万吨二氧化碳当量(综合能源消费量约 1 万吨标准煤)及以上的企业或其他经济组织为重点排放单位,有资格参与碳排放权交易,称为交易主体。

值得注意的是,按照"成熟一个批准发布一个的原则",截至 2021 年 12 月 31 日,纳入全国碳排放权交易机构的参与主体仅有 2 225 家发电行业企业(实际参与企业数量不足2 225 家)。开展碳排放权交易的前提是有准确的数据基础作支撑,所以选择先在行业管理规范、数据基础较好的发电行业开展碳排放权交易活动。随着报告核查能力、政府管理能力以及相关技术水平的提升,未来碳排放权交易市场一定会向更多行业逐步开放。

2. 中介机构

在交易市场中,除了有交易双方的参与,还少不了中介机构的加入,即碳排放权的交易辅助方,其主要工作就是为碳排放权交易双方提供服务,来达到顺利完成交易的目的。任何新兴市场都会吸引经纪商、做市商以及投机商的注意。经纪商对市场进行深入研究,获取各类重要的市场信息,为交易双方提供专业化的中介服务[①],以提高市场信息的透明度。经纪商一般不从事配额的交易活动,只是为符合法定条件的交易主体提供政策性引导、技术支持以及安全保障性服务活动。

碳排放权交易市场的发展较晚,规模较小,因此商业银行等金融机构介入碳排放权交易市场也相对谨慎。随着碳排放权交易市场运行机制的不断完善,越来越多的商业银行发现了新的利润增长点,开始着眼于相关金融产品的创新研究,参与碳排放权交易市场的积极性

---

①　陆敏,苍玉权.中国碳交易市场减排成本与交易价格研究[M].北京:中国社会科学出版社,2016.

越来越高,为碳排放权交易市场的发展增添了活力。国内最早涉足碳交易活动的商业银行是兴业银行,也是我国首家采纳赤道原则的银行。兴业银行在碳金融领域实现了诸多创新,为国内多个清洁发展机制项目提供融资服务、碳资产抵押贷款服务等,落地多个国内首单业务:承销首批"碳中和债"、推动落地全国首笔林票质押贷款、全国首批碳中和债和首单碳中和并购债权融资计划等,推进了碳排放权交易市场的建设。该银行除了提供交易结算服务、减排融资安排,还将陆续开发多元化的碳排放权交易金融产品。目前,兴业银行已与国内所有的碳交易试点地区建立了合作关系,提供包括交易架构及制度设计、资金存管以及清算在内的"一揽子"金融服务,推动了我国碳交易市场的建设①。

3. 监管机构

碳排放权的交易监管方是确保碳排放权交易的安全性和正当性的主体,包括依据法律法规享有监管权限的行政机关和因授权而享有资格对交易过程中的行为进行管理的交易所和对排放数据监测进行核查的核查机构等②。政府机构始终是各类市场发展过程中的主角之一,在市场发展中承担着计划、组织、领导和控制的责任,因此,政府监管部门是碳排放权交易市场的主要倡导者和建设者,同时也是碳排放权交易市场平稳运营和发展的重要力量。碳排放权市场的各项政策法规、规章制度的起草、发布和督促执行也都离不开政府部门的参与和支持。

欧盟和美国从各自国情出发,建立适合自身的碳交易市场监管机制。欧盟采取自上而下、三位一体的监管机制。碳交易市场监管是通过颁布相关指令,并由相应的成员国的监管机构来执行完成。形成了欧盟制定较为统一的监管基础法规政策指令,各成员国再根据本国实际情况制定执行法规,以及由碳交易平台或协会制定交易监管规则,三方面的监管法律相辅相成,构成一个监管网络。监管机构是在欧盟委员会的统一领导下,由各国监管机构组成的,并通过碳排放交易体系(ETS)机制下的注册登记系统监测具体流程。而美国在联邦层面没有建立碳交易监管机构,其监管体系主要分布在州、区域和第三方,如加利福尼亚州环保局监管其总量控制与交易计划。美国区域温室气体减排行动(RGGI)就成立了一个非营利性机构,其主要任务是为签署州的碳减排计划提供行政和技术服务支持,其中一项职责是监测有关二氧化碳配额的拍卖和交易市场。虽然各州都保留了碳交易市场监督的权力,但实际监管工作(如核准指标交易、确定是否出现价格操纵、调查守法及违法行为等)都委托给几个第三方机构,如 RGGI 将碳交易市场的监管授权给 Potomac Economics(美国一家独立的电力及天然气第三方监管机构)。此外,RGGI 也承担二级市场的监测,确保市场不存在价格操纵的现象③。

我国碳排放权交易市场的政府监管部门分为三级监管机构,包括生态环境部等部委、省级生态环境主管部门以及设区的市级生态环境主管部门。生态环境部主要负责制定全国碳排放权交易及相关活动的技术规范,加强对地方碳排放配额分配、温室气体排放报告与核查的监督管理,并会同国务院其他有关部门对全国碳排放权交易及相关活动进行监督管理和指导。省级生态环境主管部门负责组织开展碳排放配额分配和清缴、温室气体排放报告的核查等相关活动,并进行监督管理。设区的市级生态环境主管部门负责配合省级生态环境

①③ 陆敏,苍玉权.中国碳交易市场减排成本与交易价格研究[M].北京:中国社会科学出版社,2016.
② 刘思岐.中国碳排放交易试点的现状、问题分析及对策研究[J].中国环境法治,2015:27-38.

主管部门落实相关具体工作,并根据有关规定实施监督管理。这些监管部门分工合作,各司其职,维护我国碳排放权交易市场的正常运作。

在对碳排放配额分配过程的监管方面,政府对配额分配的过程应坚持无偿分配和有偿分配相结合的模式,坚持公平公正原则,配额分配应在公开、透明的环境下进行,加强信息透明度,加强对政府分配过程与分配方式的监管;在对排放企业的监督管理方面,加强对管制企业未完成减排目标、未完成报告的管理,对企业提出提供排放数据报告的要求等。如欧盟规定企业出具的报告不仅应当符合欧盟委员会颁布的相关政策法规规定,还必须经过具有资质的独立第三方的核证机构的验证,同时要通过特定程序公示企业报告和独立核证机构的验证结果,接受公众,特别是非政府环保组织的监督;在对第三方机构的监督管理方面,第三方核查机构负责对企业排放数据和活动进行检查,所以需要通过法律明确其责任和义务,切断企业和核证机构的利益输送,政府通过资质管理、保证金、复核等方式加强对第三方机构的管理。通过立法的方式保障核查机构的独立性[①]。

鉴于目前重点排放企业的排放量只能依靠自身监测,难以形成有效的监管,且当前的交易模式存在交易主体不实报告、核算机构不实核查、交易模式不同、监测机制不健全等问题,只有加强监管才能确保交易活动的安全性和规范性,以最大限度地保障碳排放权交易机制的良好运行,并朝既定的政策目标发展。因此,一个健全的碳排放权交易市场的建立需要各方市场参与者的共同协作,相互配合,才能加快这一新兴市场的建设进程,才能保证碳排放权交易市场的顺利运作。

3.1.3 不同交易模式下的市场参与者

现阶段我国碳排放权交易产品以碳排放配额(CEA)、中国核证自愿减排量(CCER)为主。由于两种产品的获取方式不同,在交易模式方面存在一定的差异,因此两种模式下参与主体的差异也较大(见表3-1)。

表 3-1 CEA 和 CCER 的交易主体

项目	转让方	受让方	交易辅助方	交易监管方
CEA	重点控排企业	重点控排企业	对排放报告进行认证的第三方机构	生态环境厅
CCER	光伏发电、风力发电、林场等持有 CCER 的企业	重点控排企业	核证机构、财务投资人、金融机构、碳资产运营企业	生态环境部门、林业部门、能源部门等

整体而言,根据有关规定获得省级环保部门配发的碳配额的重点碳排放单位,每年度需要根据其上一年度实际发生的碳排放量进行年度核查清缴。如果当年配额有富余的(实际排放量小于所获发碳配额),则可将富余的碳配额通过碳排放权交易市场进行出售,也可结转下年使用;而如果当年配额不足(实际排放量大于所获发碳配额),则需要通过二级市场购买其他富余单位的碳配额。另外,对于应清缴的碳配额,也可通过 CCER 交易平台购买,对

---

① 刘长松.我国碳排放总量控制与碳交易的若干问题[J].中国发展观察,2015(9):50-58,81.

应清缴配额进行一定比例的抵消,然后按照抵消后的实际排放量进行碳配额的清缴。作为一种温室气体减排导向的政策工具,碳排放权交易结合了国家强制实行的碳排放配额以及自愿减排的努力。而 CCER 便是一种针对自愿减排努力的激励,通过节能减排相关技术缩减碳排放量,经过相应程序的核证和登记后,可以出售给有碳排放配额缺口的排放单位,用于在一定比例范围内抵消该排放单位应进行清缴的碳配额。

1. CEA 的参与者

CEA 是指经政府主管部门核定,企业能够获得的一定时期内可以向大气中排放温室气体(以二氧化碳当量计)的总量。也就是说,纳入碳排放权交易的企业被允许的碳排放额度。碳排放权交易体系[①]建立以后,配额的稀缺性导致碳排放权形成了市场价格,因此碳配额的分配实质上是财产权利的分配,配额分配方式决定了企业参与碳排放权交易体系的成本。例如,分配方法可能影响企业在产量上的确定、新的投资地点以及将碳成本转嫁给消费者的比例等问题上的决策。因此,配额分配方法在很大程度上会影响碳排放权交易体系的经济总成本。

CEA 目前采取的是以强度控制为基本思路的行业基准法,由省级生态环境厅向本区域内重点排放单位分配年度配额,分配方式包括免费分配和有偿分配(见表 3-2),现阶段以免费分配为主,后期将适时引入有偿分配机制,并逐步扩大有偿分配比例。因此,碳排放配额的获取由政府主导,仅限于在纳入重点排放目录的单位间流转交易。CEA 的交易模式相对简单,交易模式下的参与主体比较明确。

表 3-2　CEA 分配方式

免费分配(主)		有偿分配(辅)	
祖父法则	标杆法则	拍　卖	政府定价
按照控排企业的历史排放量确定配额,适用于生产工艺产品特征的行业	以碳排放强度作为行业基准值,同时用作碳交易中初始配额分配的参考指标,适用于生产流程及产品样式规模标准化的行业	配额价格由购买者竞标决定	由政府主导碳排放配额的分配,配额价格由转让方决定

目前,大多数碳排放权交易体系并未选择以单一形式分配所有配额,而是采用混合模式。这样一来,某些行业中的重点排放单位能够获得部分而非全部免费配额。一般来讲,这种方式能够确保那些被认为切实存在"碳泄漏"风险的行业通过适当的免费配额分配免于"碳泄漏"。此类行业通常借助两类主要指标来识别碳排放强度和受碳排放交易的冲击程度。

2. CCER 的参与主体

CCER 是中国核证自愿减排量(Chinese certified emission reduction)的缩写,即中国版的 CER,具体是指对我国境内特定项目的温室气体减排效果进行量化核证,并在国家温室

---

① 蒋瑞雪,潘筠禾.碳排放交易要素:交易主体与模式[EB/OL]. https://huanbao.bjx.com.cn/news/20210823/1171709.shtml.

气体自愿减排交易注册登记系统中登记温室气体减排量,可用于控排企业清缴履约时的抵消或其他用途。根据《温室气体自愿减排交易管理暂行办法》,参与自愿减排的企业减排量需经国家主管部门在国际自愿减排交易登记簿进行登记备案,经备案的减排量称为 CCER。备案后,该减排企业所持有的 CCER 可在碳交易市场上进行交易,超排企业除了可以通过碳交易市场向其他企业购买不足配额,还可以通过利用额外控排总量的 CCER 来抵消自身一定比例的碳超排量,自愿减排企业则可通过卖出 CCER 获得盈利。

理论上,光伏发电、风力发电、森林林场等能减少二氧化碳排放量的项目,都可依据一定方法论并经国家备案核证机构核准后,成为 CCER 的供给方,因此,CCER 的转让方可以是光伏发电电力企业、国有林场、集体经济组织、林业局等。此外,CCER 采用抵消方式,重点排放企业可通过签订 CCER 购买协议,购买经过核证登记的 CCER 配额。CCER 可以1∶1 的比例抵消碳排放配额,即 1 个 CCER 等同于 1 个配额,可以抵消 1 吨二氧化碳当量的排放。相较于配额的严格发放机制,CCER 本身是基于减排项目,对于企业,可以用它获得额外的碳收益,却没有配额履约的限制。按照《碳排放权交易管理办法(实行)》的规定,重点排放企业每年可以使用 CCER 抵消碳排放配额的清缴,抵消比例不得超过应清缴碳排放配额的 5%。CCER 的抵消机制可以在一定程度上补偿新能源的低碳环境效益,增加可再生能源电力的市场竞争力,吸引社会资本向可再生能源流动聚集,促进消费侧电能替代,扩大新能源的消纳时空范围,有利于推动构建以新能源为主体的新型电力系统。因此,CCER 的交易模式倾向于市场化,参与主体呈现类型多元、角色复杂的特点。

3.2 碳排放权交易市场体系及类型

3.2.1 碳排放权交易市场体系

由于《京都议定书》明确界定了温室气体排放权,这使得温室气体排放权成为一种稀缺资源,从而使温室气体排放权具有了商品价值和交易的可能性。因此,产生了以二氧化碳排放权为交易产品的碳排放权交易市场。随着"绿色低碳"成为经济发展的新趋势,碳排放权交易被更多的人熟知[①],同时也成为经济学家研究的热点。但是,碳排放权交易市场体系比较复杂,碳排放权交易市场体系是以交易标的资产、交易参与主体、交易流程、交易活动以及监管活动等要素为核心组成的规范化体系,在这一体系下,各个环节都按照规定的交易机制进行运转。

当前国际碳交易市场方兴未艾,主要发达国家和部分发展中国家已经建立或正在积极开发碳排放权交易系统,其中以欧盟碳交易市场最为典型,其交易规模全球最大,年交易额近 1 700 亿欧元,占全球碳交易市场份额的 80% 以上;交易产品丰富,包括碳减排指标、项目减排量等现货产品以及碳期权、碳期货、碳互换等衍生交易产品;交易主体广泛,包括国际多边援助机构设立的碳基金、政府双边合作碳基金、金融机构及个人等。总体来看,碳交易市场体系的建立和完善对欧盟的低碳发展起到了重要推动作用。截至 2021 年,全球共有 33 个碳排放权交易体系已投入运行,覆盖电力、工业、航空、建筑等多个行业。国际上的碳

---

① FASB,2008,Project Updates:Emission Trading Schemes.

排放权交易体系有英国排放交易体系、澳大利亚新南威尔士温室气体减排体系、欧盟排放交易体系、新西兰碳排放交易体系、美国区域温室气体减排行动、日本东京都总量控制与交易体系、美国加利福尼亚州总量控制与交易体系、加拿大魁北克省排放交易体系、澳大利亚碳排放交易体系、韩国碳排放交易体系等。

当前我国仍然处于工业化和城镇化快速发展阶段,尽管在绿色发展和生态文明建设方面取得了突破性进展,但现阶段我国的生态形势依旧比较严峻,高碳排放的产业和能源结构没有发生根本性的改变,仍然是全球最大的碳排放国。由于我国应对全球气候变化的责任重大,实现"双碳"目标任务艰巨,故建立碳交易市场体系是大势所趋,必不可少。自 2011 年起我国 7 个试点碳交易市场先后启动;2017 年底,全国碳交易市场完成总体设计并正式启动;2021 年 7 月 16 日,全国碳交易市场上线交易正式启动,这是我国利用市场机制控制和减少温室气体排放、推进绿色低碳发展的一项重大制度创新;截至 2021 年底,我国碳排放权交易体系处于试点碳交易市场与全国碳交易市场并行阶段,向全国碳交易市场平稳过渡①。与欧盟成熟的碳交易市场相比,我国碳交易市场建设起步晚,金融化程度和市场参与度不足,规模小且交易品种少,政策配套体系不够完善,仍处于初步发展阶段,还需通过系统的制度设计和政策支持,不断发展并逐步成熟。

3.2.2 碳排放权交易市场类型

根据不同分类标准,碳排放权交易市场可以分为以下几种类型。

1. 按强制性分类

根据是否具有强制性,碳排放权交易市场分为强制性碳交易市场和自愿性碳交易市场。如果一个国家或地区的法律明确规定温室气体排放总量,并据此确定纳入减排规划中各企业的具体排放量,为了避免超额排放带来的经济处罚,那些排放配额不足的企业就需要向那些拥有多余配额的企业购买排放权,这种为了达到法律强制减排要求而产生的市场就称为强制交易市场。强制性碳交易市场是目前国际上普遍的交易市场类型,发展势头最猛,以"强制加入、强制减排"形式为主。强制性碳交易市场可以为《京都议定书》中强制规定温室气体排放标准的国家或是企业有效提供碳排放权交易平台,通过市场交易实现减排目标。目前存在的交易体系中,属于强制性碳交易市场的有欧盟排放交易体系、美国区域温室气体减排行动、美国加利福尼亚州总量控制与交易体系、新西兰碳排放交易体系以及日本东京都总量控制与交易体系等②。

基于社会责任、品牌建设、对未来环保政策变动等考虑,一些企业通过内部协议,相互约定温室气体排放量,并通过配额交易调节余缺,以达到协议要求,在这种交易基础上建立的碳交易市场就是自愿性碳交易市场。自愿性碳交易市场是企业或个人主动采取碳排放权交易行为以实现减排目标,通常有两种形式:一种为"自愿加入、强制减排"的半强制性碳交易市场,企业可按照自身发展规划选择加入碳交易市场,加入后必须承担具有一定法律约束力的减排义务,如果规定期限内未完成减排目标将受到相应的处罚。但随着强制性碳交易市

① 中国碳交易网,http://www.tanjiaoyi.com.
② 孟早明,葛兴安.中国碳排放权交易实务[M].北京:化学工业出版社,2017.

场的不断发展,这种类型市场将逐渐被取代;另一种为"自愿加入、自愿减排"的完全自愿性碳交易市场,比如日本的经济团体联合会自愿行动计划(KVVAP)和资源排放交易体系(J-VETS)①。

2. 按交易标的分类

不同的交易标的对应的碳产品的性质和生产方式不同,根据不同的交易标的,碳排放权交易市场可分为基于配额的交易(allowance-based transactions)和基于项目的交易(project-based transactions)②。

基于配额的交易是在有关机构控制和约束下,向有减排指标的国家、企业或组织等参与者制定、分配排放配额,通过市场化的交易手段将环境绩效和灵活性结合起来,使得参与者以尽可能低的成本达到履约要求。基于配额的交易,其交易标的是在总体排放量一定的前提下,事先分配碳排放权指标或许可(称为配额),遵循"总量控制与交易"的机制,此交易机制需要设定一个总排放量上限,并对排放配额进行分配,达到减排目标后的剩余部分可按照企业自身意愿,在市场范围内进行交易,从而形成了碳配额交易市场。现阶段,碳排放权交易市场以配额交易市场为主,参与市场交易的国家或企业,如果未完成自身减排目标,可以在一定限度内购买特定减排项目产生的经核证的减排量以抵消配额③。碳配额是我国目前最重要的碳交易产品,主要运用在与火电相关的企业中,预计到2025年,电力、石化、化工、建材、钢铁、有色、造纸、电力、航空等重点排放行业将全部进入碳配额交易体系。碳配额交易市场通过设定碳排放价格,用利益调节机制促使企业增强低碳减排的内在动力,同时推动投资者对清洁低碳产业给予投资倾斜,最终实现控制碳排放总量的目的。

基于项目的交易是通过项目的合作,买方向卖方提供资金支持,获得温室气体减排额度。由于发达国家的企业在本国减排的花费成本很高,而发展中国家平均减排成本低,因此,发达国家提供资金、技术及设备帮助发展中国家或经济转型国家的企业减排,产生的减排额度必须卖给帮助者,这些额度还可以在市场上进一步交易。基于项目的交易,其交易标的是某些减排项目产生的温室气体减排"信用",是一种事后授信的交易方式,遵循"基准与信用"的机制。只有进行相关减排活动并经核实证明了其信用资质后,减排才真正具有价值,同时根据实际减排量的信用额度给予相应的经济激励。这一交易机制为管制对象设定了排放率或排放技术标准等基准线,对减排后优于基准线的部分经核证后发放可交易的减排信用,并允许因高成本或其他困难而无法完成减排目标的管制对象通过这些信用来履约④。

3. 按市场类型分类

根据碳排放权交易流通市场的类型不同,碳排放权交易市场可分为一级市场和二级市场。

一级市场即发行市场,是对碳排放权进行初始分配的市场体系,由相关国家主管部门和委托机构管理,创造和分配碳排放权配额和已审定备案项目的减排量两类基础性碳资产。简单来说,政府对碳排放空间使用权完全垄断,使用一级市场的卖方只有政府一家,买方包括下级政府和履约企业,交易标的仅包括碳排放权一种,政府对碳排放权的价格有着极强的

---

①②③④　孟早明,葛兴安. 中国碳排放权交易实务[M]. 北京:化学工业出版社,2017.

控制力。值得注意的是,在一级市场中,碳排放权供给总量可由国家根据自身减排现状统一制定,包括基于总量的制定方式和基于强度的制定方式。基于总量的制定方式指根据绝对减排目标设定配额总量,通常直接设定某一周期内碳交易市场覆盖行业排放量较基期排放量的下降目标,从而确定配额总量。该方式的优势在于能够保障减排效果,劣势在于灵活性不足,无法较好地应对经济环境的变化。基于强度的制定方式指根据相对减排目标设定配额总量,通常设定某一周期内碳交易市场覆盖行业的碳强度(单位产出排放量)基准,进而根据周期内实际产出量确定配额总量。该方式优势在于总量与需求更加契合,劣势在于减排的确定性相对较弱且数据要求高。而已审定备案项目的减排量的供给总量无法实现人为控制。

二级市场即流通市场,是碳排放权的持有者(下级政府和企业)开展现货交易的市场体系,也是整个碳排放权交易市场的枢纽。获得碳排放权的下级政府和履约企业的数量是有限的,下级政府和履约企业获得碳排放权后将同时获得对碳排放权的支配权,因此二级市场的卖方也是有限的。二级市场又可分为场内交易市场和场外交易(OTC)市场两部分。场内交易是指在经认可备案的交易所或电子交易平台进行的碳排放权交易,这种交易具有固定的交易场所和交易时间,交易规则公开透明,是一种规范化的交易形式,价格主要通过竞价方式确定。目前我国主要有9个交易场所,包括7个试点区域交易所和2个非试点区域交易所,其中非试点区域交易所是四川联合环境交易所和福建海峡股权交易中心。场外交易又称为柜台交易,是指在交易场所以外进行的各种碳排放权交易活动,采取非竞价的交易方式,价格由交易双方协商确定。二级市场通过场内或场外的交易,能够汇聚相关市场主体和各类资产,从而发现交易对方、发现价格,以及完成货银的交付清算等。此外,二级市场还可以通过引入各类碳金融交易产品及服务,提高市场的流动性,为参与者提供对冲风险和套期保值的途径[①]。

4. 其他标准

根据是否受《京都议定书》的约束,可分为京都市场和非京都市场。其中,京都市场主要由国际排放权交易(IET)、清洁能源机制(CDM)、联合履约(JI)市场组成;非京都市场则不受《京都议定书》规则的约束,包括企业自愿行为的碳交易市场和部分零散市场等。

根据区域覆盖范围,可分为全国性碳交易市场、区域性碳交易市场、地区性碳交易市场。例如,欧盟排放交易体系是全国性碳交易市场的典型代表,它覆盖了欧盟全部成员国以及挪威、冰岛、列支敦士登;区域温室气体减排行动是区域性碳交易市场的典型代表;美国加利福尼亚州总量控制与交易体系、加拿大魁北克省排放交易体系等则属于地区性碳交易市场。

根据覆盖行业单位,可分为多行业碳交易市场和单行业碳交易市场。例如,EU ETS包括能源、钢铁、电力、水泥、陶瓷、玻璃、造纸、航空等行业,属于多行业碳交易市场;而RGGI只包括电力行业[②],属于单行业碳交易市场。

---

① 李景良.我国碳市场交易规则及完善路径分析[BE/OL].(2019-12-11)[2023-04-04].https://huanbao.bjx.com.cn/news/20191211/1027654.shtml.

② 孟早明,葛兴安.中国碳排放权交易实务[M].北京:化学工业出版社,2017.

3.3   国际碳交易市场的发展

目前,国际碳交易市场还未形成统一的、具有普遍约束力的减排协议,但是不同国家和地区都在积极采取经济手段应对气候变化。所以,全球碳交易市场的发展势头迅猛,前景较好。

2003 年,全球首个碳交易平台芝加哥气候交易所成立;2005 年 1 月 1 日,全球首个跨国家、跨行业的碳交易市场在欧盟诞生;2008 年 9 月,设立了新西兰排放交易体系;2009 年和 2012 年,美国区域温室气体减排行动和加利福尼亚州总量控制与交易体系正式运行。之后,在亚洲部分国家和地区相继开启了碳交易体系的建立与筹备工作。截至 2021 年,全球共有 33 个正在运行的碳排放权交易体系,其所处区域的 GDP 总量约占全球 GDP 总量的 54%,人口约占全球人口的 1/3,覆盖了全球温室气体排放总量的 16% 左右,全球各个碳排放权交易体系已通过拍卖配额筹集了超过 1 030 亿美元。此外,还有 8 个碳排放权交易体系即将开始运营,14 个碳排放交易体系正在建设中[①]。

3.3.1   芝加哥气候交易所

芝加哥气候交易所(Chicago Climate Exchange,CCX)成立于 2003 年,是全球第一个具有法律约束力、基于国际规则制定的温室气体排放登记和交易平台,是北美地区唯一的自愿减排交易平台,也是世界首个包含 6 种温室气体的注册和交易体系的交易平台。芝加哥气候交易所实行会员制,各会员自愿参与。截至 2010 年停止交易前约有 400 家参与者,分别来自航空、汽车、电力、环境、交通等数十个行业,开展的减排交易项目涉及二氧化碳、甲烷、氧化亚氮、氢氟碳化物、全氟化物和六氟化硫 6 种温室气体。芝加哥气候交易所设置的内部减排目标分为两个阶段:第一阶段是在 2003—2006 年,将 6 种温室气体每年减排 1%(对应 1998—2001 年的水平);第二阶段是在 2007—2010 年,将 6 种温室气体减排 6%。

芝加哥气候交易所交易的商品称为碳金融工具(Carbon Financial Instrument,CFI)合约,每一单位 CFI 合约代表 100 吨二氧化碳。该交易所也接受其他减排机制的碳信用进行抵消交易,是美国唯一认可 CDM 机制的交易体系。其主要模式为限额交易和补偿交易,其中,限额交易是最常见的模式,补偿交易主要性质为政府福利性补贴,通过补偿交易的方式推进更多部门参与到温室气体减排中。在监管方面,交易所内设独立董事,同时引入第三方监管机构,独立对会员单位排放量进行监测和审计,以防止市场操纵行为的发生。由于交易所不受美国商品期货交易委员会(CFTC)的监管,因此选择美国金融业监管局作为第三方监管机构,以协助交易所做好会员注册、市场监管以及履约程序方面的工作,以及提供便利化的抵消额度核查和核证程序。

2004 年,芝加哥气候交易所在欧洲建立了分支机构——欧洲气候交易所,2005 年与印度商品交易所建立了伙伴关系,此后又在加拿大建立了蒙特利尔气候交易所。2008 年 9 月 25 日,芝加哥气候交易所与中油资产管理有限公司、天津产权交易中心合资建立了天津排放权交易所(现已退出天津排放权交易所股东)。由于缺少具有强制力的会员自愿承诺减排

---

①   王科,李思阳.中国碳市场回顾与展望(2022)[J].北京理工大学学报(社会科学版),2022,24(2):33-42.

机制,芝加哥气候交易所在 2010 年陷入困境,并于该年底停止交易。

3.3.2 欧盟排放交易体系

2005 年 1 年 1 月,欧盟排放交易体系(European Union emission trading scheme,EU ETS)开始试运行,于 2008 年初开始正式运行。该体系以《京都议定书》规定的"碳排放交易机制"为核心原则,是全球运行时间最长的碳交易市场,也是目前全球第二大碳交易市场,覆盖了欧洲经济区内电力部门、制造业和航空业约 40%的排放,在全球碳交易市场中具有重要的参考意义。

欧盟排放交易体系属于总量交易,所谓总量交易是指在一定区域内,在污染物排放总量不超过允许排放量或逐年降低的前提下,内部各排放源之间通过货币交换的方式相互调剂排放量,达到减少排放量和保护环境的目的。如果企业能够使自己的实际排放量小于分配到的排放许可量,那么该企业就可以将剩余的排放权放到排放市场上出售,获取利润;反之,该企业就必须到市场上购买排放权,否则将受到重罚。在治理方面,欧盟排放交易体系采用分权化治理模式,该体系覆盖的所有成员国在排放交易体系中拥有自主决策权,这也是该体系区别于其他总量交易体系的重要一点。欧盟交易体系分权化治理思想体现在排放总量的设置、分配、排放权交易的登记等各个方面,如在排放量的确定方面,欧盟并不预先确定排放总量,而是由各成员国先决定自己的排放量,然后汇总形成欧盟排放总量。在各国内部排放权的分配方面,虽然各成员国都遵守同一原则,但是各国可以根据自身的具体情况,自主决定排放权在各个产业间分配的比例。此外,排放权的交易、实施流程的监督以及实际排放量的确认等是每个成员国的职责。分权化治理模式充分体现了协调机制的重要作用,欧盟委员会发布的关于排放交易的诸多指令是欧盟排放交易体系的基础性法律文件,它确定了各成员国实施排放交易体系所遵循的共同标准和程序。而各国所制定的排放量、排放权的分配方案需经欧盟委员会根据相关指令审核许可后才能生效。此外,欧盟委员会还建立了庞大的排放权中央登记系统,排放权的分配及其在成员国之间的转移、排放量的确认都必须登记在中央登记系统里。欧盟排放交易体系覆盖 27 个主权国家,这 27 个主权国家在经济发展水平、产业结构、体制制度等方面存在较大差异,采用分权化治理模式,欧盟可以在总体上实现减排计划的同时,兼顾各成员国的差异性,有效地平衡各成员国和欧盟的利益。

欧盟排放交易体系分阶段实施发展:第一阶段为 2005—2007 年,是体系建设的实验探索阶段,以欧盟成员国为主要市场,主要目标是进行基础设施方面的能力建设,以实现《京都议定书》所承诺目标的 45%;第二阶段为 2008—2012 年,与为期 5 年的《京都议定书》承诺期重合,是体系建设的扩展阶段,并首次将航空业纳入减排管制中,主要目标是在 2005 年排放水平的基础上平均减排 6.5%;第三阶段为 2013—2020 年,配额拍卖的分配方式将逐步提高至 50%,主要目标是在 2005 年的基础上 2020 年减排 14%。从 2021 年开始,欧盟碳排放交易体系正式进入第四阶段,欧盟委员会提交修正案,进一步扩大碳交易市场的覆盖范围,调整市场稳定储备机制。同时为防止"碳泄漏",将建立碳边境调节税机制,使得 2021 年欧盟碳交易市场更加活跃。

欧盟排放交易体系的成功运行,促进了全球碳交易市场的蓬勃发展,不仅是对欧洲地区温室气体减排和相关产业低碳化变革的促进,而且对全球气候变化统一行动做出了不可磨灭的贡献,提供了通过市场机制进行有效减排的成功案例,完善了碳交易的理论体系,其组织结构、运行机制以及发展经验为其他地区碳交易体系的建立提供了重要的借鉴。

3.3.3　美国区域温室气体减排行动

区域温室气体减排行动(regional greenhouse gas initiative,RGGI)是美国首个强制性的基于市场的区域性温室气体减排计划,也是全球第一个基本拍卖全部配额的市场体系,管制单一的电力行业,控制电厂的总排放量。该计划由美国纽约州前州长乔治·帕塔基于2003年4月创立,经过能源行业代表、非政府组织和技术专家等五年多的计划、建模和咨询,建成了旨在以最低成本减少二氧化碳排放量,同时能鼓励清洁能源发展的区域行动计划。该计划期望在不显著影响能源价格的前提下降低温室气体排放,并于2009年1月1日正式实施。由美国东北部和大西洋沿岸中部地区的10个州共同签署应对气候变化的协议,并采纳合作备忘录(memorandum of understanding,MOU)规定各州之间的二氧化碳排放预算和份额,各州通过拍卖配额获得资金,用于支持各种低碳解决方案以及提升节能技术、可再生能源和清洁能源技术。

RGGI的排放结构具有典型的成熟发达经济体的碳排放特点,其主要覆盖的排放领域是电力、交通和居民。在确定覆盖领域时,首先考虑领域内排放数据的可获得性,然后选择重点排放领域,并且需要在纳入更多领域带来的益处与随之产生的测量成本之间进行权衡。经过大量的测量研究,最大的减排量来自电力行业,并且电力行业也亟须进行减排行动。在配额分配方面,对各州的配额分配采用了历史法,即基于历史二氧化碳排放量,同时根据各州用电、人口、新增排放源等因素进行调整确定配额总量。对于发电厂配额的分配,一般由各州自行分配,各州必须将20%的配额用于公益事业,并预留5%的配额进入设立的碳基金中,以取得额外的碳减排量。在配额拍卖方面,RGGI是全球第一个用拍卖方式分配几乎全部配额的排放权贸易制度。拍卖设计经过严格的研究,同时听取了利益相关方的意见。排放配额通过每三个月一次的区域拍卖来发放,发电厂可以将配额进行交易或储存。RGGI的公开拍卖使得配额成本透明,并将二氧化碳排放成本纳入该区域内的电力市场。

RGGI交易所是非营利性机构,是首个美国区域碳排放交易体系,并建立了规则范例。各州参照规则范例进行各自的减排行动立法,形成协调一致的立法过程为美国碳排放交易体系的发展提供了借鉴。RGGI于2015年引入成本控制储备机制[①],如果在设定的成本控制储备机制的触发价格之上有足够的需求,该机制会立即在每次拍卖中引入固定数量的额外碳配额。在2021年引入排放控制储备机制,如果在高于排放控制储备机制的触发价格上没有足够的需求,该机制会立即从拍卖中减少碳配额。目前,RGGI采用排放控制储备机制和成本控制储备机制并行的市场机制维持着碳价的稳定。

3.4　国内碳交易市场的发展

我国碳交易市场的发展历程可以大致分为三个阶段:试点阶段、过渡筹备阶段以及快速发展阶段。

2010—2016年为试点阶段。我国的碳排放权交易制度以2010年发布的《国务院关于加快

---

①　孟早明,葛兴安.中国碳排放权交易实务[M].北京:化学工业出版社,2017.

培育和发展战略性新兴产业的决定》为开端[①]。2011年10月,国家发展改革委下发《关于开展碳排放权交易试点工作的通知》,确立了7个碳排放权交易试点省市(北京、天津、上海、重庆、湖北、广东和深圳)。2013年和2014年,7个试点地陆续启动正式交易。2014年发布《碳排放权交易管理暂行方法》,首次从国家层面明确了全国统一的碳交易市场总体框架[②]。

2017—2019年为过渡筹备阶段。在这个阶段我国的碳交易推进工作遇到了一些难题。由于在施行中存在着温室气体自愿减排交易量小、个别项目不够规范等问题,2017年3月国家发展改革委发布《关于暂缓受理温室气体自愿减排交易备案申请的公告》,暂停了CCER项目的备案申请受理,CCER市场活跃度下降。虽然存量CCER交易已于2018年5月重启,但CCER增量项目备案申请仍然处于停滞状态。

2020年至今为快速发展阶段。经历了前期近10年的探索、试点和准备,我国的碳交易终于在2020年底伴随着"碳达峰、碳中和"的目标步入快速发展时期,中央及各地政府接连出台了推动碳排放权市场化交易的相关政策文件。《碳排放权交易管理办法(试行)》于2021年1月开始施行,电力行业正式启动第一个履约周期,办法明确了CCER抵消比例为5%,碳排放配额分配目前以免费分配为主,可适时引入有偿分配。2021年7月,全国碳排放交易市场正式上线,标志着我国应对气候变化的工作又一次取得了里程碑式的进展。

3.4.1　试点碳市场

根据我国在"十二五"规划纲要中提出的"逐步建立碳排放权交易市场"的任务要求,2011年10月底,国家发展改革委批准北京市、上海市、天津市、重庆市、湖北省、广东省及深圳市7个省市开展碳排放权交易试点工作,为中国碳排放权交易市场的发展奠定了良好的基础,逐步探索建立中国碳交易机制。2013年6月18日,深圳碳排放权交易试点正式运行,此后上海、北京、广东、天津4个碳排放权交易试点逐个启动,2014年上半年,重庆和湖北2个试点也挂牌运行。7个试点省市都非常重视碳排放权交易试点的建设,积极推进交易制度完善、能力建设、人员培训等方面的工作,并且取得了初步成效,形成了较为全面完整的碳排放权交易制度体系[③]。

1. 市场要素建设

在国家性统一规范出台前,各试点地区根据自身经济发展趋势,分别出台了针对碳排放权交易的地方性法规、政府规章以及规范性文件,明确了碳排放权交易的目的和各方职责,确定了碳排放权交易制度,使得碳排放权交易的实施具有约束力和可操作性,并且结合国家"十二五"规划设定的减排目标,明确适度增长的量化控制目标。

在覆盖范围方面,各试点地区均采取"抓大放小"原则,各试点地区的高耗能行业都被纳入其中,覆盖了电力、热力、化工、钢铁、建材等高能耗行业,其中北京、上海、深圳3个地区由于第三产业占比较大,故将商业、宾馆、金融等服务业和建筑业也纳入高能耗行业。在配额分配方面,各试点地区基本采用历史法和基准线法,以免费分配为主。多数企业采用历史法分配,部分数据条件好、产品种类单一的行业(如电力、水泥等)采用基准线法。另外,由于配

① 王科,李思阳.中国碳市场回顾与展望(2022)[J].北京理工大学学报(社会科学版),2022,24(2):33-42.
②③ 孟早明,葛兴安.中国碳排放权交易实务[M].北京:化学工业出版社,2017.

额生成存在较大的不确定性,很多地区采取配额调整机制,动态调节配额总量和企业配额。在排放监测及报告方面,各试点地区出台了分行业的排放数据监测、报告的方法和指南及第三方核查规范,并建立了企业温室气体排放信息电子报送系统。普遍要求对企业报送的历史数据和履约年度数据进行严格的第三方核查,以保证数据的科学性、准确性,从而提高碳排放权交易的可靠性。在管控企业履约方面,各试点都做出了详细的规定,包括排放监测计划的提交、排放报告的提交及核查、根据核定排放量进行上一年度配额上缴的履约情况等。对未能按照要求按时完成报告、核查及上缴配额等责任义务的企业,将按照地方法规和政府规章进行相应处罚,同时对存在不当行为的第三方核查机构也会给以相应的处罚。

2. 基础体系及配套机制

为保证配额交易公平有效的运行,试点地区建立了电子化的注册登记簿、排放报送系统、交易系统等[1]。同时,7 个试点拥有各自的交易平台,为碳排放权交易提供更为标准化的服务。

与基础体系配套的相应机制有以下两种:①抵消机制。除配额交易外,试点地区均规定企业可以使用国家签发的 CCER 抵消其配额清缴。各试点充分考虑了 CCER 抵消机制对总量的冲击,通过设置抵消比例限制、本地化要求、CCER 产出时间和项目类型等方面的规定,控制 CCER 的供给。②市场调节机制。为了保证市场运行稳定,部分试点地区采用市场调节机制,以保证配额价格的稳定。深圳试点设置的市场调节机制包括价格平抑储备机制和配额回购机制。广东为应对碳交易市场价格波动以及经济形势变化,预留了 5% 的配额,用于调节市场价格。北京建立了交易价格预警机制,当排放配额的价格出现异常波动时,北京市碳交易主管部门可以通过拍卖或者回购配额等方式稳定价格,维护市场秩序[2]。

3. 碳排放权交易相关产品

除了配额及 CCER 交易,各试点的碳排放权交易体系的实施还带动了环境产业、咨询服务、碳金融服务、金融创新等领域的发展,吸引了资金参与减排行动,创造了就业机会,带动了经济增长,为应对气候变化注入了新活力。与此同时,试点地区也涌现出一批相关专业机构和人员从事与碳排放权交易相关的咨询服务工作,使我国低碳产业的服务水平得到一定的提升。

3.4.2 全国碳交易市场

一直以来,我国政府对碳排放权交易市场的建立与发展十分重视。随着"碳达峰、碳中和"目标的提出,我国建立全国碳交易市场的时机日渐成熟。2021 年 7 月 16 日,全国碳排放权交易市场正式启动上线交易,地方试点碳交易市场与全国碳交易市场并行,这是我国利用市场机制控制和减少温室气体排放,推进绿色低碳发展的一项重大制度创新。

全国碳排放权交易市场的交易中心位于上海,碳配额登记系统设在武汉。企业在湖北注册登记账户,在上海进行交易,两地共同承担全国碳排放权交易体系的支柱作用。全国碳交易市场建立后,各地方试点继续同步发展,没有进入全国碳交易市场的行业企业继续通过市场化方式参与地区碳交易市场,进行碳排放管理,并为纳入全国统一市场做好充分准备,

①②　孟早明,葛兴安.中国碳排放权交易实务[M].北京:化学工业出版社,2017.

这使我国碳交易市场建设和发展具备了可持续性[①]。

1.　市场要素建设

我国碳排放权交易体系的立法目标为"建立起'1＋3＋N'的立法体系"，以《碳排放权交易管理条例》为核心，并出台《企业碳排放报告管理办法》《市场交易管理办法》《第三方核查机构管理办法》三个配套管理办法。目前国务院法制办已经将条例列为预备立法项目，同时国家发展改革委也已经起草完成了配套管理办法的初稿。

在覆盖范围方面，全国碳排放权交易体系覆盖石化、化工、建材、钢铁、有色、造纸、电力、航空8个重点排放行业，其主营产品属于18个子行业；在配额分配方面，全国碳排放权交易体系的配额分配采用基准法及历史强度法相结合的方式。基准法是指根据重点排放单位的实物产出量、所属行业排放基准和调整系数三个要素计算重点排放单位配额。历史强度法是指根据排放单位的实物产出量、历史强度值、历史强度下降率和调整系数四个要素计算重点排放单位配额。总体来说，配额分配重点在于：第一，最大化利用基准法，从而规避经济变化造成的不确定性，避免过多的配额事后调整。第二，企业间可比性差或者数据可获得性差的子行业采用历史强度法。目前国家已经提出了分行业配额分配方法，并设立了分行业的专家小组提供支持，以便到企业开展实地调研。

2.　基础体系及配套机制

除了市场基本要素，碳排放交易体系的正常运行离不开基础体系的支持，包括注册登记系统、碳排放报告系统以及交易平台。

目前，我国已经建立了满足启动市场需要的注册登记系统，同时还建立了异地灾备系统，以保证在主系统出现问题的情况下，全国碳排放交易市场能在最短时间内恢复正常运行，防止出现较长时间的瘫痪，影响交易的正常进行。目前我国的碳排放报告系统正在筹备当中。该系统建立后，能保证企业温室气体排放报告可以快速有效地完成，简化企业报告工作，有利于排放数据的收集与处理。而交易平台主要是为市场参与者提供标准化的服务，保证清算的顺利进行。另外，我国不仅起草了市场交易管理办法，还积极与证监会联合研究开展期货交易的可能性。

参考试点碳交易市场的抵消机制，全国碳交易市场的抵消机制规则也在计划中，将允许重点排放单位使用一定比例的CCER进行履约清缴。为防止未来全国碳交易市场中出现CCER供给过量等风险，国家正在对CCER的管理规则进行完善，包括简化程序、减少备案事项、缩短备案时间、调控项目数量、加强事后管理等。同时，主管部门也将定制全国碳交易市场抵消机制，对可以用于履约的CCER项目类型、项目地域以及抵消比例详细加以规定[②]。

3.4.3　全国碳交易市场与试点碳交易市场的比较

全国碳交易市场和试点碳交易市场都肩负着推动企业绿色低碳转型的使命，在机制设计、管控对象及价格信号等方面存在较强的关联性，但是在地域范围、未来管控对象及机制

① 夏文斌，蓝庆新.建立健全碳交易市场体系[N].光明日报，2021-8-3(11).
② 孟早明，葛兴安.中国碳排放权交易实务[M].北京：化学工业出版社，2017.

灵活性等方面存在较大的差异。

1. 关联性

在机制设计方面,试点碳交易市场于 2011 年开始筹建,2013 年开始陆续启动,经历了我国碳交易市场从无到有的过程。在碳交易市场的法律基础、碳排放监测、报告与核查体系(MRV)、配额总量设定和分配方法、交易制度安排与信息化平台建设、抵消机制和履约机制设计、市场运行管理、碳金融创新等方面不断创新与完善,填补了国内的空白,积累了丰富的经验。而全国碳交易市场在试点碳交易市场 8 年探索尝试的基础上不断推陈出新,设计适合全国碳交易市场的法律制度、总量设定、配额分配、信息系统、抵消机制、监督管理等机制安排。总体来看,目前全国碳交易市场的机制设计大量借鉴试点碳交易市场的经验,吸取试点碳交易市场的教训,在配额分配方法、MRV 标准体系和市场运行管理等方面尤其明显,这种机制设计上的关联性将有利于地方碳交易市场和全国碳交易市场的协同创新[①]。

在管控对象方面,除北京和深圳两个碳交易市场,其他试点碳交易市场的管控对象以电力、钢铁、水泥、建材等传统高耗能、高排放行业为主,且传统高耗能、高排放行业管控对象的配额规模占据地方碳交易市场的绝大部分。而按照全国碳交易市场的设计,试点碳交易市场纳入管控的传统高耗能、高排放行业也是全国碳交易市场的管控行业。目前全国碳交易市场将电力行业纳入管控后,原先在试点碳交易市场纳入管控的电力企业已经进入全国碳交易市场,不再受地方碳交易市场的约束。因此,随着全国碳交易市场管控范围的不断扩大,试点碳交易市场管控的传统高耗能、高排放行业将进入全国碳交易市场,这将大幅降低试点碳交易市场的管控数量及配额规模,对试点碳交易市场产生较大的影响。

在价格信号方面,全国碳交易市场启动至今,价格始终稳定在 40～60 元。这个价格水平大约为试点碳交易市场平均价格的 2 倍。试点碳交易市场和全国碳交易市场价格水平的极大差异,必然对碳交易市场的交易参与者产生心理影响。全国碳交易市场的高碳价水平将提高试点碳交易市场的交易参与者的心理预期,并潜在影响试点碳交易市场的交易参与者的交易行为。2021 年下半年大部分试点碳交易市场碳价水平的大幅上涨,受此心理影响的可能性很大。因此,虽然试点碳交易市场和全国碳交易市场在管控对象上完全脱钩,但在碳价格信号的关联上是不可避免的[②]。

2. 差异性

在地域范围方面,试点碳交易市场服务的地域是地方省市,全国碳交易市场服务的地域是全国。从全国碳交易市场的角度,碳交易市场的设计要充分考虑碳交易市场对不同行业、不同地域管控对象的减排措施、经营成本和成本转嫁等方面的影响,通常要求碳交易市场设计更加平衡、更加包容。从试点碳交易市场的角度来看,地方省市之间存在能源结构、产业结构、贸易结构和生态环境等较大的差异性,试点碳交易市场的设计可以更好地从本省市的实际需要出发,以完成本省市的环境保护、能源和碳强度约束性指标为主要目标,创新发展的空间更为广阔。

在未来管控对象方面,按照目前全国碳交易市场的设计,未来主要的高耗能、高排放行

---

① 刘长松.我国碳排放总量控制与碳交易的若干问题[J].中国发展观察,2015(9):50-58,81.
② 中研.《碳资产评估理论及实践初探》出版发行[J].中国资产评估,2014(1):45-46.

延伸阅读 碳排放权交易市场发展

业将全部纳入全国碳交易市场,留给试点碳交易市场纳入的管控对象将以制造业、建筑业和交通业为主。管控对象的变化将对试点碳交易市场产生较大的影响,主要表现在以下三个方面:一是管控对象的数量可能增长较多,对行政管理的成本提出挑战;二是单个管控对象的碳排放量将大幅降低,对参与碳交易市场的驱动力产生影响;三是试点碳交易市场总体配额规模可能大幅下降,对试点碳交易市场的流动性带来冲击。

在机制灵活性方面,全国碳交易市场将覆盖全国碳排放主体的行业和企业,覆盖的配额规模大,纳入管控的企业体量大,体制机制的稳定性要求通常压倒灵活性要求,碳交易市场主动创新的风险大。而试点碳交易市场规模小,市场反应更加灵敏,碳交易市场主动创新的风险小,因而可以探索更加灵活的市场机制[①]。

 课程思政

全国碳交易市场的发展对于我国实现"碳达峰、碳中和"目标的重要意义体现在哪些方面?

习 题

1. 什么是碳排放权交易市场?
2. 碳排放权交易市场的交易主体有哪些?
3. 为什么要建立统一的全国碳排放权交易市场? 全国碳排放权交易市场建成后,地方碳排放权交易试点该如何运营?
4. 全国碳排放权交易市场架构如何?
5. 结合现状,谈谈我国碳排放权交易市场发展的前景。

---

① 葛兴安.地方碳市场与全国碳市场协同创新发展初探[J].中国电力企业管理,2022(7):30-32.

第4章

碳金融工具

【内容提要】
　　介绍碳金融的概念内涵、发展，以及不同功能碳金融工具的概念、发展、实施流程和在我国的应用现状。

【教学目的】
　　要求学生了解碳金融的概念，掌握碳金融工具的分类及不同功能碳金融工具的实施流程。

【教学重点】
　　碳金融工具的分类；各类碳金融工具的实施流程和在我国的应用现状。

【教学难点】
　　对碳金融工具实施流程的理解与掌握。

　　碳金融工具是碳金融市场中可以交易的金融资产或金融产品。碳金融工具是否丰富和完善，在一定程度上决定了碳金融市场发展的成熟度和活跃度，极大地影响了一国碳排放交易市场的发展以及碳减排目标的实现。

4.1　碳金融及碳金融工具概述

4.1.1　碳金融的概念及其内涵

　　碳金融随着碳排放权交易市场的建立而产生，其内涵也随碳交易市场的发展而不断扩容。具体来看：早期，1998年《京都议定书》签署后，各缔约方逐渐开始进行减排项目的国际合作及减排量的国际贸易，碳金融概念逐渐出现。彼时，碳交易覆盖面较窄，主要围绕碳配额及核证减排量的交易展开；碳金融的概念也相对较窄，主要指一、二级碳交易市场中的碳配额及与核证减排量交易相关的金融活动（即狭义的碳金融）。例如，2011年世界银行对碳金融的定义为

"出售基于项目的温室气体减排量或者交易碳排放许可证所获得的一系列现金流的统称"。

此后,随着全球碳交易的不断发展,碳交易市场参与主体不断增多,碳金融覆盖面不断扩大。除直接参与交易的控排企业及机构,商业银行、资产管理公司等金融机构开始增加围绕碳交易的支持服务。碳交易参与主体的丰富及金融服务手段的繁荣,促进了碳金融概念的扩容。发展至今,碳金融泛指服务于限制碳排放的所有金融活动,既包括狭义的碳金融,也包括在碳市场之外为减碳控排行为提供融资和支持服务的所有金融活动(即广义的碳金融),具体可分为针对碳交易市场本身的交易型碳金融、针对碳融资市场的融资型碳金融以及针对支持服务市场的支持型碳金融。

4.1.2 碳金融的发展

国际上对气候问题重视较早,与之相关的碳金融市场也运行较早,规模较大。根据ICAP统计,截至2021年1月31日,全球共有1个超国家机构、5个国家、16个省(或州)、7个城市开设了碳交易市场,占全球GDP的42%[①]。全球正在运行的碳交易市场中,以欧盟碳交易市场最为成熟。欧盟制定了20%温室气体减排目标,目标年为2020年,基准年为1990年,截至2019年已经减排24%。欧盟气候行动发展报告显示,欧盟碳排放交易体系(EU ETS)对减排贡献突出,其涵盖部门中下降幅度最大为25%,非EU ETS覆盖部门排放基本不变。同时,EU ETS覆盖30个国家和地区,14个行业,超过1万个大型能源设施(主要包括发电站和工厂)以及航空公司的碳排放,涵盖欧盟约40%的温室气体排放,显著高于全球16%的整体覆盖水平。此外,2020年EU ETS的碳交易额达到2 013亿欧元,占全球碳市场份额的88%。目前EU ETS的碳价有效性、碳价稳定性、碳价权威性均显著改善。衍生产品主要有碳远期、碳期货、碳期权和碳互换,极大地提高了欧盟碳交易市场的流动性[②]。

我国碳金融市场起步稍晚,但是国家积极支持其发展。2010年9月,国务院发布《关于加快培育和发展战略性新兴产业的决定》,首次提出要建立和完善主要污染物和碳排放权交易制度。开展碳排放权交易试点、推进全国碳排放权交易体系建设,已经成为生态文明制度建设中的重要一环。2014年5月9日,国务院发布《关于进一步促进资本市场健康发展的若干意见》,提出发展碳排放权等交易工具。2016年8月31日,中国人民银行等七部门发布《关于构建绿色金融体系的指导意见》,提出有序发展碳远期、碳掉期、碳期权、碳租赁、碳债券、碳资产证券化和碳基金等碳金融产品和衍生工具,探索研究碳排放权期货交易。2021年9月3日,工信部等四部门发布《关于加强产融合作推动工业绿色发展的指导意见》,提出支持广州期货交易所建设碳期货市场,规范发展碳金融服务,开展碳核算、碳足迹认证业务,提供基于行为数据的保险(UBI)等金融解决方案。2021年12月21日,生态环境部等九部门发布《气候投融资试点工作方案》,提出有序发展碳金融。一是指导试点地方积极参与全国碳交易市场建设,研究和推动碳金融产品的开发与对接,进一步激发碳交易市场活力。二是鼓励试点地方金融机构在依法合规、风险可控前提下,稳妥有序探索开展碳基金、碳资产质押贷款、碳保险等碳金融服务,切实防范金融风险,推动碳金融体系创新发展。2021年12月21日,

① 任奕燃.我国碳金融市场和碳金融产品发展现状及建议[EB/OL]. http://group1.ccb.com/cn/group/trends/upload/20220718_1658125445/20220718142427049375.pdf,2022-7-18.
② 普华永道.碳资产白皮书[R/OL].(2021-10-01)[2023-04-04].https://www.sohu.com/a/493140093_120855974.

国务院发布《要素市场化配置综合改革试点总体方案》，探索建立碳排放配额、用能权指标有偿取得机制，丰富交易品种和交易方式。

2010 年至今，我国碳金融市场经历了十几年的发展，除发布以上政策文件，碳排放权交易试点也在逐步启动。2011 年，国家发展改革委宣布在北京市、天津市、上海市、重庆市、湖北省、广东省及深圳市开展碳排放权交易试点。2013 年起 7 个地方试点碳交易市场陆续开始上线交易。2016 年，福建启动碳排放权交易试点。8 个试点市场纳入电力、钢铁、水泥等 20 多个行业，近 3 000 个重点排放单位。2017 年开始筹备建立发电行业的全国碳交易市场。2021 年 7 月 6 日，正式启动了全国碳排放权交易市场，首批纳入 2 000 余家发电企业，覆盖碳排放量 40 亿吨，占全国碳排放量约 40%，之后将按照"成熟一个纳入一个"的原则，将逐步纳入石油、化工、建材、钢铁、有色、造纸、航空等高排放行业，预示着我国碳金融市场发展将进入快车道①。

4.1.3 碳金融工具及分类

碳金融工具是指服务于碳资产管理的各种金融产品，又称碳金融产品。碳金融产品是主流金融产品在碳交易市场的映射，丰富的碳金融产品有助于推动碳金融市场体制的建立健全，拓宽市场的深度和广度。

根据传统金融工具的分类，碳金融工具可分为基础碳金融工具和衍生碳金融工具。基础碳金融工具是指在实际碳信用活动中出具的能证明债券债务关系或所有权关系的合法凭证，可分为绿色信贷、碳信用合约和低碳股票（债券）。其主要职能是媒介储蓄向投资转化，或者用于债权债务清偿的凭证。衍生碳金融工具是在基础碳金融工具上衍生出来的金融产品，包括碳远期、碳期货、碳期权、碳基金、碳互换和碳结构化票据等②。衍生碳金融工具的价值取决于相关的基础碳金融产品的价格，其主要功能不在于调剂资金的余缺和直接促进储蓄向投资的转化，而是管理与基础碳金融工具相关的风险暴露。

根据金融工具的功能分类，碳金融工具可分为碳市场交易工具、碳市场融资工具、碳市场支持工具和碳市场创新工具。碳市场交易工具主要用于锁定企业成本，对冲未来价格波动风险，以多样化的交易方式提高市场的流动性，强化价格发现功能；碳市场融资工具主要用于拓宽企业融资渠道；碳市场支持工具主要用于盘活碳资产、挖掘价值、创造收益；碳市场创新工具则主要丰富碳金融市场中金融工具的种类，加强企业风险管理和稳定市场的手段。本章主要介绍这种分类下的碳金融工具。

4.2 碳市场交易工具

碳市场交易工具是指在碳排放权交易的基础上，以碳配额和碳信用为标的的金融合约，又称碳金融衍生品③，主要包括碳远期、碳期货、碳期权、碳掉期、碳租赁等。

---

① 普华永道. 碳资产白皮书[R/OL]. (2021-10-01)[2023-04-04]. https://www.sohu.com/a/493140093_120855974.
② 吴宏杰. 碳资产管理[M]. 北京：清华大学出版社，2018.
③ 此处的"碳金融衍生品"与上文的"衍生碳金融工具"是两种不同分类下的说法，二者包括的范围不一致。比如，碳基金属于碳市场支持工具，不属于碳市场交易工具（碳金融衍生品）。但是，碳基金属于衍生碳金融工具。

4.2.1 碳远期

1. 远期

远期也可称为远期合约,是指双方约定在未来的某一确定时间,按确定的价格买卖一定数量的金融资产的协定。在合约中约定在将来买入标的物的一方称为多方,而在未来卖出标的物的一方称为空方。合约中规定的未来买卖标的物的价格称为交割价格。标的物可以是实物商品,如大豆、铜等,也可以是金融产品,如外汇、股票指数等。远期合约没有固定的交易场所,交易双方通过直接谈判并私下确定交割价格、标的物等内容,所以远期合约是非标准化合约。此外,远期合约要到期时才进行交割清算,合约期间不进行结算,并且绝大多数只能通过到期实物交割来履行。

2. 碳远期的诞生

碳远期是指交易双方约定未来某一时刻以确定的价格买入或者卖出相应的以碳配额或碳信用为标的的远期合约。交易所为碳配额远期提供交易平台,组织报价和交易;清算所为远期交易提供中央对手清算服务,进行合约替代并承担担保履约的责任。虽然碳金融市场的发展时间较短,但是远期交易在碳交易产生初期就已经存在。原始的清洁能源机制(CDM)交易实际上就是一种远期交易,买卖双方通过签订减排量购买协议(ERPA),约定在未来的某一时间段内,以某一特定的价格对项目产生的特定数量的减排量进行交易。在碳交易市场发展初期,ERPA 中规定的价格机制基本上都是固定价格。在碳交易市场低迷期,CDM 交易中的固定价格机制会被浮动定价机制取代[①]。

3. 碳远期的实施流程

碳远期这种碳金融衍生品已经发展得比较完善,其交易流程与交易机制也较为清晰,是国际市场上进行碳排放权交易的常见和成熟的交易方式,其意义在于保值,帮助碳排放权买卖双方提前锁定收益或碳成本。2022 年 4 月 12 日,我国在遵循标准化、国际化原则的基础上,充分考虑到不同机构在实施应用过程中的差异性、复杂性,正式颁布了具体的碳金融产品实施要求。

碳远期实施主体为国务院碳交易主管部门认可的交易场所,市场参与者为具有自营、托管或公益业务资质的法人机构。碳远期的实施流程主要包括以下五点。

(1) 碳远期交易参与人应具有自营、托管或公益业务资质,并申请在国务院碳交易主管部门认可的交易所及交易所指定的结算银行开立交易账户和资金结算账户。

(2) 碳远期交易双方通过具有法律效力的书面协议、互联网协议或符合国家监管机构规定的其他方式进行指令委托下单交易,并提交交易双方签订的远期合约至交易所进行备案。

(3) 碳远期合约交割日前,交易所应在指定交易日内通过书面、互联网或符合国家监管机构规定的其他方式向交易参与人发出清算交割提示,明确需清算的交易资金和需交割的标的。

(4) 交割日结束后,交易所当日对远期交易参与人的盈亏、保证金、手续费等款项进行

---

① 吴宏杰. 碳资产管理[M]. 北京:清华大学出版社,2018.

结算。

（5）需申请延迟交割或取消交割的碳远期交易，碳远期交易参与人应按交易所规定，在交割日前向交易所提出申请，经批准后可延迟交割或取消交割。简要的碳远期实施流程如图 4-1 所示①。

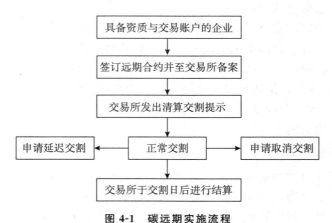

图 4-1　碳远期实施流程

4. 中国的碳远期

在我国，自愿减排机制项目的远期合同已经在各碳交易试点中出现。广州碳排放权交易所（简称"广碳所"）于 2016 年 2 月发布了《远期交易业务指引》，并于同年 3 月 28 日完成了第一单交易。广碳所碳远期为场外交易（OTC）的非标准协议，由广碳所承担交易监管、交割以及信息披露的职责。但由于是非标准协议，交易撮合的难度较大、市场流动性较低，成交率也较低迷。湖北以及上海推出的碳远期产品均为标准化的合同，采取线上交易，与碳期货的形式和功能相差无几。湖北碳远期产品于 2016 年 4 月推出，首日交易量便高达 680.22 万吨，交易额超 1.5 亿元，此后日均成交量几乎是现货交易量的 10 倍以上，可以看出市场巨大的需求量。上海碳配额远期产品于 2017 年初正式启动，为适应我国碳交易市场的管理规则（每年 6 月为现货履约期），共设定了四个履约月份（2 月、5 月、8 月和 11 月），为适应金融机构与控排企业不同的需求，上海碳远期产品还设计了灵活的交割方式：对于需要履约的控排企业，可以进行实物交割；对于非实需交易者或者单纯利用远期产品实现套期保值功能的企业，则可以采取现金交割。上述标准化的碳远期产品，为碳期货产品的开发探明了市场，为我国碳期货产品的设计提供了借鉴参考②。

4.2.2　碳期货

1. 期货

期货，是指期货合约。通常来讲，期货是包含金融工具或未来交割实物商品销售的金融

---

① 中国证券监督管理委员会. 中华人民共和国金融行业标准（碳金融产品 JR/T0244-2022）[EB/OL]. (2022-04-12) [2023-04-04]. http://www.gov.cn/zhengce/zhengceku/2022/04/16/5685514/ files/cc8cf837e8c645e4beaef8cde91f2c2f.pdf.

② 平安证券. 中国碳市场的金融化之路：星星之火，唯待东风[EB/OL]. (2022-03-04)[2023-04-04]. https://www.baogaoting.com/info/106648.

合约,是由期货交易所统一制定的,规定在某一特定时间和地点交割一定数量标的物的标准化合约。期货是一种衍生性金融产品,分为商品期货和金融期货两大类。其中,商品期货的标的物主要包括农副产品、金属产品、能源产品等几大类,而金融期货的标的物包括有价证券、利率、汇率等金融产品及其相关指数产品[①]。

商品期货与金融期货除标的物不同,还存在以下四点区别。

(1)交割的便利程度不同。商品期货的交割比较复杂,除了对交割时间、地点、交割方式有严格的规定,对交割等级也有严格的划分。而金融期货的交割一般采取现金结算,因此具有极大的便利性。此外,即使有些金融期货(如外汇期货和债券期货)发生实物交割,也基本不存在运输成本,因此要简便得多。

(2)受到季节性因素的影响不同。商品期货价格,尤其是农产品期货价格受季节性因素的影响非常明显。

(3)持有成本不同。持有成本是指将期货合约持有到期日满所需的成本费用,包括三项:储存成本、运输成本、融资成本。各种商品需要仓储存放,这样便产生了仓储费用;金融期货合约则不需要贮存费用,如果金融期货的标的物存放在金融机构还有利息。例如,股票的股利、债券与外汇的利息等。有时这些利息会超出存放成本,产生持有收益(即负持有成本)。

(4)价格盲区范围不同。在商品期货中,由于存在较大的交割成本,这些交割成本给多空双方均带来一定的损耗。在金融期货中,由于不存在运输成本和入库出库费,这种价格盲区就缩小了。

期货合约的主要功能是风险规避功能和价格发现功能。风险规避功能是指期货市场能够规避标的物现货价格波动带来的不确定性,主要通过期货市场参与者的套期保值交易来实现。风险规避并不意味着期货交易本身无价格风险,期货价格的上下浮动既可以使期货交易盈利,也可以导致期货交易亏损[②]。在期货市场上套期保值的交易目的,主要是以一个市场上的盈利抵补另一个市场上的亏损。而价格发现功能是指期货市场能够预期未来标的物现货市场的变动,从而发现未来标的物的现货价格。但价格发现不是期货市场所特有的,只是比其他市场具有更高的价格发现效率。这主要是因为期货市场是一种接近于完全竞争市场的高度组织化和规范化的市场,期货交易市场拥有大量的买卖交易双方,并且采用集中公开竞价方式,信息透明度相对较高,相关的价格形成机制也比较完善,能够比较真实地反映市场的供求关系。

2. 碳期货的产生

随着商品期货和金融期货的不断发展,在国际市场上推出了除传统标的物以外的品种,如天气期货、房地产指数期货、消费者物价指数期货以及碳排放权期货。碳期货是指以碳配额或核证减排量现货合约标的物的期货合约。对控排企业而言,碳期货可以为参与者提供套期保值等风险规避手段;对市场而言,碳期货可以尽量弥合市场信息不对称的情况,增加市场流动性并指导现货价格。全球主要的碳交易市场中(除我国外),碳期货是交易量最大、流动性最强的碳交易品种。

与传统期货合约相比,以碳排放权为标的物的碳期货交易有以下三个特征。一是价格

---

①② 吴宏杰.碳资产管理[M].北京:清华大学出版社,2018.

规律。据 BlueNext 环境交易所统计,碳期货价格与碳现货价格的波动周期相符程度高。二是碳期货交易资费。碳期货交易一般面临多门类的手续费,包括管理费、交易费和清算费。三是碳期货与碳期权的关系。碳期货作为目前碳期权唯一的基础资产,其价格对期权本身价格以及期权合约的交割价格有重要的影响。

3. 中国的碳期货

在我国,虽然《关于构建绿色金融体系的指导意见》中已提出"探索研究碳排放权期货交易",但由于碳交易市场并不具备期货交易所资质,碳期货迟迟难以落地。2021 年 4 月 19 日,随着广州期货交易所的揭牌,碳期货品种研发进程启动。2021 年 10 月 17 日,广州期货交易所的相关负责人表示,广州期货交易所正大力推进碳排放权期货品种研究工作[①]。

4.2.3 碳期权

1. 期权

期权是一种合约,该合约赋予持有人在某一特定期限内,以固定价格买入或卖出一定数量资产的权利。期权交易实际上是一种权利的买卖,该权利为选择权,即权利的买入方既可以行使在约定期限内买入或卖出标的物的权利,也可以放弃买入或卖出标的物的权利[②]。然而,权利的卖出方必须听从买入方的决定,即当权利的买入方决定行使该权利时,权利的卖出方必须按照约定履行义务。如果在合约期限内,权利的买入方未行使该项权利,则期权合约结束,交易双方的权利与义务也一起解除。

期权的基本要素有标的资产、有效期、到期日、执行价格、期权费、行权方向和时间、保证金等。由于期权交易方式、方向、标的物等方面有所不同,产生了众多期权品种。按照期权的权利划分,可分为看涨期权和看跌期权;按照行权时间划分,可分为欧式期权、美式期权和百慕大期权;按照合约标的资产划分,可分为股票期权、股指期权、利率期权、商品期权、外汇期权以及碳期权等。

2. 碳期权的产生

碳期权是指期货交易场所统一制定的,规定买方有权在将来某一时间以特定价格买入或者卖出碳配额或碳信用(包括碳期货合约)的标准化合约[③]。与传统的期权合约不同,现存的碳期权实际是碳期货期权,即在碳期货基础上产生的一种碳金融衍生品。碳期权的价格依赖碳期货的价格,而碳期货的价格又与基础碳资产的价格密切相关。

国际主要碳交易市场中碳期权与碳期货交易已相对成熟,首只碳期权是 2005 年欧盟排放交易体系通过欧洲气候交易所推出的欧盟碳配额期权。全球金融市场的动荡所带来的避险需求,吸引了很多工业企业、能源交易公司以及基金等经济实体参与碳期权市场的交易,碳期权产品及市场功能愈加多元化、复杂化。

---

① 平安证券. 中国碳市场的金融化之路:星星之火,唯待东风[EB/OL]. (2022-03-04)[2023-04-04]. https://www.baogaoting.com/info/106648.

② 吴宏杰. 碳资产管理[M]. 北京:清华大学出版社,2018.

③ 中国证券监督管理委员会. 中华人民共和国金融行业标准(碳金融产品 JR/T0244-2022)[EB/OL]. (2022-04-12)[2023-04-04]. http://www.gov.cn/zhengce/zhengceku/2022-04/16/5685514/ files/cc8cf837e8c645e4beaef8cde91f2c2f. pdf.

碳期权的交易方向取决于购买者对碳排放权价格走势的判断。以 CER 期权为例,当预计未来 CER 价格上涨时,CER 的卖方会购买看涨期权对冲未来价格上升的机会成本,如果预计未来 CER 价格下降,CER 卖方会通过行使看涨期权获得收益。期权的购买者能够通过购买看涨期权或者看跌期权锁定收益水平。此外,还可以通过对不同期限、不同执行价格的看涨期权和看跌期权的组合买卖来达到锁定利润、规避确定风险的目的。碳期权除了具备碳期货一样的套期保值作用,还能使买方在一定程度上规避碳价格波动带来的不确定性,能够增加碳排放权购买方的交易稳定性。

3. 中国的碳期权

当前我国碳期权均为场外期权,并委托交易所监管权利金与合约执行。2016 年 6 月 16 日,深圳招银国金投资有限公司、北京京能源创碳资产管理有限公司、北京绿色交易所(时北京环境交易所)正式签署了国内首笔碳配额场外期权合约,交易量为 2 万吨。2016 年 7 月 11 日,北京绿色交易所发布了碳排放场外期权交易合同(参考模板),场外碳期权成为北京碳交易市场的重要碳金融衍生工具[①]。

4.2.4 碳掉期

1. 碳掉期的内涵

碳掉期又称碳互换,是指交易双方以碳资产为标的,在未来的一定时期内交换现金流或现金流与碳资产的合约,包括期限互换和品种互换。其中,期限互换是指交易双方以碳资产为标的,通过固定价格确定交易,并约定未来某个时间以当时的市场价格完成与固定价格交易对应的反向交易,最终对两次交易的差价进行结算的交易合约。品种互换,又称碳置换,是指交易双方约定在未来确定的期限内,相互交换定量碳配额和碳信用及其差价的交易合约。

2. 中国的碳掉期

2015 年 6 月 9 日,壳牌能源(中国)有限公司与华能国际电力股份有限公司广东分公司开展全国首单碳掉期(互换)交易,交易中华能国际出让一部分配额给壳牌,交换对方的核证减排量等碳资产。2015 年 6 月 15 日,中信证券股份有限公司、北京京能源创碳资产管理有限公司、北京绿色交易所在"第六届地坛论坛"上正式签署了国内首笔碳配额场外掉期合约,交易量为 1 万吨。掉期合约交易双方以非标准化书面合同形式开展掉期交易,并委托北京绿色交易所负责保证金监管与交易清算工作。2016 年,北京碳交易市场发布场外碳掉期合约参考模板,场外碳掉期成为北京碳交易市场的重要碳金融创新工具[②]。

4.2.5 碳租赁

1. 碳租赁的内涵

碳租赁是指在碳交易市场中借入方与借出方通过签订碳配额租赁协议约定碳配额数

---

①② 平安证券.中国碳市场的金融化之路:星星之火,唯待东风[EB/OL].(2022-03-04)[2023-04-04].https://www.baogaoting.com/info/106648.

量、归还日期及归还方式，借入方需要向交易所支付固定比例的保证金。

2. 碳租赁的实施流程

碳租赁的实施主体为国务院碳交易主管部门认可的交易场所，市场参与者为纳入配额管理的企业或机构投资者。

碳租赁的实施流程主要包括以下七点。第一，碳租赁双方应为纳入配额管理的企业或机构投资者。机构投资者参与碳租赁业务需符合国务院碳交易主管部门认可的交易所规定的条件。第二，碳租赁双方自行磋商并签订由交易所提供标准格式的碳配额租赁合同。第三，碳租赁双方按交易所规定提交碳配额租赁交易申请材料，经交易所审批同意后，碳租赁双方在注册登记系统和交易系统中设立碳租赁专用配额科目和碳租赁专用资金科目。第四，配额借入方在交易所规定工作日内向其碳租赁专用资金科目内按交易所规定存入一定比例的初始保证金，配额借出方在交易所规定工作日内将应借出的配额从注册登记系统管理科目划入借出方碳租赁专用配额科目。所借配额为碳排放配额注册登记系统中登记的碳排放配额。第五，配额借入方缴纳保证金，配额借出方划入应借出配额后，交易所向注册登记系统出具配额划转通知。第六，碳租赁期限到期日前（包括到期日），交易双方共同向交易所提交申请，交易所在收到申请后按双方约定的日期暂停配额借入方碳租赁专用科目内的配额交易，并向注册登记系统出具配额划转通知。第七，交易双方约定的碳租赁期限届满后，由配额借入方向配额借出方返还配额并支付约定收益。简要的碳租赁实施流程如图 4-2 所示。[①]

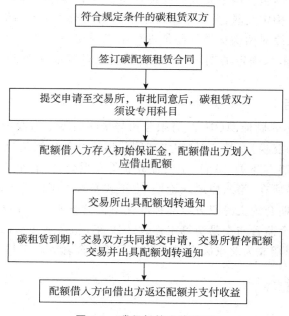

图 4-2　碳租赁的实施流程

---

① 中国证券监督管理委员会.中华人民共和国金融行业标准（碳金融产品 JR/T0244-2022）[EB/OL]. (2022-04-12)[2023-04-04]. http://www.gov.cn/zhengce/zhengceku/2022-04/16/5685514/ files/cc8cf837e8c645e4beaef8cde91f2c2f.pdf.

4.3　碳市场融资工具

碳市场融资工具是指以碳资产为标的进行各类资金融通的碳金融产品,主要包括碳债券、碳资产抵(质)押融资、碳资产回购、碳资产托管等。碳市场融资工具可以为碳资产创造估值和变现的途径,帮助企业拓宽融资渠道,是一种碳金融创新衍生工具。

4.3.1　碳债券

1. 碳债券的内涵

碳债券是政府、企业为筹集低碳经济项目资金而向投资者发行的,承诺在一定时期内支付利息和到期还本的债务凭证,其核心特点是将低碳项目的减排收入与债券利率水平挂钩,通过碳资产与金融产品的嫁接,降低融资成本,实现融资方式的创新。碳债券依托项目基础资产的收益,附带通过在交易所出售实现的碳资产收益发行债券,将碳交易的经济收益与社会引领示范效应相结合,降低综合融资成本,为低碳项目开拓新的融资渠道,同时吸引境内外的投资者参与低碳建设。

2. 碳债券的实施流程

碳债券实施主体为依法设立并获得债券承销业务资格的金融机构及相关行业主管部门认可的其他机构,债券发行人包括政府、金融机构、工商企业等,交易所债券市场参与者主要包括证券公司、基金公司、保险公司、企业和个人等投资者,全国银行间债券市场参与者主要包括具有债券交易资格的商业银行及其授权的分支机构、保险公司、证券、基金管理、财务公司等非银行金融机构以及经营人民币业务的外资金融机构等。

碳债券的实施流程主要包括以下九点。

(1)碳债券发行人向依法设立并获得债券承销业务资格的金融机构及相关行业主管部门认可的其他机构确定初步发行意向,确立发行方案。

(2)尽职调查小组对碳债券发行人展开尽职调查,会计师事务所完成审计工作,律师事务所出具法律意见书,信用评级机构进行债券信用评级。

(3)尽职项目调查小组完成尽职调查工作后,主承销商会同碳债券发行人及有关中介机构制作完成发行债券的申报和注册文件。企业发行碳债券债务融资工具应在注册文件中明确披露低碳项目的具体信息。企业可选择性运用第三方评估机构对企业发行的碳债券融资工具进行评估,出具评估意见并披露相关信息。第三方评估机构应在专业领域拥有较强的技术实力和公信力,具备碳债券评估业务操作经验和较高的市场认可度;第三方评估机构从业人员宜具备较高的专业素养和职业道德,遵循诚实守信、客观公正和勤勉尽责的原则,保证评估结果的公正性、独立性、一致性和完整性。

(4)主承销商将注册文件递交相应债券发行监管部门进行注册、审核。

(5)债券发行监管部门接受注册后,出具审批通知书。

(6)主承销商收到通知书后,相关方签订发行协议,准备发行工作。

(7)企业发行碳债券前应设立募集资金监管账户,由资金监管机构对募集资金的到账、存储和划付实施管理,确保募集资金用于低碳经济项目。

（8）碳债券发行。

（9）碳债券存续期内应根据相关法律法规进行存续期绿色项目及环境信息披露。简要的碳债券实施流程如图 4-3 所示[①]。

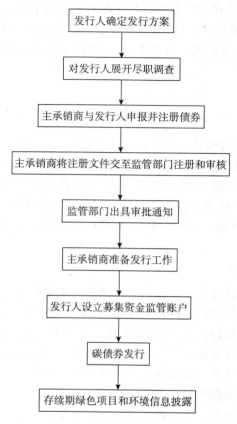

图 4-3　碳债券的实施流程

3. 中国的碳债券

2014 年 5 月 12 日，中广核风电有限公司、上海浦东发展银行股份有限公司、国家开发银行股份有限公司、中广核财务有限责任公司及深圳排放权交易所，共同落地我国首只碳债券"中广核风电附加碳收益中期票据"。该笔碳债券的发行人为中广核风电，发行金额 10 亿元，发行期限为 5 年，采用"固定利率＋浮动利率"的形式，其中浮动利率部分与发行人下属 5 家风电项目公司在债券存续期内实现的碳资产收益呈正向关联，浮动利率的区间设定为 5BP 到 20BP[②]。

---

① 中国证券监督管理委员会. 中华人民共和国金融行业标准（碳金融产品 JR/T0244-2022）[EB/OL].（2022-04-12）[2023-04-04]. http://www.gov.cn/zhengce/zhengceku/2022-04/16/5685514/files/cc8cf837e8c645e4beaef8cde91f2c2f.pdf.

② 平安证券. 中国碳市场的金融化之路：星星之火，唯待东风[EB/OL].（2022-03-04）[2023-04-04]. https://www.baogaoting.com/info/106648.

4.3.2 碳资产抵质押融资

1. 碳资产抵（质）押融资的内涵

无论是配额，还是核证自愿减排量，都是可以在碳交易市场流通的碳资产，碳交易最终转让的是温室气体排放的权利。因此，碳资产非常适合成为质押贷款的标的物，当债务人无法偿还债权人贷款时，债权人对被质押的碳排放权拥有自由处置的权利[①]。

碳资产抵（质）押融资是指碳资产的持有者（即借方）将其拥有的碳资产作为质物或抵押物，向资金提供机构（即贷方）出质或抵押，以获得贷方贷款，到期再通过还本付息解押的融资活动。在碳交易机制下，碳排放权具有了明确的市场价值，为碳排放权作为抵（质）押物发挥担保增信功能提供了可能。通过碳交易市场多年来的发展，碳排放权抵（质）押融资已成为目前我国碳金融绿色产业使用相对较多的一种融资方式[②]。

2. 碳资产抵（质）押融资的实施主体和流程

碳资产抵（质）押融资实施主体为依法设立并经相关行业主管部门依法颁发金融许可证的金融机构。碳资产抵（质）押融资的实施流程主要包括以下九点。

（1）借款人向依法设立并经相关行业主管部门依法颁发金融许可证的金融机构提出书面的碳资产抵（质）押融资贷款申请。

（2）贷款人结合内部管理规范，对贷款申请人进行前期核查、评估、筛选。办理碳资产抵（质）押贷款的借款人及其碳资产必须符合金融机构、抵（质）押登记机构以及行业主管部门设立的准入规定。

（3）贷款人应根据其内部管理规范和程序，对碳资产抵（质）押融资贷款借款人开展尽职调查。

（4）贷款人应根据其内部管理规范和程序进行评估，对尽职调查人员提供的资料进行核实、评定，复测贷款风险度，提出意见，并按规定权限报批后作出对碳资产抵（质）押融资贷款项目的审批决定。贷款额度根据贷款企业实际情况确定。通过审批后，双方磋商签订碳资产抵（质）押贷款合同。

（5）贷款合同签订后，借款人应在登记机构办理碳资产抵（质）押登记手续，审核通过后，向行业主管部门备案。

（6）发放贷款时，贷款人需按借款合同规定如期发放贷款，借款人则需确保资金实际用途与合同约定用途一致。碳资产抵（质）押融资原则上用于企业减排项目建设运维、技术改造升级、购买更新环保设施等节能减排改造活动，不应购买股票、期货等有价证券和从事股本权益性投资，不应违反国家有关法律法规和政策规定。

（7）贷款发放后，贷款人应对借款人执行合同情况及借款人经营情况持续开展评估、监测和统计分析，确保借款人能按照合同规定使用资金并按时归还贷款。

（8）贷款还款完成后，借款人和贷款人共同向登记机构提出解除碳资产抵（质）押登记

---

① 吴宏杰.碳资产管理［M］.北京：清华大学出版社，2018.
② 中国证券监督管理委员会.中华人民共和国金融行业标准（碳金融产品 JR/T0244-2022）［EB/OL］.（2022-04-12）［2023-04-04］. http://www.gov.cn/zhengce/zhengceku/2022-04-16/5685514/ files/cc8cf837e8c645e4beaef8cde91f2c2f.pdf.

申请,办理解押手续。

(9) 借款人抵押物可按照有关规定或约定的方式进行处置,所获资金按相关合同规定用于偿还贷款人全部本息及相关费用,处置资金仍有剩余的,应退还借款人;如不足偿还的,贷款人可采取协商、诉讼、仲裁等措施要求借款人继续承担偿还责任。简要的碳资产抵(质)押融资实施流程如图 4-4 所示[①]。

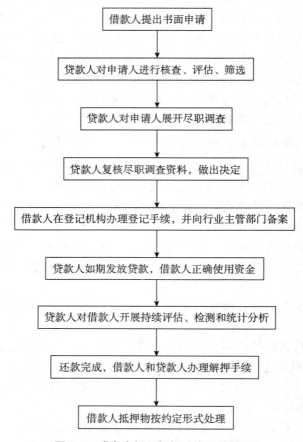

图 4-4　碳资产抵(质)押融资实施流程

3. 中国的碳资产抵(质)押融资

2014 年,湖北省发改委等相关部门向湖北宜化集团及其下属子公司核定发放碳配额400 万吨,市值 8 000 万元。同年 9 月,兴业银行武汉分行、湖北碳排放权交易中心和湖北宜化集团有限责任公司三方签署了碳排放权质押贷款和碳金融战略合作协议。该笔业务是国内首笔碳排放权质押贷款业务,以国内碳排放权配额作为质押担保,无其他抵押担保条件。同年 12 月,国内首单碳排放权抵押融资业务在广州落地,即华电新能源公司以广东省碳排放配额获得浦发银行 500 万元的碳排放权抵押融资。该笔业务由广州碳排放权交易所作为

---

① 中国证券监督管理委员会. 中华人民共和国金融行业标准(碳金融产品 JR/T0244-2022)[EB/OL]. (2022-04-16)[2023-04-04]. http://www.gov.cn/zhengce/zhengceku/2022-04/16/5685514/ files/cc8cf837e8c645e4beaef8cde91f2c2f.pdf.

业务支持机构,配合广东省发改委出具的广东碳配额所有权证明,广东省碳排放配额注册登记系统在线上进行抵押登记、冻结,并发布抵押登记公告①。

4. 碳资产抵(质)押融资的益处

从 2011 年我国 7 个碳排放权交易试点启动到 2021 年全国碳排放权交易市场建成,碳排放权抵(质)押融资业务也随着碳排放权交易市场的发展而逐渐成熟。相较于传统的抵(质)押融资业务,碳排放权抵(质)押融资对企业和商业银行都具有很强的吸引力。当然,碳排放权抵(质)押融资的风险和不足之处也不可忽视。

对企业尤其是重点控排企业来说,其具有的碳排放权配额是企业拥有的无形资产,如果企业想在不出售自身碳配额的情况下,减小自身的资金占用压力,就可以选择碳排放权作为担保向银行申请贷款。碳排放权抵(质)押融资为企业提供了低成本的市场化融资途径,解决了一些中小型企业融资难的问题,盘活了碳配额资产。同时,企业将获得的资金用于减排项目建设、技术改造升级及运营维护,促进了企业的低碳经营和发展。

对银行业而言,参与碳排放权抵(质)押融资是响应我国实现"双碳"目标的政策,也顺应了碳排放权交易蓬勃发展的时代潮流。通过发展碳排放权抵(质)押融资业务,有助于推动银行绿色信贷业务的发展,积极响应有关部门的号召,树立银行自身良好的社会形象,更好地体现银行在我国实现"双碳"目标过程中承担的社会责任。

5. 碳资产抵(质)押融资的风险

碳资产价格波动风险。作为银行防止信用风险重要的缓释手段,抵(质)押品充当着第二还款来源的重要职责,即在企业无法还清贷款时,银行可以在市场上处置掉抵(质)押品,以弥补自身的损失。对于碳排放权抵(质)押融资业务,银行会在贷款出现逾期或者违约的情况时,在碳排放权交易市场上尽快出售碳排放权配额。如果碳排放权交易市场出现了大的价格波动,导致碳价格不稳定,不仅会危害到银行贷款质量的稳定,也会影响银行对于碳排放权这个非传统抵质押物的信心。当然,如果碳价不能保持平稳运行,银行也很难在贷前审批中依据碳排放权的情况确定给予的贷款额度和年限等,可能会向企业提出额外增加企业的固定资产作为抵押物,这也给企业造成了困难。

全国尚无统一、权威制度规定。目前,在全国层面上尚无专门针对碳排放权抵(质)押融资的相关法律规定,已经完成的业务基本都是依据各地方政府或是监管机构制定的意见执行,没有统一的标准。例如,2014 年,我国首单碳排放权抵押业务是浦发银行得到广东省发展改革委、广东省金融办、中国人民银行广州分行、广东银监局、广东证监局联合会签批复而作为法律依据开展的。这就使得即使有部分商业银行敢于先行先试接受碳排放权作为融资担保,也只是小规模的个例,很难在全国范围内大规模地普及。2021 年 9 月 1 日,人民银行济南分行联合山东省生态环境厅、山东省地方金融监管局、山东银保监局制定印发《关于支持开展碳排放权抵质押贷款的意见》,为山东省在全国率先推动碳排放权抵(质)押贷款规范化、标准化、规模化发展提供了有力支撑。

相较于《碳排放权登记管理规则(试行)》等碳排放权交易的全国性制度,碳排放权抵

---

① 平安证券. 中国碳市场的金融化之路:星星之火,唯待东风[EB/OL]. (2022-03-04)[2023-04-04]. https://www.baogaoting.com/info/106648.

（质）押融资业务并没有一个全国统一的、规范的制度要求。不同地区企业向银行申请贷款规定的差异，不利于商业银行出台碳排放权抵（质）押融资的业务规则，降低了银行扩大碳排放权抵（质）押业务规模的积极性。

4.3.3　碳资产回购

1. 碳资产回购的内涵

碳资产回购是指碳资产的持有者（即借方）向资金提供机构（即贷方）出售碳资产，并约定在一定期限后按照约定价格回购所售碳资产以获得短期资金融通的合约。

2. 碳资产回购的实施主体和流程

碳资产回购实施主体为国务院碳交易主管部门认可的交易所。碳资产回购的实施流程主要包括以下五点。

（1）参与碳资产回购交易的参与人应符合当地碳交易主管部门或实施回购业务的交易场所设定的条件。

（2）回购交易参与人通过签署具有法律效力的书面协议、互联网协议或符合国家监管机构规定的其他方式进行申报和回购交易。回购交易参与人进行配额回购交易应严格遵守当地碳交易主管部门关于碳配额或碳信用持有量的有关规定。

（3）回购交易参与人提交回购交易申报信息后，由交易所完成碳配额或碳信用划转和资金结算。

（4）回购交易日，正回购方以约定价格从逆回购方购回总量相等的碳配额或碳信用。

（5）回购日价格的浮动范围应严格按照交易所的规定执行。简要的碳资产回购实施流程如图 4-5 所示[①]。

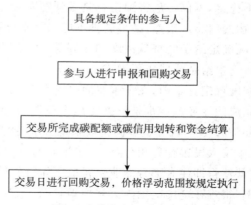

图 4-5　碳资产回购实施流程

---

①　中国证券监督管理委员会. 中华人民共和国金融行业标准（碳金融产品 JR/T0244-2022）[EB/OL].（2022-04-12）[2023-04-04]. http://www. gov. cn/zhengce/zhengceku/2022-04/16/5685514/ files/cc8cf837e8c645e4beaef8cde91f2c2f. pdf.

3. 中国的碳资产回购

2014 年 12 月 30 日,中信证券股份有限公司与北京华远意通热力科技股份有限公司正式签署了国内首笔碳排放配额回购融资协议,融资总规模为 1 330 万元[①]。

4.3.4 碳资产托管

1. 碳资产托管的内涵

碳资产托管是指碳资产管理机构(托管人)与碳资产持有主体(委托人)约定相应碳资产委托管理、收益分成等权利义务的合约。

2. 碳资产托管的实施主体和流程

碳资产托管实施主体与碳资产回购相同,皆为国务院碳交易主管部门认可的交易所。碳资产托管的实施流程主要包括以下七点。

(1)开展碳资产托管业务的参与人应向经国务院碳交易主管部门认可的交易所申请备案,由交易所认证资质,并以自身名义对委托方所托管的碳资产进行集中管理和交易。

(2)委托方应签署由交易所提供的风险揭示书,以及与托管方协商签署托管协议,并提交交易所备案。

(3)托管方应在交易所开设专用的托管账户,并独立于已有的自营账户。

(4)托管协议文件经交易所备案后,托管方应按照交易所规定,在一定交易日内向交易所缴纳初始业务保证金。之后,委托方通过交易系统将托管配额或碳信用转入托管方的托管账户。委托方不应要求托管方托管委托方的资金。

(5)托管期限内,交易所冻结托管账户的出金和出碳功能。

(6)托管业务到期后,托管方和委托方共同申请解冻托管账户的出金和出碳功能。需提前解冻的,由托管方和委托方共同提出申请,交易所审核通过后执行解冻操作。经交易所审核后,托管方按照协议约定通过交易系统将托管配额或碳信用和资金转入相应账户。

(7)账户所有资产分配完毕后,交易所对托管账户予以冻结或注销。简要的碳资产托管实施流程如图 4-6 所示[②]。

3. 中国的碳资产托管

2014 年 12 月 9 日,湖北省发布全国首单碳托管业务信息,该业务由湖北碳排放权交易中心促成,湖北兴发化工集团股份有限公司参与该项业务,并委托托管 100 万吨碳排放权。其托管机构为两家,分别是武汉钢实中新碳资源管理有限公司和武汉中新绿碳投资管理有限公司[③]。

①③ 平安证券.中国碳市场的金融化之路:星星之火,唯待东风[EB/OL].(2022-03-04)[2023-04-04].https://www.baogaoting.com/info/106648.

② 中国证券监督管理委员会.中华人民共和国金融行业标准(碳金融产品 JR/T0244-2022)[EB/OL].(2022-04-12)[2023-04-04].http://www.gov.cn/zhengce/zhengceku/2022-04/16/5685514/files/cc8cf837e8c645e4beaef8cde91f2c2f.pdf.

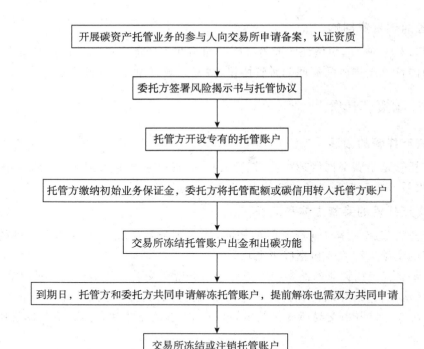

开展碳资产托管业务的参与人向交易所申请备案，认证资质

↓

委托方签署风险揭示书与托管协议

↓

托管方开设专有的托管账户

↓

托管方缴纳初始业务保证金，委托方将托管配额或碳信用转入托管方账户

↓

交易所冻结托管账户出金和出碳功能

↓

到期日，托管方和委托方共同申请解冻托管账户，提前解冻也需双方共同申请

↓

交易所冻结或注销托管账户

图 4-6　碳资产托管实施流程

4.4　碳市场支持工具

碳市场支持工具是指为碳资产的开发管理和市场交易等活动提供量化服务、风险管理及产品开发的金融产品，主要包括碳指数、碳保险、碳基金等。碳市场支持工具也是一种碳金融创新衍生工具，其相关服务可以为各市场参与者更好地了解碳市场发展提供有效的参考，同时为管理碳资产提供风险管理工具和市场增信手段。

4.4.1　碳指数

碳指数是指为反映整体碳交易市场或某类碳资产的价格变动及走势而编制的统计数据。碳指数通常反映碳交易市场总体价格或者某类碳资产价格变动及走势，是观察碳产品价格变化的重要工具，也是碳指数交易产品开发的基础，同时为投资者了解市场动态提供投资参考。可根据一级和二级碳交易市场量价信息，实时公布交易量和交易价格指数，所以，碳指数可以看作股票中的上证指数、创业板指数等一样的属于碳交易市场的指数。

我国首个碳指数为上海置信碳资产管理有限公司开发维护的反映碳交易市场走势的统计指数，在上海能源交易所发布，每个交易日结束后，根据当日各碳交易市场成交均价计算得出置信碳指数。当前我国已经有北京绿色交易所推出的观测性指数（即中碳指数体系）和复旦大学以第三方身份构建的预测性指数（即复旦碳价指数）。

1. 中碳指数体系

中碳指数是北京绿色金融协会开发的一种碳指标，能综合反映我国各个试点碳交易市场成交价格和流动性,该指数主要包括中碳市值指数和中碳流动性指数[①]。

为了从复杂的价格变动中分析和提炼出整个碳交易市场的价格变动水平和变动趋势,中碳指数开发团队综合分析各个试点碳交易市场的碳价、成交量、配额总量等因素,分析碳价和成交量的变动趋势及涨跌幅度,从而编制出能够真实反映碳排放权的价格、成交量等相对于基期的综合相对指数。中碳指数仅选取样本地区碳市场的线上成交数据,样本地区根据配额规模设置权重,基期为 2014 年度首个交易日,即 2014 年 1 月 2 日。

中碳市值指数是以北京、天津、上海、广东、湖北和深圳 6 个已经开市交易的碳排放权交易试点地区的碳排放配额线上成交均价为样本编制而成,该指数以成交均价为主要参数,衡量样本地区在一定期间内整体市值的涨跌变化情况。其计算方法为

$$中碳市值指数 = \frac{总调整市值}{基期市值} \times 100$$

$$总调整市值 = \sum(碳配额均价 \times 配额数量)$$

中碳流动性指数则由北京、天津、上海、广东、湖北和深圳 6 个已经开市交易的碳排放权交易试点地区的碳排放配额线上成交量作为样本编制而成,该指数以成交量为主要参数并考虑各地区权重等因素,观察样本地区在一定期间内整体流动性的强弱变化情况,样本地区根据配额规模设置权重。其计算方法为

$$中碳流动性指数 = \frac{总调整换手率}{基期} \times 1\,000$$

$$总调整换手率 = \frac{\sum\left(\dfrac{成交量}{权重}\right)}{配额总量}$$

中碳指数的推出,既是对国务院 2014 年 5 月《关于进一步促进资金资本市场健康发展的若干意见》中"发展商品期权、商品指数、碳排放权等交易工具,充分发挥期货市场价格发现和风险管理功能,增强期货市场服务实体经济的能力"精神的积极响应,也为将来进一步开发指数型碳金融交易产品奠定了良好的基础。对碳交易市场参与者来说,中碳指数主要有以下作用:一是综合反映某个时点或一定时期内碳交易市场总体价格的变动方向和涨跌幅度;二是为碳交易市场投资者和研究机构分析、判断碳交易市场动态及趋势提供基础信息;三是为开发指数交易产品和其他碳金融创新产品提供必要的基础依据。

2. 复旦碳价指数

2021 年 11 月 7 日,复旦大学经济学院推出"复旦碳价指数",首批包括全国碳排放配额价格指数,北京、上海、广州和其他地方试点履约自愿核证减排量价格指数以及全国核证自愿减排量价格指数。

复旦碳价指数(carbon price index of fudan,CPIF)是针对各类碳交易产品的系列价格指数,该指数的主要作用是反映碳交易市场各交易品特定时期价格水平的变化方向、趋势和程度。复旦碳价指数的研发参考了国际通用定价模型,根据碳价格形成机理,在全面分析我国碳交易市场特征之后,建立了适合我国碳交易市场的碳价格指数方法论。基于该方法论,结合调查获得基于碳交易市场参与主体真实交易意愿的价格信息,采用加权计算方法,调整

[①] 北京绿色交易所官网,https://cbeex.com.cn/article/ywzx/tjyzx/tjrfw/ztzs.

优化而形成了各类碳价格指数①。

复旦碳价指数的创新之处在于对未来 1 个月的碳价进行预测,可以作为碳资产管理的重要依据。然而,由于全国碳交易市场初运行,历史交易数据相对匮乏,其预测的准确性仍有提升的空间。如 2021 年 12 月末复旦碳价指数预测显示,2022 年 1 月全国碳交易市场碳配额价格有 95% 的概率落在 43.90～48.56 元/吨,然而 1 月实际收盘价均值达 57.78 元/吨,最低价均值也在 55.64 元/吨,与预测值相去较远。

随着全国碳交易市场的发展,复旦碳价指数计划针对国内碳交易市场上的新产品以及国际主流碳交易市场上的交易产品,研发推出对应的碳价格指数。

4.4.2 碳保险

碳保险是指为规避减排项目开发过程中的风险,确保碳信用按期足额交付而开发的保险产品。碳保险包括碳信用保险、碳交易信用保险、碳信用交付担保保险、碳损失保险、清洁发展机制支付风险保险和森林碳汇保险等。下面简要介绍碳信用保险、碳交易信用保险和碳信用交付担保保险。

1. 碳信用保险

碳信用又称为碳权,指在经过联合国或联合国认可的减排组织认证的条件下,国家或企业以增加能源使用效率、减少污染或减少开发等方式减少碳排放,因此得到可以进入碳交易市场的碳排放计量单位。通常情况下,碳信用以减排项目的形式进行注册和减排量的签发。除了在碳税或碳排放权交易机制下抵消履约实体的排放,碳信用还可以用于个人或组织在自愿减排市场的碳排放抵消。

碳信用使得碳排放的"限额和交易"成为一种完整的机制安排,这有助于市场导向机制的形成,将气候问题的外部性通过市场化的交易实现内部化,最终减少全球温室气体的排放。对买入方来说,碳信用增强了减排履约的灵活性。碳信用买方可以通过为减排成本较低的地区或部门提供资金的方法来抵消自身的排放量。这样做有助于降低买方的减排成本,只要碳信用活动产生的碳减排量是真实的,那么碳信用机制可在一定程度上加速全球的减排行动。对卖出方来说,碳信用提供了一个可以量化的计价方式,对企业提高减排技术产生了正向激励作用,鼓励更多的绿色产业、减碳排放技术创新的发展与实现。

然而,企业作为减排指标的生产者,在项目运营过程中主要面临两大类风险,即传统的项目风险(包括技术升级、自然灾害等)和碳信用认证方面的政策风险。可以通过碳信用保险的方式帮助企业转移风险,使减排企业或新能源企业更容易获得事前的项目融资,在客观上起到为企业信用增级的作用。例如,英国 KILN 保险集团签发的碳信用保险产品,被保对象是一家银行。该项合同中,银行作为碳信用的买方,首先购买"碳期权",即在约定期限内以合同提前约定的价格购买碳信用的权利。在期权可行权期限内,若碳信用价格高于行权价格,则银行将行使买权,再以市场价出售碳信用。

近年来,碳信用保险呈现蓬勃发展的态势,国际上具有领导地位的保险及再保险人都对这一领域给予了极大的关注。值得注意的是,碳信用保险市场存在的系统性风险,不仅不能

---

① 复旦大学可持续发展研究中心官网,https://rcsd.fudan.edu.cn/fdtjzs/zsjj.htm.

通过保险来有效分散,还会危及整个碳信用保险市场。这是由于碳信用交易的顺利实现必须建立在《京都议定书》和联合国清洁发展机制的基础上,前者是各合约签订国完成减排任务的约束机制,后者是使不同的国家或公司之间得以进行碳排放权交易的保障。碳信用保险市场存在的必要条件是对各国有约束性的制度框架能够存续。换言之,如果没有一个发达国家与发展中国家能够广泛参与的交易平台,碳信用保险的发展之路便存在一个巨大的障碍。

2. 碳交易信用保险

碳交易信用保险是指以碳排放权交易过程中合同约定的排放权数量为保险标的,对买方或卖方因故不能完成交易时权利人受到的损失提供经济赔偿的一种担保性质的保险。该保险为买卖双方提供了一个良好的信誉保证,有助于激发碳交易市场的活跃性,提高项目开发者的收益,同时能够降低投资者或贷款人的风险。

由于碳交易市场中的项目存在一定的不确定性,一些金融机构愿意为这类项目最终交易的减排单位数量提供担保。由保险或再保险机构担任未来核证排减量的交付担保人,如果根据商定的条款和条件当事方不履行核证减排量,那么由担保人承担担保责任。该保险主要针对合同签订后,发生各方不能控制的情况,导致合同不满足订立时的基础,进而各方得以免除合同义务的"合同落空"情形,如政治风险、营业中断等。与此同时,保险或担保机构可以介入,进行必要的风险分散,针对某一特定时间可能造成的损失,向项目投资人提供保险[①]。

3. 碳信用交付担保保险

碳信用交付担保保险是指很多拥有大型清洁能源投资项目的企业,可以将自身剩余的碳信用出售给其他需要更多碳信用的企业,但由于新能源项目在整个运营过程中面临着各类风险,这些风险有可能影响到企业碳信用交付的顺利进行。因此,运用碳信用交付担保保险为项目业主或融资方提供担保和承担风险,将风险转移到保险市场。

例如,2008年3月17日,世界银行集团成员国际金融公司在撒哈拉以南的非洲和南亚签署了首个碳信用交付担保保险。该碳保险产品是通过降低国家和项目风险的方式,让卖出碳信用的公司有机会接触更多的潜在买家,有助于更好地推动这些地区的碳交易市场的发展[②]。

4. 碳保险的实施主体和流程

碳保险实施主体为依法取得保险许可证的保险公司。碳保险的实施流程主要包括以下七点。

(1)碳保险业务参与人应为纳入碳配额管理的企业或拥有碳配额的企业或者其他经济组织。

(2)碳保险业务参与人向依法取得保险许可证的保险公司提出参保申请。

(3)保险公司进行项目审查、核保,第三方评估机构对碳资产进行评估。由于碳资产评估价值通常由金融机构或第三方专业评估机构来综合评定,保险公司可根据实际情况设定

①② 钱研玲,周洲."双碳"目标下碳保险发展路径研究[EB/OL].(2022-02-09)[2023-04-04].http://iigf.cufe.edu.cn/info/1012/4738.htm.

保险期限和保险额度。第三方评估机构应在专业领域拥有较强的技术实力和公信力,具备碳资产评估业务操作经验和较高的市场认可度;第三方评估机构从业人员须具备较高的专业素养和职业道德,遵循诚实守信、客观公正和勤勉尽责的原则,保证评估结果的公正性、独立性、一致性和完整性。

(4)碳保险业务参与人与保险公司签订碳保险合同。

(5)碳保险业务参与人向承保的保险公司支付保险费。

(6)在保险期内,碳保险业务参与人的参保项目产生风险,由保险公司核实后,对保险受益人进行赔付。

(7)若保险期结束后,碳保险业务参与人未发生损失触发保险赔偿条款的,保险自动失效。简要的碳保险实施流程如图 4-7 所示[①]。

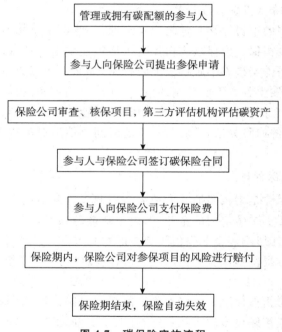

图 4-7 碳保险实施流程

5. 中国的碳保险

2016 年 11 月 18 日,湖北碳排放权交易中心与平安财产保险湖北分公司签署了碳保险开发战略合作协议。随后,总部位于湖北的华新水泥集团与平安保险签署了碳保险产品的意向认购协议,由平安保险负责为华新集团旗下位于湖北省的 13 家子公司量身定制碳保险产品设计方案。具体而言,平安保险将为新华水泥投入新设备后的减排量进行保底,一旦超过排放配额,将给予赔偿。这标志着碳保险产品在湖北正式落地。

由于碳金融市场是基于人为设计而产生的,因此该市场中蕴含着巨大的风险。碳保险

---

① 中国证券监督管理委员会. 中华人民共和国金融行业标准(碳金融产品 JR/T0244-2022)[EB/OL]. (2022-04-12)[2023-04-04]. http://www. gov. cn/zhengce/zhengceku/2022-04/16/5685514/ files/cc8cf837e8c645e4beaef8cde91f2c2f. pdf.

是通过与保险公司合作,对重点排放企业新投入的减排设备提供减排保险,或者对 CCER 项目买卖双方的 CCER 产生量提供保险,从而在一定程度上规避减排项目开发过程中存在的风险,确保项目减排量按期足额交付的担保工具。它可以降低项目双方的投资风险或违约风险,确保项目投资和交易行为顺利进行。

但是,随着碳排放权交易市场中碳保险品种的不断丰富,碳保险对保险行业提出了更高的要求。碳保险是保险行业中一个全新的领域,在给保险行业带来新机遇的同时,也带来了巨大的挑战。新的保险标的、新的风险种类以及新的资金介入领域都对保险行业的监管部门提出了更高的要求,促使相关部门进一步完善监管体系①。

4.4.3 碳基金

碳基金是指投资碳资产的各类基金,通常其收益与碳价变化或减排项目回报挂钩。

2015 年 3 月 14 日,深圳嘉碳资本管理有限公司创立"嘉碳开源基金",募集资金投资国内一、二级碳交易市场、新能源及环保领域中的 CCER 项目。嘉碳开源基金的产品包括"嘉碳开源投资基金"和"嘉碳开源平衡基金"。其中,"嘉碳开源投资基金"的基金规模为4 000 万元,而"嘉碳开源平衡基金"的基金规模为 1 000 万元,二者均主要投资核证减排项目和碳交易市场等。当前两只基金均已结束运行,收益率暂不明确。

4.5 碳市场创新工具

除了前述常见的交易工具、融资工具及支持工具,我国区域碳交易市场在进行碳金融尝试的过程中,还开发出了一些创新型的非常见的碳金融工具,包括由结构性存款衍化而来的碳结构性存款、碳回购,或由碳逆回购衍化而来的卖出回购和借碳交易,以及碳信托等。

4.5.1 碳结构性存款

碳结构性存款属于新型理财产品,碳结构性存款的收益分为固定收益与浮动收益两部分,其中固定收益部分与普通存款基本一致,而浮动收益部分通常与碳配额、核证减排量交易价格,或碳债券等其他金融工具价格挂钩,根据碳价或碳金融工具价格的变动决定浮动收益水平。

2021 年 5 月 14 日,兴业银行与上海清算所合作发行了挂钩"碳中和"债券指数的结构性存款。产品收益分为固定收益与浮动收益两部分,其中浮动收益与上海清算所"碳中和"债券指数挂钩,该指数以募集资金用途符合国内外主要绿色债券标准指南并具备碳减排效益、符合"碳中和"目标的公开募集债券为样本券。

4.5.2 借碳交易和卖出回购

借碳交易和卖出回购可视为碳回购与逆回购的变体,是上海环境能源交易所独有的创

---

① 平安证券.中国碳市场的金融化之路:星星之火,唯待东风[EB/OL].(2022-03-04)[2023-04-04].https://www.baogaoting.com/info/106648.

新型碳金融工具。与常见的碳回购或逆回购需要其他非履约机构的参与不同,借碳交易与卖出回购可以在履约机构之间展开。

借碳交易是指符合条件的配额借入方存入一定比例的初始保证金后,向符合条件的配额借出方借入配额并在交易所进行交易。待双方约定的借碳期限届满后,由借入方向借出方返还配额并支付约定收益的行为。交易所借碳交易业务是对借碳双方的借碳交易提供交易权限管理。

卖出回购是指控排企业根据合同约定向碳资产管理公司卖出一定数量的碳配额,控排企业在获得相应配额转让资金后将资金委托金融机构进行财富管理,约定期限结束后控排企业再回购同样数量的碳配额,从而获得短期资金融通的交易活动。协议中需包含回购的配额数量、时间和价格等核心条款。卖出回购主要帮助管控企业盘活碳资产,拓宽融资渠道,降低融资成本。与普通的逆回购不同的是,卖出回购通常将资金委托其他金融机构进行管理。

2016年3月14日,在交易所的协助下,春秋航空股份有限公司、上海置信碳资产管理公司、兴业银行上海分行共同完成首单碳配额卖出回购业务。

4.5.3 碳信托

碳信托是指信托公司围绕碳资产开展的金融受托服务,大致可分为碳融资信托、碳投资信托、碳资产服务信托。

碳融资信托是信托公司设立信托,以碳资产为抵质押物,向融资人发放贷款,或设立信托,买入返售融资人的碳资产。例如,兴业信托设立"利丰A016碳权1号集合资金信托计划",该信托计划以海峡股权交易中心碳排放权公开交易价格为估价标准,通过受让福建三钢闽光股份有限公司100万碳排放权收益权的方式,向其提供绿色融资。

碳投资信托类似碳基金模式,信托资金主要用于参与碳交易市场的碳资产交易,在为碳资产提供流动性的同时,通过把握碳资产价格波动趋势获取收益。此类业务模式目前实践中最多。以华宝信托"ESG(环境、社会、公司治理)系列碳中和集合资金信托计划"为例,信托资金主要用于投资国内碳排放权交易所上市交易的碳配额及CCER。

碳资产服务信托一般指委托人将其碳资产作为信托财产,设立财产权信托,信托公司主要行使资产管理、账户管理等服务性职责。例如,中海信托作为受托人设立的"中海蔚蓝CCER碳中和服务信托",是以CCER为基础资产的"碳中和"服务信托。受托人通过转让信托受益权份额的形式为委托人募集资金,同时提供碳资产的管理、交易等服务。

延伸阅读 "碳汇保险+科技创新"为绿色发展保驾护航

4.5.4 碳信用卡

碳信用卡主要通过特殊的信用卡积分机制引导零售客户进行低碳消费。我国虽有实践但效果较差,主要原因在于对零售客户低碳行为的回馈力度过小。

2010年3月,光大银行与北京绿色交易所共同发行"绿色零碳信用卡",持卡人可通过登录光大银行信用卡地带在线计算自身碳足迹,也可通过信用卡购买碳额度以赚取信用卡积分,当持卡人累计购碳达1吨时将建立个人"碳信用档案",累计购碳达5吨时可获得北京绿色交易所颁发的认证证书。

 课程思政

  当前我国商业银行在碳金融业务创新方面还缺乏深度和广度,如何推动商业银行深度参与碳金融创新?

习 题

1. 什么是碳金融工具?
2. 根据金融工具的功能,碳金融工具如何分类?
3. 现阶段我国碳金融交易面临的主要问题有哪些?
4. 结合现状,谈谈我国碳金融发展的方向。
5. 根据我国碳金融市场现状,给出推动碳金融市场发展的有关建议。

第 5 章

碳资产定价概述

【内容提要】

　　介绍碳资产定价的概念、原则、影响因素、主要类型以及碳资产定价的关键设计特征。

【教学目的】

　　要求学生建立有关碳资产定价的理论框架,了解碳资产定价发展前沿,理解碳资产定价对绿色经济发展的作用。

【教学重点】

　　碳资产定价的原则和关键设计特征;碳资产定价在绿色经营管理决策中的地位和作用。

【教学难点】

　　对碳资产定价核心逻辑的理解。

　　我国提出 2060 年前碳中和的最新气候目标,亟待协调适配的政策组合以保障其实现。而在所有的政策组合中,碳资产定价是引导经济体走向低排放道路的有力工具。目前,全球有 46 个国家级司法管辖区和 35 个城市、州和地区将碳资产定价作为减排政策的核心组成部分,为其未来发展奠定更具可持续性的基础,这些区域的温室气体排放占全球排放总量的近 1/4。2021 年,碳价格上涨、新工具带来的收入以及排放交易系统拍卖交易量增加,导致全球碳定价收入达到创纪录的 840 亿美元,比 2020 年高出约 60%。如此惊人的增长,凸显出碳资产定价在重塑深度脱碳激励机制和投资方面的巨大潜力。此外,碳资产定价作为一种有效、可信、透明的财政工具,有助于实现更广泛的政策目标,如恢复耗尽的公共财政,或支持脆弱部门和社区适应气候影响并实现公正过渡。然而,迄今为止,全球 3/4 的排放尚未受到碳定价工具的影响,从而加剧了政策制定者面临的技术和管理挑战。为最大限度地提高政策效果,碳价格信号必须得到持续强化,并在全球扩大到更大比例的排放。

5.1　碳资产定价的基本概念及原则

5.1.1　碳资产定价的基本概念

自 20 世纪中叶以来,环境污染问题日趋严峻。从经济学角度来看,环境资源具有非竞争性(一个使用者对该物品的消费并不减少它对其他使用者的供应)和非排他性(一个使用者对该物品的消费并不影响其他使用者消费),是典型的公用物品。这就会导致生产者肆意污染环境却没有承担相应的成本,环境污染的负外部性无法得到妥善解决。

在崇尚市场经济的西方,经济学家们期望用市场机制这只"看不见的手"自动合理配置资源,来解决污染问题。诺贝尔经济学奖获得者罗纳德·哈里·科斯(Ronald H. Coase)在《社会成本问题》一文中提出的科斯定理,为这一方法提供了理论基础。科斯认为在交易费用为零和产权明确的情况下,外部性因素不会引起资源的不当配置,因为当事人(外部性因素的生产者和消费者)会进行谈判,使双方的利益最大化,即将外部性因素内生化。科斯定理具有一定的局限性,现实经济生活中交易费用不可能为零,明确产权时也有可能出现权力的"寻租",从而导致不公平现象的出现,因此单单依靠市场机制来矫正外部性并实现资源的最优配置是有一定困难的。这一运行机制虽然仅存在于理想状态中,但为解决环境污染问题提供了思路[①]。

温室气体的过量排放是现今环境问题的重要组成部分。这一行为和其他环境污染行为一样,具有明显的负外部性,即温室气体排放造成的负面效应并未完全转移至温室气体排放方,整个人类社会承担了气候变化的恶果,这就会导致社会的实际碳排放量大于最优碳排放量。但气候无法像具体的河流一样分配产权,所以单靠市场调节手段根本无法解决温室气体超排的问题,政府的干预势在必行,为温室气体定价的理念在此背景下应运而生。由于二氧化碳是对全球变暖贡献最大的温室气体,因此该机制被称为"碳定价"。为落实国家应对气候变化政策和温室气体排放控制目标,政府通常会设定一定时期内(履约期)地区或行业碳排放总量控制目标,并以配额的形式分配给重点排放单位,获得配额的企业可以在二级市场上开展交易。因此,以"限额—交易"方式构建的碳排放权定价机制和以项目为基础的核证减排量等碳现货、碳期货、碳期权信用合约,形成了碳资产的市场交易价格,即碳价[②]。

碳排放权和碳信用作为碳资产的基础产品,其交易市场必须以碳价为信号,引导和鼓励企业开展节能减排。根据清缴履约要求,每个履约期重点排放单位必须清缴与其实际碳排放量等量的配额。为此,企业可以通过节能减排或者购买配额的方式完成履约,通过减排行为使得自身实际碳排放量少于年度基础配额的企业,可以将盈余的配额在碳市场出售以获得经济激励。实际碳排放量多于年度基础配额的企业,则需要通过购买配额或其他被允许用于履约的碳信用完成清缴义务。碳交易市场通过释放统一的价格信号,激励企业开展节

---

① 碳中和专题报告:碳定价机制回顾及碳交易市场机会挖掘[EB/OL]. (2021-06-29)[2023-04-04]. https://baijiahao. baidu. com/s? id=1703884336601485806&wfr=spider&for=pc.

② 巴曙松,郑伟一,陈英祺. 当前中国碳资产管理发展趋势评估[J]. 清华金融评论,2022(7):73-76.

能减排,优化碳排放资源配置,有效降低全社会在既定碳减排目标下的减排成本[①]。

碳资产定价将给碳资产市场提供合理的交易价格,也就是碳排放权的需求者(碳排放量较大的企业)和供应者(碳排放量较小的企业)会有一个合理公平的市场价格进行交易来满足各自对碳排放量标准的限制。而完善的碳资产定价机制将使得碳资产的价格能够及时、有效、全面地反映所有关于碳排放权交易的信息,让市场中的资金在价格信号的引导下能够更加迅速、合理地实现资源的配置。因此,碳资产定价是当前国际上用于推动低碳发展、实现温室气体减排的主要政策工具。该工具的核心是对每吨二氧化碳的排放设置明确的价格,通过将碳排放负外部性反映在商品或要素价格中,以市场手段将减排责任压实至控排单位,从而实现协调可持续发展。在理想情况下,每吨温室气体的价格与排放吨所造成的增量损害完全对应。如果不存在市场失灵或其他经济扭曲,碳排放将调整到社会效率水平,在这个水平上,增量损害与相关温室气体排放量的成本将保持平衡。

由于温室气体的种类繁多,不同温室气体对地球温室效应的影响程度不同,为统一度量整体温室效应的结果,科学家使用了一种新的单位,二氧化碳当量(carbon dioxide equivalence,CO_2e)。一种气体的二氧化碳当量为这种气体的吨数乘以其产生温室效应的指数。这种气体的温室效益的指数叫全球变暖潜能值(global warming potential,GWP),该指数取决于气体的辐射属性和分子重量,以及气体浓度随时间的变化状况。对于某一种气体的温室变暖潜能值表示在百年时间里,该温室气体对应于相同效应的二氧化碳的变暖影响。正值表示气体使地球表面变暖。以甲烷为例,其 GWP 指数为 28,意味着每排放 1 吨甲烷,相当于排放了 28 吨二氧化碳当量。为了将全部温室气体定价,碳价的单位一般为货币/吨二氧化碳当量[②]。

5.1.2 碳资产定价的基本原则

碳资产定价属于金融资产定价,因而不仅需要遵循一般金融资产的基本定价方法,还要反映碳价特殊的驱动特征。基础金融资产定价的基本原则是任何资产支付的价格应能够反映它预期在未来产生的现金收益的现值,金融衍生产品定价的基本原则是金融衍生产品的合理价格为无套利市场条件下的均衡价格。在排放交易机制中,碳的价格不是由政府决定,而是由排放配额或排放信用的供求关系决定的。因此,从市场均衡角度看,碳权配额价格应该等于控排企业的边际减排成本;从地区层面来看,碳市场价格应该等于该地区的边际减排成本。

1. 碳资产定价的特点

(1)碳排放权初始配置的有偿竞价。如果对碳排放权的初始配置是无偿的,那么信息不对称就会使得企业产生道德风险和逆向选择,一些企业会为了降低成本而只注重扩大生产规模而忽视节能减排。由于总量控制是碳排放权交易市场建立的前提和基础,配额总量反映了市场供给量的多少,若碳排放目标控制趋于严格,配额设定目标趋紧,则碳价预期将

① 美国环保协会,上海环境能源交易所. 2021 国内碳价格形成机制研究报告[R/OL]. (2021-07-20)[2023-04-04]. https://www.163.com/dy/article/H1L1RDIP0511BHIO.html.

② 碳中和专题报告:碳定价机制回顾及碳交易市场机会挖掘[EB/OL]. (2021-06-29)[2023-04-04]. https://baijiahao.baidu.com/s?id=1703884336601485806&wfr=spider&for=pc.

会升高。因此,在碳交易市场启动初期,当各方参与者对配额价格的判断差异较大或市场价格波动比较剧烈时,通过有偿竞买能够发挥市场价格的导向作用,同时增加市场供应,有效平抑过高的市场价格。

(2)非市场化。根据《京都议定书》的规定,各国每年的碳排放量是控制在合理适度的范围内,各国再根据国内各企业的生产规模来安排碳排放量指标。在碳排放总量给定的条件下,如果将碳排放权完全市场化,则那些生产规模大、相应的排放量大的企业,就会比那些规模小、排放量小的企业出价更高,这样会导致市场的价格由那些出价高的企业主宰,从而形成碳排放权的逆向激励,不利于全社会节能减排任务的完成。因此针对碳排放权交易价格的外部性,只有政府对碳排放权交易市场进行主导调控,才能正确引导碳排放权的初始定价[①]。

(3)联动性。碳资产价格与其他传统金融资产价格存在联动性,并且与其他碳资产价格存在动态关联。碳金融资产具有商品属性和金融属性。一方面,化石能源消费是碳排放的主要来源,而且发电企业能在各种发电燃料(煤炭、天然气、石油)之间转换,导致化石能源市场与碳交易市场之间存在内在的传导机制,碳价变化与化石能源价格之间关系密切,即能源价格上升将推动碳价上扬,而能源价格下挫也将推动碳价下滑。另一方面,随着市场规模的扩大、参与者的增加以及金融产品创新的涌现,碳金融资产也成为具有投资潜力的金融产品,特别是在金融联动背景下,碳金融资产与资本市场产品和能源市场产品间存在密不可分的价格联系,能够满足投资者跨市场的套期保值和投机获利的目的。

(4)波动性。作为金融市场的重要构成,碳金融资产具备一般性金融资产的基本金融属性,其资产收益存在较为明显的波动集聚(收益率或价格波动率变动幅度在时间上的持续效应)和尖峰厚尾(相对于正态分布来说,尾端比正态厚、峰比正态尖)特征,并且方差波动的时变性较强。此外,碳金融资产的产生具有显著的政策推动效果,其收益波动极易受到减排技术、配额政策调整、碳税政策实施以及能源市场上能源政策和环境政策的影响。因此,碳金融市场的产品价格波动除具有金融资产价格波动的一般性特征,还具有特殊的商品属性波动特点,表现为政策冲击敏感性强、市场波动非对称性以及非线性多重分形特征等。

(5)碳资产是一种创新型金融衍生产品。从本质上来说,碳配额相当于排放企业生产必需的一种投入品,与原油、金属类似,如果不足量购买,就会影响未来的生产,所以对于企业而言,购买碳排放权是一种提前行为,需求者只能通过市场走势来判断并购买足额的碳排放权以便进行生产,这类似于提前购买了一种期权。而期权的价值与外部不确定性具有正相关的关系,如果市场经济环境不断变化,就会提升这一期权的价值,不确定性越大就意味着拥有这一期权的价值越大。因此,企业拥有碳排放权就相当于拥有一个看涨期权。

此外,与大宗商品类似,碳排放权是一个标准化的、具有同质性和可替代性的产品,其价格也是生产企业在计算成本时所必须考虑的。同时,碳排放权的供给数量由政府决定,需求数量则与化石能源的使用紧密相关,所以碳排放权的价格也与大宗商品市场中能源产品的价格紧密相关。事实上,碳排放权在国外一般在负责大宗商品期货的交易所上市流通。比如欧洲的洲际交易所(ICE),不但处理大部分的碳排放权期货交易,是全球最大的碳排放权交易平台,也处理全球一半以上的原油及其提炼产品期货的交易,是欧洲最大、全球第二大

---

① 杨星,蒋金良,杨瑛. 碳资产定价技术与方法[M]. 广州:华南理工大学出版社,2015.

的规管能源期货交易所。纳斯达克 OMX 交易所(NASDAQ-OMX)、欧洲能源交易所(EEX)和芝加哥商品交易所(CME)也是同时提供碳排放权和大宗商品交易的全球性平台。与大宗商品市场类似,发展碳排放权期货首先是为了满足履约企业的需求。再者,期货市场也帮助实体企业更好地管理流动性。企业一般在年末需要对碳排放配额进行履约,期货市场使得企业不必参与拍卖或是购买现货,只需要缴纳合约价格的一部分资金作为保证金,便可以保证年末以合适的价格取得碳配额。此外,持有碳配额现货的企业可以选择卖出碳配额现货、买入碳配额期货,达到对冲价格风险和释放短期流动性的双重目的。

2. 碳资产定价的功能

碳资产定价可以提供一种经济高效的方法来减少温室气体排放,并最大限度地降低气候变化的破坏性风险。碳价格提供了一种相对简单和直接的方式,以确保将更多的气候变化成本纳入投资和消费(包括资源和燃料使用)背后的经济计算中,从而在现有社会系统的基础上寻找最优均衡点。因此,碳价信号可能影响广泛分散的经济决策,有助于引导未来的经济增长转向零碳经济,并随着时间的推移减少气候变化的影响。碳资产的定价功能主要有以下几个方面[①]。

(1)提升应对气候变化的行动力。由于全球应对气候变化的行动长期不足,全球已升温 1.2℃。又因为全球在 21 世纪中叶实现碳中和的紧迫性和困难程度,二氧化碳减排已经超出技术问题的范畴,进入强调能源转型、发展范式转变等经济社会整体性、根本性、系统性变革。碳资产定价创造性地将减少二氧化碳排放、应对气候变化纳入政策体系,改变将排放空间视为公共物品的传统认知,赋予二氧化碳排放量以市场属性:一是将外部成本纳入价格体系,激励降低绿色溢价,即降低使用绿色技术而非高碳排放技术的额外成本;二是强制控排单位支付排放二氧化碳的社会成本,约束了生产行为。在碳中和目标下,碳资产定价将提高政策强度、扩大实施范围,通过直接对二氧化碳排放计价的方式发挥市场机制作用,以间接改变要素价格、引导绿色技术创新等方式,促使以能源转型为主线的经济社会脱碳。

(2)完善市场价格机制。碳资产定价暗示了可能的无效资源和潜在的技术创新方向,并帮助企业减少投资的不确定性,使企业有动力通过进入政府扶持产业、投资和应用清洁技术等方式,降低适应环境规制的成本。同时,完善的价格机制将使得碳资产的价格能够及时、有效、全面地反映所有关于碳排放权交易的信息,让市场中的资金在价格信号的引导下能够更加迅速、合理地实现资源的配置,削弱高碳技术、产品及商业模式的市场竞争力,创造更加公平的竞争环境。

(3)激励技术创新和应用,降低绿色溢价。基于信号传递理论,碳资产定价暗示了环境监管导向,控排单位由此获取未来一段时间内绿色技术创新的政策导向信息。绿色技术创新不局限于大气污染物处置和减缓气候变化相关的末端治理技术创新,也包括可再生能源等要素供给端的技术创新以及生产效率提升等生产过程中的技术创新。此外,碳资产定价存在创新补偿效应,除了创新绩效和从政府环境优惠政策中获得绿色补贴,碳资产定价的财政收入也被用于环境或更广泛的可持续发展项目,能够在一定程度上补偿控排单位创新、应用绿色技术的成本,从而降低绿色溢价。

(4)引导绿色、低碳、气候友好型投融资活动。引导投资是碳定价政策最重要的作用,

---

① 窦晓铭,庄贵阳. 碳中和目标下碳定价政策:内涵、效应与中国应对[J]. 企业经济,2021,40(8):17-24.

通过跨期项目和技术投资,将改变社会经济生产模式和消费模式。一方面,以能源转型为主线的全社会深度脱碳所依托的突破性技术创新和基础设施建设改造需要资金支持,从而突破技术瓶颈,实现在多行业的全面运用;另一方面,低碳转型需要以投资带动就业规模和就业结构调整。然而,由于绿色投资所需资金量大、回报周期长,且部分地区仍存在以高碳投资拉动经济的冲动,资金不会自动流入减排降碳的领域,所以,现阶段以碳资产定价为代表的应对气候变化的政策正处于金融化过程中。在这一过程中,一要完善价格机制,使未达到温室气体排放标准和减排要求的融资项目处于不利竞争地位;二要释放低碳转型信号,为深度脱碳技术、流程和商业模式创新引导投资资金,提高绿色项目融资的可获得性;三要促进基于碳资产交易的各种金融衍生工具的创新,为全球金融市场的发展与完善以及碳资产交易市场的完善成熟创造有利的条件。

(5)实现风险转移和分散。碳市场的价格波动非常显著,并且与能源市场以及国际政治环境和气候变化具有紧密的联系,这些影响因素都增加了碳金融市场价格的波动性。碳资产的定价将会更好地服务于碳排放权的供求方,转移未来企业生产过程中环境治理成本的风险,从而实现分散风险的功能。尤其是对于碳排放权的需求方而言,企业生产量的增加将增大对大气环境的污染,而这一环境治理成本在当前必须内部化。同时,全球加大对碳排放的重视,也必将增加企业未来的生产成本,使得企业的总成本增加,而碳资产的定价可以使企业在碳金融市场上通过合理的价格来降低未来生产的总成本,更好地分散企业未来的生产风险。

(6)缓解低收入群体面临的公平性问题。低收入群体不仅在气候变化问题上面临更多风险,也在碳中和目标推动的社会变革中受到更大影响。在碳中和目标下,能源结构、产业结构转型所带来的能源价格上涨对低收入家庭的冲击更大。同时,碳中和目标带来的劳动力需求变化导致劳动力迁移或结构性失业,也强化了一般经济发展趋势下由能源驱动的机械替代人力的负面影响,导致部分高投入、高耗能、高排放行业员工收入降低甚至人员失业,社会收入差距进一步拉大,社会性弱势群体扩大。碳中和目标在根本上是为了兼顾经济增长、环境保护和社会公平的可持续发展,需要以遏制、缓解乃至消除不平等的政策框架驱动社会转型。碳资产定价政策在转型过程中可以从三个方面发挥重要作用,维护行业与区域公平:一是按照"污染者付费"的原则对高排放单位计费;二是把政策收益用于环境或更广泛的可持续发展项目,通过减税、政府转移支付等方式减少税收扭曲,提高低收入群体的实际收入水平;三是抑制承接国外高污染、高耗能产业,减少"碳泄漏",保证碳中和带来的健康红利。

5.2　碳资产定价的影响因素、类型及设计特征

5.2.1　碳金融资产定价的影响因素

碳金融产品价格的特殊性主要表现在其是以排放权为基础商品的本质上。由于碳金融是金融学与生态学的混合学科,影响因素较为复杂,且碳交易体系是一个新兴市场体系,其与传统金融产品价格影响因素的利率和汇率不同,碳配额的价格是由其配额稀缺性决定的,而碳交易市场中的配额稀缺程度主要取决于市场参与者供求的相对力量。另外,政策预期

的稳定性、交易产品的丰富性、市场交易制度、信息披露要求以及企业内部的决策机制等因素从不同层面影响碳交易市场价格的形成①。

1. 市场需求

宏观经济发展、能源结构等因素影响市场总需求。在经济繁荣阶段,企业的生产活动不断增加。一旦扩大生产规模,企业的碳排放需求将相应提高,在供给一定的情况下,碳配额价格随之上升。反之,碳配额价格下降。不同企业在生产过程中使用的能源类型各不相同,对碳排放的需求也有所差异。例如,相比于使用化石能源的生产企业,使用清洁能源的企业碳排放需求更小。在国家大力鼓励清洁能源发展的趋势下,未来社会能源结构的调整将通过改变配额总需求来影响配额价格的高低。

此外,温度、天气与其他突发性因素也会对碳资产价格造成影响。例如,夏天或冬天的温度过高或过低都会对电力产生额外的需求,导致配额价格上涨;类似的,发生暴雨、暴雪等极端天气也会使得传统能源消耗需求增长,从而导致碳价上升。另外,当清洁能源由于核电泄漏等原因而减少时,也会拉动传统能源的消耗,如2011年3月日本福岛地震导致的核泄漏就引发了欧盟碳配额碳价的波动②。

2. 市场供给

配额总量、分配方式以及抵消机制等顶层设计决定了市场总供给。全球碳交易市场初期配额主要有两种分配方式,即基准法构成的免费分配(如中国)和拍卖为主的有偿分配(如美国)。配额分配决定了企业碳配额初始供给,在排放基准线逐渐严格的情况下,企业配额供给将随之减少,当配额供给量与企业实际配额需求量之间存在差异时,则会引起碳价的变动。由于配额被视为具有实物价值和期权价值的资产,同时控排企业具有成本转移能力,免费分配或较低的有偿竞价比例不仅降低了配额分配效率,还削弱了政策管控能力。因此,未来全球碳市场将在免费分配的基础上适时引入有偿分配,并逐步扩大有偿分配比例,通过对企业初始配额赋予一定的成本,激励企业选择更加有效的方式开展节能减排,同时形成二级市场价格预期。

影响市场供给的另一个重要因素是抵消机制,抵消比例的大小直接改变了市场供给量的多寡。从国内外实践经验来看,抵消机制的碳信用价格往往低于配额价格,因此在允许实行抵消机制的碳交易体系中,企业偏向于购买碳信用抵消其超额排放。抵消机制虽然能够降低企业的履约成本,但如果抵消比例过大,市场供给过多,容易造成碳配额价格下跌。我国碳市场抵消比例设置为不超过应清缴碳排放配额的5%,并鼓励使用可再生能源、林业碳汇、甲烷利用等项目降低排放量。

3. 政策预期

碳交易市场是一种政策导向型市场,碳价容易受到政府行为的影响,例如,总量的松紧程度、拍卖的价格设定、配额有效期、抵消比例的变化等因素都会对二级市场价格产生影响。清晰、明确的政策路径能够给企业提供强有力的可预见性,有助于企业在节能减排方面做好

---

① 美国环保协会,上海环境能源交易所. 2021国内碳价格形成机制研究报告[R/OL]. (2021-07-20)[2023-04-04]. https://www.163.com/dy/article/H1L1RDIP0511BHIO.html.

② 高翠云. 减排和经济结构调整条件下的中国碳定价问题研究[D]. 长春:吉林大学,2018.

长期规划,从而加强参与碳交易的意愿。

如果无法保证政策的连续性,没有形成稳定的市场预期,企业往往只是消极被动地参与交易甚至持观望态度,容易出现市场活跃度只集中在履约期的现象。这样一来,由于履约期的配额需求集中增加,碳价随之上涨,造成企业履约成本增加,不利于碳交易市场实现低成本减排的目标;而在非履约期,因为市场流动性偏低,难以充分发挥价格发现功能,也无法形成连续有效的价格信号。

对配额市场的预期也是影响价格形成机制的主要因素。例如,可在降低面向未来的配额投资成本的同时,增加配额跨期储存的需求。相比之下,对未来碳排放交易体系监管的不确定性会降低这种需求。预期可能意味着,即使在短期内与当前生产相关的配额总需求量低于市场上可用的配额总量(供给),若存在对配额储存的需求,则配额价格仍可能大于零。预期经济形势与政策走向也十分重要,因为它们会影响固定资产与技术研发的预期投资收益率,而此类投资会在一段时期内产生回报。

4. 交易产品

交易产品的丰富性有利于促进市场价格发现功能。碳交易市场具有明显的金融属性,衍生产品的引入能够为交易参与者提供风险管理工具并提高市场流动性,形成市场预期,强化价格发现功能,同时有助于吸引更多金融机构、投资机构以及个人等主体深度参与碳交易,对提升市场活跃度具有重要意义。中国碳交易市场初期的交易产品以配额现货为主,未来将适时增加其他产品种类,不断提高交易产品的丰富性,促进市场价格发现。

5. 交易制度

交易方式、日涨跌幅设置以及参与主体准入等市场交易制度对碳价的影响较为直观。中国碳交易市场可以采取协议转让、单向竞价或者其他符合规定的交易方式,不同的交易方式将形成差异化的交易价格。交易机构设定不同交易方式的涨跌幅比例,并根据市场风险状况对涨跌幅比例进行调整,防止市场价格剧烈波动。

在市场准入方面,一定数量的参与主体是保障碳交易市场流动性、形成有效定价的基础。机构投资者的引入能够为碳资产优化配置和风险管理提供专业咨询服务,同时为碳交易市场带来足够体量的资金和交易对手,在盘活碳资产、提升市场活跃度方面发挥不可或缺的作用,有利于促进碳交易市场价格发现功能,提高定价能力和定价效率。中国碳交易市场启动初期的交易主体以重点排放单位为主,未来将逐步纳入符合国家有关要求的机构和个人。

6. 信息披露

信息披露作为保障碳交易市场健康运行的有效支撑,有利于实现碳交易市场的公开透明。碳信息披露能够帮助企业实现自身碳资产管理和风险识别,同时为政府实施有效监管和政策制定提供基础依据。由于碳交易市场建立在总量控制和配额交易的基础上,需要形成明确的减排目标才能进一步稳定市场预期、传递价格信号,而减排目标的确定和真实可靠的碳信息披露密不可分。

对于中国碳交易市场,《碳排放权交易管理办法(试行)》中多处提到对相关信息进行公开,尤其要求定期公开重点排放单位年度温室气体排放报告,对提升全国碳交易市场的透明度具有重要意义,有助于构建平稳高效的市场交易体系,为形成公允、透明的碳价提供保障。

7. 企业内部决策机制

企业内部针对碳交易的决策机制是否完善,影响企业对市场价格的敏感性以及参与市场交易的响应度。如果企业没有建立目标明确、职能清晰、流程顺畅的适应市场化的交易模式,缺乏及时对市场价格信息作出迅速反应与决策的机制,则可能造成参与市场交易的滞后性,不利于促进市场价格发现。

5.2.2　碳金融资产定价的主要类型

碳资产定价工具可大致分为两类:直接碳定价和间接碳定价。

1. 直接碳定价

直接碳定价是指主要通过征收碳税或碳排放权交易,采用与给定产品或活动产生的温室气体排放量成正比的价格以激励碳减排。对多种来源的二氧化碳采用相同的价格,直接碳定价确保了减排激励措施的一致性和成本效益。碳信用机制是碳定价的另一种形式,但与碳排放权交易和碳税的运用方式不同。参与信贷机制一般是自愿的,与碳税和碳排放交易系统不同,这些机制本身并不会产生基础广泛的碳价格,而是为选定的合格活动提供减排补贴。碳信用机制与在国家内或国际间倡导的减排计划相一致。

（1）碳税

碳税是最为简单直观的手段,即政府对企业的排碳行为征税,此举可以提高企业的排碳成本,企业为提高利润不得不进行减排,使碳排放量趋近于社会最优排放量。碳税的主要实现手段有提高税率、拓展碳税覆盖范围,废除碳税豁免和征收碳关税。

（2）碳排放交易机制

碳排放交易机制最初是由联合国为应对气候变化、减少以二氧化碳为代表的温室气体排放而设计的一种新型的国际贸易机制。1997年各缔约国签署的《京都议定书》,确立了三种灵活的减排机制。

① 排放权贸易机制:同为缔约国的发达国家将其超额完成的减排义务指标,以贸易方式(而不是项目合作的方式)直接转让给另外一个未能完成减排义务的发达国家。

② 联合履约机制:同为缔约国的发达国家之间通过项目合作,转让方扣除部分可分配的排放量,转化为减排单位给予投资方。

③ 清洁发展机制:履约的发达国家提供资金和技术援助,与发展中国家开展温室气体减排项目合作,换取投资项目产生的部分或全部"核证减排量",作为其履行减排义务的组成部分。

除了《京都议定书》规定的三种机制,还有一个自愿减排机制,主要是一些企业或个人为履行社会责任,自愿开展碳减排及碳交易的机制。总的来说,排放权贸易机制和联合履约机制是在总配额不变的情况下进行交易,排放权贸易机制通过金钱直接购买,联合履约机制则通过项目进行,二者都不会创造出新的碳排放配额,但清洁发展机制可以创造出新的配额。配额从供给端限制碳排放量。如果说碳税是通过提升价格从需求端减少碳排放量,那么碳配额就是通过政策直接限制碳排放量(供给端),然后建立碳排放交易市场,再发挥市场对资源的配置作用。

（3）碳信用机制

碳信用的存在独立于其他碳定价机制之外。碳信用签发是指向正在执行已批准减排活动的项目提供可交易减排量的过程。因为碳信用的产生基于自愿原则，而在其他碳定价机制中受约束实体的履约是义务性的。可以说碳信用实际上是对自愿减排机制（VER）的升级和补充。主要的碳信用机制可以分为三类：国际碳信用机制，独立碳信用机制，区域、国家和地方碳信用机制。

碳交易市场与股票、债券市场十分类似，也可以分为一级、二级市场，只不过融资行为变成了融碳行为。一级市场为发行市场，即创造碳排放权配额和碳信用。碳排放权配额有免费发放和拍卖两种方式，主导权一般掌握在政府手中。二级市场是碳资产和碳金融衍生品交易流转的市场，只不过目前大多数交易在企业之间达成，没有像股票市场一样有大量的个人投资者。一级市场（发行市场）是二级市场（流通市场）的基础和前提，碳排放配额和碳信用进入二级市场必须先经过一级市场；待企业完成年度的碳核查后，将已使用的碳排放配额上缴，然后由政府或第三方机构统一注销，完成循环。

2. 间接碳定价

间接碳定价是指以与碳排放不成正比的方式改变与碳排放相关的产品价格的工具。这些工具提供了碳价格信号，尽管它们经常（主要）被用于其他社会经济目标，如增加收入或解决空气污染问题。间接碳定价包括燃料税和商品税，与能源消费相关的燃料补贴等。例如，燃油消费税对汽油按升征收统一税额，间接为汽油燃烧产生的碳排放定价。相反，降低化石燃料价格的燃料补贴会产生一种"负面"的间接碳价格信号，从而刺激更高的消费，增加碳排放。所有侧重于使用燃料和商品的价格激励的政策工具都可以被视为间接碳价格。然而，法规和投资激励措施——可能解决与价格无关的市场失灵，但不能转化为价格当量——不被视为间接碳定价。

迄今为止，直接碳定价系统主要集中在高收入和中等收入国家。间接碳定价系统如燃油消费税制度比直接碳定价更为普遍，包括在许多发展中国家。因此，测量间接碳价格对于了解许多发展中国家的现状和进展特别有用。例如，在非洲，一些国家通过燃油税和补贴改革，实现了间接碳价格的大幅上涨。目前采纳碳定价的国家在增加，但碳定价在全球的覆盖率仍然较低，而随着全球碳价达到历史新高以及免费碳排放权缩减，碳排放交易收入已超过碳税收入，且跨境碳定价机制受到广泛关注。此外，新的金融服务、科技和治理框架正在塑造碳交易市场，金融工具在碳交易市场中逐渐变得更加活跃，区块链促进了非中心化的金融创新，体现了新科技的潜力，但也引发了人们对透明度的担忧。

由于碳金融资产定价的核心问题是二级市场的碳金融交易产品和交易工具，因此，碳资产定价体系主要包括：第一，金融市场结构，一般可分为基于配额的交易市场和基于项目的交易市场；第二，市场参与者，主要分为供给者、最终使用者以及中介等三大类，包括那些受碳排放约束的企业和国家，项目研发者，咨询机构以及银行，交易所等金融机构；第三，交易工具，主要是碳排放权以及以排放权为基础的远期、期权、期货等衍生产品。

5.2.3 碳金融资产定价的关键设计特征

建立碳定价计划需要许多设计决策，包括涵盖哪些实体和行业，相关行业中的哪些实体需要遵守,以及该计划的整体严谨性。参与这些决策的政策制定者还需要平衡有时可能发生冲突的各种标准。这些范围包括全面覆盖排放、易于管理、经济成本最小化和利益最大化、应对不同人群和地区之间的不同影响,以及实现可能与气候无关的其他目标。本节将阐释碳金融资产定价的四个关键设计特征,每一个特征均涉及一系列或可影响价格体系主要特征的决策或行动。因此,在实践中,碳金融资产定价的设计进程具有迭代性,而非线性特征①。

1. 范围

碳资产定价的覆盖范围系指相关实体必须上缴配额的地理区域、行业、排放源和温室气体类型。确定覆盖范围时,需考虑不同行业和排放源之间的重要差异。关键考量因素包括司法管辖区的排放情况(和其预期发展演化)及其对减排潜力的影响。此外,跨排放源和在供应链不同点上监测和监管排放源的能力与相关成本也十分重要,这将在一定程度上受现有监管架构与政策的影响。最后,还应考量可能限制碳价格传递的潜在非价格障碍、国际市场竞争风险和协同效应等要素②。

对于任何碳定价计划,范围越广,在给定碳价格下预期的减排量就越大,因为更多的排放将被覆盖。同时,更广泛的限额交易计划也意味着更多种类的排放源将被纳入限额,导致更低的总合规成本,因为该计划将涵盖更多低成本减排机会。

(1)气体覆盖

决定将哪些温室气体纳入碳定价计划时,需要权衡计划的全面性(即所涵盖温室气体在排放总量中的占比)和实施的难易程度(通过直接测量或准确估算来量化限制排放的能力)。对于每种气体,需要考虑两个关键因素:第一,该气体对温室气体排放总量的占比和影响;第二,测量和调节气体的难度。

目前二氧化碳在全球温室气体中占比最大,其他主要温室气体包括甲烷、一氧化二氮、氢氟碳化物、全氟化碳、六氟化硫和三氟化氮。由于二氧化碳是主要的温室气体,一些碳定价系统只关注这种气体。许多重要的二氧化碳来源,尤其是基于化石燃料燃烧的来源,通常也易于测量或估计,因此二氧化碳非常适合纳入碳定价系统。2019 年,一项仅包括与能源相关的二氧化碳计划将覆盖美国总排放量的 80.1%。很多体系也涵盖了其他温室气体。甲烷(如来自垃圾填埋、化石燃料的开采和农业)有时在排放总量中占很大比例,因此应考虑覆盖这类气体,尤其是在发展中国家。如果覆盖除二氧化碳外的其他温室气体,需要仔细考虑它们对气候变化的相对贡献。这些贡献通常基于全球变暖潜能值,该潜能值以二氧化碳当量单位对气体进行比较。这些估算可以根据气体的吸热特性和气体在大气中停留的时间得出。近几十年来,全球变暖潜能值一直定期更新,使得定价计划的设计变得复杂。

实施碳定价计划的难易程度在很大程度上取决于排放量可以被量化或准确估计的程度。在某些情况下,化石燃料的碳含量等替代指标为量化最终的二氧化碳排放量提供了坚实的基础。再者,甲烷和一氧化二氮在美国的温室气体排放量中排名第二和第三,但量化或

① Kennedy K, Kaufman N, Obeiter M. Putting a price on carbon: A handbook for US policymakers[M]. Washington, D. C.: World Resources Institute, 2015.

② 市场准备伙伴计划(PMR),国际碳行动伙伴组织(ICAP).碳排放权交易实践手册:设计与实施[M].华盛顿:世界银行,2021.

准确估计农业来源的甲烷和一氧化二氮的排放量是困难的,因此这些来源不太可能被纳入碳定价计划。对于每一种气体,决策者必须确定增量减排的好处是否值得将该气体纳入计划所带来的困难。

(2)行业覆盖

不同行业和排放源之间存在巨大差异,这对将哪些具体行业和排放源在多大程度上纳入碳定价体系造成一定的影响。覆盖某个具体行业是否有利,取决于量化排放能力(无论是直接量化还是通过化石燃料碳含量等替代指标)与全面性之间的权衡。例如,美国的电力部门所排气体约占温室气体总排放量的1/3,将系统限制在该部门会漏掉总排放量的很大一部分。许多提案中提出的另一种方法是,将该计划的范围限制在与能源相关的二氧化碳排放上,通过设定纳入门槛,排除小型排放源和将排放责任分配到化石燃料供应商即供应链的上游有助于平衡这些不同的考量。长远看来,碳定价计划的预测将更为困难,所有排放源均须减少排放,以实现零净排放的全球目标。如果某行业在短期内采取减排措施成本高昂且潜力有限,可将其设定为碳定价体系的目标行业,以便今后进一步开发减排潜力。

(3)监管点

一旦政策制定者决定将某个行业或排放源纳入碳定价体系,一个非常关键的设计要素就是如何设定排放监管点。必须在可以精确监测及强制履约的地方进行排放监管。为使碳定价体系更加有效地改变行业企业的行为,监管点必须能直接或通过价格传递的方式影响排放。对于一些排放源,尤其是涉及化石燃料使用的排放源而言,可在排放价值链中的若干环节实施排放监管,主要包括以下三个位置。

① 排放点,指在物理上温室气体物排放到大气中的点。例如,EU ETS 覆盖了发电和工业设施的"排放点"排放。

② 上游,指的是供应链中"排放点"之前的环节,通常是某种化石燃料开始由开采商、提炼商及进口商完成商品化的地方。例如,加利福尼亚州的碳交易市场,监管点位于化石燃料被燃烧从而产生温室气体排放并进入商业领域的地方。实践中,这些地方往往位于燃料储存地和大型提炼设施处。那些设施的所有者再将二氧化碳排放成本通过略高的燃料价格转嫁给消费者。

③ 下游,指的是供应链中"排放点"之后的环节,通常是温室气体实际排放至大气中的地方。例如,东京—埼玉排放交易体系覆盖了来自建筑物耗电所产生的排放,而建筑物是"排放点"的下游。下游覆盖也被用于其他行业如农业等。在这些行业"排放点"监管将产生巨大的行政管理成本。

迄今为止,大多数司法管辖区在碳定价政策工具设计中选择将监管点设置在"排放点"或供应链上游。

在"排放点"处对排放进行监管有如下几个好处。第一,确保污染者"看到"减排的激励。由于需要直接承担污染的成本,因此排放者具有实施减排技术和工艺或改变消费选择的明显动机。监管上游或下游依赖碳价成本在供应链中的传导。如果这种传导的可能性非常低,如供应商的市场力量很强大,那么减排动机将被削弱。即便碳价成本可以被有效传导,组织和行为因素也意味着在"排放点"处监管能更有效地激励减排。第二,更好地配合配额分配和其他报告要求。如果需要企业或设施层面的排放数据以支持免费分配或提供其他补偿,那么将监管点设置在排放点能有效提高行政管理效率。虽然这可能需要覆盖大量的设施,但部分情况下可以通过既有的许可和执照制度体系获取高质量的数据。最后在某些情况下,"排放点"处的排放实体监测和履约能力可能更强,尤其是在仅有少数大型排放实体的情况下。第三,更为精准地测量排放量。"排放点"排放量的测量通常更为精确和细致,相较于上游排放量的估算需要更少的假设。例如,排放点测量考虑到了开采而未被燃烧(因而不产生温室气体)的燃料,如用作原料而不是燃料的天然气。工业过程中的非燃烧排放只能在"排放点"处测量。

而在"排放点"上游对排放进行监管有如下两个优点。①行政管理成本更低。能源行业的情况尤其如此,因为从事化石燃料开采和商业化的企业远远少于消费端。这种情况下"排放点"上游实体会更熟悉政府的管理制度,进而降低行政管理成本、提高市场效率。例如,加利福尼亚州的碳交易市场纳入约 350 家实体,却覆盖了全州 85% 的排放。新西兰的碳交易市场成功覆盖了 100% 的化石燃料排放,但监管的企业只有 102 家。相反,欧盟碳排放交易体系只覆盖了 45% 的排放,控排企业却高达 11 500 家。②覆盖范围可跨多个行业,无须设置准入门槛。结合上述观点,上游监管时不需要设置下游监管体系通常使用的准入门槛,以避免超高交易成本。设置准入门槛导致覆盖范围缩小,可产生跨行业的排放泄漏,降低碳排放交易体系的成本效益。采用上游监管则可避免此类问题。

碳定价政策工具设计通常会采取多种方法相结合的途径来设置监管点,即对部分行业或活动施行"排放点"的上游监管,而对其他施行下游监管。例如,加利福尼亚州和魁北克的碳价交易都采用了"混合"方法设置监管范围[①]。

(4)准入门槛

为了最大限度地降低管理和监测报告核查成本,并使碳定价体系覆盖尽可能多的行业,政策制定者通常会在碳定价体系的覆盖范围内设定一定的准入门槛。低于某个"规模"(规模指年度的温室气体排放、能源消耗水平、生产水平、进口量或产能等)的企业免受碳排放交易体系的约束。设定准入门槛可大幅减少控排企业的数量,却不会明显减少碳交易市场所覆盖的排放量和减排机会。当能源或工业排放在"排放点"受到监管时,准入门槛将发挥特别重要的作用。

何为最合适的准入门槛?这取决于该司法管辖区的具体情况、特定的减排目标及行业特定情况。企业履行碳交易市场要求的能力和政府监管履约的执行力均为重要的考量因素。其他因素包括当地不同规模的企业可采取的减排措施,以及企业的规模大小、分布。后者将影响不同的准入门槛会覆盖或排除多少实体以及相应的排放量,也可能影响碳排放从被覆盖实体转移到未被覆盖实体的泄漏风险。

设定准入门槛的主要考量因素包括四点。①小型排放源的数量。如果有较多的小型排放源,可能需要设定较低的准入门槛,以确保碳定价计划总体上覆盖绝大部分的排放。②企业和监管者的能力。如果小型排放企业的财力、人力有限,碳排放交易体系所产生的额外成本可能影响其运行或关闭的决定,且这些问题无法通过免费分配配额来解决。这种情况下可以设置更高水平的准入门槛(覆盖更少的实体)。③跨行业碳泄漏的可能性。设定一个准入门槛,超过准入门槛的企业面临碳交易市场和碳定价,而低于准入门槛的企业不承担碳定

---

① 市场准备伙伴计划(PMR),国际碳行动伙伴组织(ICAP).碳排放权交易实践手册:设计与实施[M]. 华盛顿:世界银行,2021.

价,将扭曲这两类企业之间的竞争。因此,需要寻找一个符合行业内竞争态势的准入门槛。
④准入门槛导致市场扭曲的可能性。设定准入门槛可诱使企业将现有的生产设备拆分成更
小的单元,从而使每个单元的排放低于准入门槛,以避免承担履约责任。同理,低于准入门
槛的企业也会选择保持现状,而非扩大生产。

表 5-1 总结了上文所探讨的关于碳定价计划覆盖范围设计的几个关键考量因素。

表 5-1　确定覆盖范围[①]

	更　　多	更　　少
行业/气体 覆盖数量	更多的低成本减排机会; 避免行业间碳泄漏; 更有能力使碳定价机制与整体减排目标 相一致	行政管理和交易成本较低; 降低司法管辖区间碳泄漏的风险
	排放点	上　　游
能源监管点	为污染主体提供直接的减排激励; 排放点监管的潜在行为收益; 可以建立在现有监管框架的基础之上	成本更低,更容易实施管理和监测; 控排企业数量更少,覆盖排放量更大; 减少行业间和行业内的竞争扭曲
	低	高
准入门槛水平	更多的低成本减排机会; 减少低于和高于准入门槛企业间的碳泄 漏风险	较低的行政管理成本; 保护无力承担管理和交易成本的小型企业

2. 设定价格或排放上限

设计定价方案时必须认识到,碳价或排放上限通常不会是一个单一数字,而是一个轨
迹——在几年或几十年的时间内,价格上升或排放上限下降。例如,试图通过以相对较低的
价格起步来缓解经济转型,但允许价格随着时间的推移而增加以确保大幅减排。建模可以
用于估计最终的碳价格或建议适当的碳交易轨迹,也可以采用较长期的目标,如 2030 年或
2050 年排放目标。然而,由于经济和能源系统长期发展建模中的不确定性,从长期来看,碳
价格与排放水平之间的转换都是复杂的。

(1) 碳价格随时间的变化

由于碳价格从相对较低的水平开始,并随着时间的推移以可预测的方式上涨,整个经济
体发出的信号——未来几年持续排放的成本将越来越高——是明确的。因此,在建立碳价
格轨迹时,决策者需要平衡两个相互竞争的目标:最大化减排(通过更快的价格上涨来实现)
与缓和定价计划的短期经济效应(通过渐进的价格上涨来实现)。

此外,预期价格与实际价格之间往往存在差异,且这种差异在中长期仍持续存在。例
如,快速扩张的经济增长和碳排放量可能导致碳价出乎意料的连续数年居高不下。而经济
衰退或超过预期的可再生能源发展进度可导致很长时间内碳价持续走低。预见到这种情

---

①　市场准备伙伴计划(PMR),国际碳行动伙伴组织(ICAP).碳排放权交易实践手册:设计与实施[M].华盛顿:世
界银行,2021.

况,需要在最初的计划设计中包括一种调整机制,以最大限度地减少破坏性的、计划外的价格变动。具体方法主要有以下几种。

① 设置价格下限,目的是防止碳价格暴跌,确保清洁能源投资至少得到已知最低碳价格的支持。因此,在碳价达到最低限定值时,努力维持或提高碳价的实现方式包括设定拍卖底价,通过购买一定数量的配额为碳价提供支持,征收额外费用或清缴费用。

② 设置价格上限,目的是防止碳价格过高或上涨过快对经济造成破坏。因此,在碳价达到最高限定值时,努力维持或降低碳价的实现方式包括调整抵消信用的使用量限制,按预设价格限量出售来自配额储备体系的有限数量配额,设定硬性价格上限。

③ 设置价格走廊,将其作为应对低碳价和高碳价的调节机制。例如,澳大利亚碳排放交易体系起步时就经历了3年的固定价格期,之后是历时3年采用价格下限与上限(价格走廊)机制的浮动价格期。

④ 建立基于数量的机制,对于某一固定总量控制目标,数量触发型储备可应对外部冲击,其方式包括增加或减少储备体系中的配额以及释放配额进入市场,具体取决于设定的触发条件。例如,用于保留和发放配额但不设定特定价格区间的配额储存体系,其触发条件是配额的数量(包括配额盈余数量或配额储存数量)。

⑤ 将市场监管权下放给独立的碳管理机构或碳央行,采纳此类措施的目的在于对政策制定者进行约束和提升财政政策的长期公信力。

(2)抵消信用

抵消信用源自碳排放权交易体系未覆盖的排放源开展减排活动产生的减排量或增加碳封存量。抵消信用的使用允许被覆盖排放源的排放总量超过总量控制目标,但由于超出的排放量为抵消信用所抵消,因此总体排放结果不变。根据赋予减排量以信用效力的法规的规定,碳排放权交易体系允许用抵消信用代替配额完成履约义务。通过降低履约成本以及为碳排放权交易体系带来更多的支持方(如项目开发商),抵消信用可帮助碳交易市场履约主体实现更宏大的减排目标[①]。

虽然抵消信用已经被包括在大多数的限额与交易计划中,但存在拉低配额价格的可能性。成本控制的结果必然是降低配额价格,并由此降低被覆盖行业的减排动力。在欧盟碳排放交易体系中,来自清洁发展机制的低成本抵消信用拉低了配额价格,并造成配额供应过剩,因此政策制定者采取措施努力减少配额供应,以此保持体系内的配额稀缺性。引入稀缺性并将配额价格的影响降到最低的一个典型方法是对抵消信用的使用实行数量限制,其中最直接、最常用的数量限制是限制利用抵消信用进行履约的比例。例如,在韩国,每个履约实体仅可使用抵消信用履行最高10%的履约义务,不过此举往往涉及与改善减排成本之间的折中平衡。此外,预测抵消信用的成本和供应情况会具有挑战性,这些信息有助于确定数量限制水平,因此,一旦完成信息收集工作,数量限制标准需要被重新考虑。

中国是清洁发展机制下主要的抵消信用提供方,中国核证自愿减排量(CCER)是由中国国家发展改革委管理的国家抵消机制下产生的国内减排单位,作为碳交易市场在碳排放配额之外的另一个交易标的,CCER对碳交易市场和碳价格的影响是毋庸置疑的。

---

① 市场准备伙伴计划(PMR),国际碳行动伙伴组织(ICAP).碳排放权交易实践手册:设计与实施[M]. 华盛顿:世界银行,2021.

目前我国的 CCER 项目主要集中于新能源和可再生能源的利用,其中发展最活跃的是风电项目,新兴的生物质发电项目也在快速增长。但是从整体上看,CCER 项目还是局限于为数不多的几种类型,有待开发出更多可利用的项目种类充分发挥减排潜力,同时应明确市场准入条件,完善抵消流程,并加强风险防范。按照全国碳交易市场建设方案,CCER 将在市场稳定运行后作为一种基础交易产品。但从试点经验来看,当前的 CCER 市场尚不完备,主要交易方式为协商议价,缺乏基于市场规律的价格发现机制,交易价格与碳配额价格相比存在较大的差别,未来需进一步完善交易机制与定价标准。表 5-2 总结了各类市场调节途径的利与弊。

表 5-2　各类市场调节途径的利与弊①

市场调节途径	利	弊
放宽/收紧抵消信用的使用	相对易于实施,监管机构无须承担额外的财政负担;不影响全球市场的环境完整性(假设抵消机制的项目质量很高)	价格范围不能保证;影响控排行业或系统中的排放限额(如采用的是国际抵消信用);若未能准确预测,则可能引发突然的价格变动
拍卖底价("底价")	实施相对简单并且有助于降低投资的不确定性;即使在排放需求低于总量时仍可确保价格和政府收入为正值;可收紧总量,具体取决于是否将未售出的配额重新放回市场	若不存在拍卖需求,则不能保证市场最低价格
政府从市场采购配额,以此维持价格下限	相对易于实施;若配额不放回市场,则可能收紧排放总量	监管机构需承担额外的财政负担;预算可能不足以保证价格上限
额外费用	若费用不随价格波动而变动,则易于实施;为受费用制约的企业所面临的碳价提供硬性下限	若费用随价格变动而相应调整,则难以实施;若仅部分实施,则会抑制碳排放权交易体系的整体效率
配额储备(通过来自配额储备的有限供给提供软性价格上限)	提升价格的确定性,同时限制排放的不确定性(因为排放增加量不会超过从储备中释放的有限数量的排放单位);若储备中抵消信用或外部单位过多,则释放配额可能不会增加排放量	价格上限仅部分获得保障。此机制是构成市场操纵行为的潜在诱因
以固定价格提供无限量的供给来实现硬性价格上限	为市场参与者保障价格上限,相对易于实施	环境目标可能受到损害。此机制是构成市场操纵行为的潜在诱因
监管机构以固定总量提供买方/卖方期权	若期权被公平拍卖,监管机构无须承担额外的财政负担;若从有限储备中出售配额单位,则可维持排放量限额(或收紧总量)	价格范围仅部分获得保障;可能为监管机构带来更多复杂性和行政负担
价格走廊	相对易于实施;确保价格下限和上限	综合了使用价格上限与下限的弊端

---

① 市场准备伙伴计划(PMR),国际碳行动伙伴组织(ICAP).碳排放权交易实践手册:设计与实施[M].华盛顿:世界银行,2021.

续表

市场调节途径	利	弊
基于数量的机制	避免在价格设置合理水平的问题上引发政策纠纷	可增加政策的复杂性和不确定性
权限下放	可加强碳排放权交易体系与其他能源和气候政策的兼容性,发现与国际市场之间的相互作用,赋予灵活性,以平衡和确保目标与配额价格相匹配	可能在政治上具有挑战性且缺乏民主与合法性

3. 报告和核实

履约与执行机制的缺失可能危及碳价格体系的环境完整性与其市场基本功能的发挥,因此必须采用严格的市场报告与核实制度来约束碳价格体系,关键是确保碳排放权交易体系涵盖的排放量能够得到精确测量与持续报告,从而确保市场运行效率的同时增强市场参与者之间的信任。上游方法包括报告化石燃料的生产和进口,并将燃料报告数据转换为二氧化碳当量。同样,下游或中间方法意味着报告必须准确地将排放量与责任实体联系起来。不同行业使用不同的标准开展排放,但默认排放因子通常被广泛采用,在维持低成本的同时可产生公正的排放估算量。报告必须具有透明性,并以已收集的现有数据为基础,数据涵盖能源生产、燃料特性、能源利用方式、产品产量和交通运输。

此外,为降低履约成本,控排企业可能漏报或少报其总排放量。在某些情形下,为获得更多免费配额,控排企业也可能超报其总排放量,从而催生巨大的价格变动和不确定性。有鉴于此,报告的可靠性至关重要。核查是指由独立的机构审查排放报告,其中可用数据评估报告中的信息是基于可获取数据的恰当排放量估算所得。监管机构可采用三种不同类型的质量保证机制,包括自我认证、项目管理方审查和第三方核查。无论选择何种质量保证机制,监管机构与控排企业的管理费用、监管机构与核查机构的能力、对司法管辖区内其他政府规章制度的履约情况以及排放量化的可能性与数值都应被纳入考虑范围之内。实践中,许多司法管辖区使用前述质量保证机制中的两类或三类。若已建立强有力的法规合规机制,则倚赖自我认证和监管机构现场检查实现质量保证具有可行性。然而,多数碳排放交易体系都要求采纳第三方核查机制,该机制能够针对报告数据的质量提供更高水平的信心。因此,在设计碳定价方案时,决策者必须确定如何建立一套准确可靠的报告和核查系统,同时尽可能减少行政和监管负担。

4. 补充政策

碳价格可以成为广泛气候政策的一个关键因素,因为它在整个经济中提供了鼓励向低碳能源和产品转变的重要信号。然而,可能需要额外的计划和政策为未来几十年内深度温室气体减排提供成本效益路径。

(1)解决项目范围之外的排放和来源

碳定价计划不太可能解决所有温室气体的排放源,因为某些排放过于分散或难以衡量,使其无法在不加重管理负担的情况下纳入计划。为了在整个经济中减少温室气体的排放,可以采取其他措施鼓励或要求减少碳价未涵盖来源的排放,主要包括允许将减排活动计入信用的抵消计划、直接监管、研发投资或激励计划。

（2）能源效率

能源效率存在许多有据可查的市场障碍，例如，建筑业主和租户之间的分散激励、前期成本和信息缺乏，这些都阻碍了实现全面成本效益的机会。采用碳价格将加强市场信号，并为提高能效提供激励，但不会消除市场障碍。因此，即使有了碳定价体系，目前仍可能需要提供许多效率激励的计划。事实上，随着时间的推移，碳收入可以提供大量额外资金来支持或扩大此类计划。例如，在 RGGI 运营的前三年，RGGI 为参与州的经济增加了 16 亿美元的净现值，这在很大程度上要归功于将拍卖收入用于能效项目。

（3）法规和标准

市场机制，如限额与交易计划，通常被认为在实现减排方面比传统的法规和标准更具成本效益，前提是相关市场（特别是能源效率和创新市场）的运作接近于竞争理想。对将碳价格视为实现其他政策目标手段的决策者来说，避免此类法规和标准可能被视为实施碳价格的目标。

然而，在某些情况下，碳价格在减少温室气体排放方面可能不如替代政策有效。市场并不完美，在某些情况下价格也不会有效。例如，即使在整个美国经济中统一应用低碳价格，也可能出现电力行业的大幅削减，因为电力行业有大量的低成本机会，但需要更高的碳价格才能对交通行业产生有意义的影响。相对较低的车辆周转率减缓了汽车技术变化导致减排的速度，从汽油和柴油转向低碳燃料需要改变车辆和燃料基础设施。鉴于汽车技术、燃料基础设施和购买模式在短期内对碳价格反应不大，将碳价格与持续强劲的汽车和替代燃料标准相结合，可能是更有效的中期减排方法，同时还能减少对石油进口的依赖。

同样，电力部门对碳价格的主要短期反应可能是增加天然气的使用。这可以为未来十年提供显著的减排，但如果希望在中长期内实现更大幅度的减排，则需要继续转向使用零排放源和近零排放源，如可再生能源、核电、煤炭以及碳捕捉和封存。通过标准和其他政策对这些技术的持续支持可能是实现中长期减排的一种手段。

（4）投资于使能技术

许多减排机会依赖于其他技术，而这些技术不太可能受到碳价的刺激，因为同样的市场壁垒阻碍了能效投资。例如，国家电网的技术升级将提高分布式发电资源（包括可再生能源）的电力贡献。碳价格本身不太可能为电网投资提供足够的激励，因为增加分布式发电所带来的好处往往不会惠及电网投资方。对基础设施和使能技术的公共投资可能在整个经济中释放巨大的减排机会。

延伸阅读　韩国地区碳定价机制的国际经验及对我国的启示①

　**课程思政**

碳资产定价对于我国将生态优势转化为经济优势有何重要作用？

---

　① 刘婵婵,邹雪,毛丽莉.亚洲地区碳定价机制发展的国际经验及对我国的启示[J].武汉金融,2022(2):8-15.

习 题

1. 简要说明碳资产定价的主要特点。
2. 简要说明碳资产定价在绿色经营管理决策中的地位和作用。
3. 碳金融资产定价的主要影响因素有哪些？
4. 简要说明碳资产定价的关键设计特征。
5. 结合国内试点碳交易市场的经验以及我国碳交易市场发展现状，简述我国碳交易市场形成有效价格信号面临的挑战。

第6章

碳资产定价的理论与方法

【内容提要】

　　介绍碳资产的价值构成理论、经典金融资产定价理论、碳资产定价理论,以及碳资产定价的主要方法。

【教学目的】

　　要求学生理解碳资产定价需要遵循的一般金融资产定价方法,掌握碳资产定价理论,了解如何进行碳现货、碳期货和碳期权价格预测。

【教学重点】

　　碳资产定价的主要方法;满足现阶段中国减排与经济发展需要的碳价分析框架。

【教学难点】

　　对碳资产定价主要方法的理解。

　　作为碳金融市场的核心,有效的碳资产定价理论与方法将推动碳金融市场机制的成熟和完善以及市场效率的提升,更好地服务于碳减排的落实。碳金融资产定价研究不仅需要遵循一般金融资产的基本定价方法,还要反映碳价特殊的驱动特征,特别是随着全球金融联动的增强,碳金融市场已经成为全球金融资本投资套利和套期保值的重要平台,碳价更容易受到国际政治、谈判、环境政策、大国博弈以及碳配额信息等因素的影响。过去五年,全球碳定价工具得到了较大发展,尽管一些地区的碳价格创下历史新高,但大多数地区的碳价格仍远低于实现《巴黎协定》温度目标所需的水平。而随着司法管辖区制定并实施越来越严格的气候目标,如何适配其所在的环境,建立有效的碳价格形成机制,确保碳减排目标得以实现已成为一个越来越普遍的议题。因此,在国际碳排放权交易机制推进缓慢的背景下,研究碳资产定价的理论与方法,以及在特殊市场效率背景下的价格决定机制等,将为碳资产交易机制的完善和价格机制的创新等提供参考。

6.1 碳资产的价值构成理论

碳资产价值构成属于金融资产价值构成,因而遵循金融资产的价值构成理论。基础金融资产的价值就是金融资产在未来能够为其所有者带来的收入流的资本化价值。金融资产价值构成理论主要有劳动价值论、边际效用价值论和均衡价值论[①]。

6.1.1 劳动价值论

劳动价值论是关于价值是一种凝结在商品中的无差别的人类劳动,即抽象劳动所创造的理论。马克思指出:"形成价值实体的劳动是相同的人类劳动力,是同一的人类劳动力的耗费。"劳动作为价值的源泉,体现了人作为劳动力被用于创造物质财富,也体现了人们为了得到使用价值而付出的代价。该理论认为资产的价值由凝聚在资产中的物化劳动和活劳动决定,同时需要考虑技术水平的动态变化给资产造成的技术性贬值对资产定价产生的影响。该理论坚持客观价值论,即价值的客观实在性。其客观实在性主要体现在:第一,商品的价值是不以人的意志为转移的,商品价值体现的是人类利用自身劳动力来获取具有实用价值的物质财富,是不以人的意志为转移的;第二,商品的价值是不以时空的变换而变化的,马克思认为商品的价值是客观存在的,不会出现同种商品因时间、地点的改变而发生改变,这种客观存在的特性是社会的历史存在而非天然存在,属于商品的社会属性;第三,商品的价值不会因为其自身存在形式的改变而改变。商品价值的客观实在性通过商品的社会价值的变化而表现出来,然而商品的社会价值是相对个别价值而言的,由社会的必要劳动时间决定的商品价值是构成商品市场价格的基础。从长远来看,商品的市场价格应该与商品的价值相等。

碳排放额的减少要经过技术创新、改进等努力,而要实现技术创新和改进,人类必须付出劳动,而且要付出复杂劳动,从这样的意义上说,碳排放额是劳动产品,若用于交换则具备了商品的属性。所以,所谓碳交易,表象是交换的碳排放额度,实际交换的是凝结在碳排放额度中的碳减排技术和为获得这种技术人类付出的复杂的抽象劳动。碳资产具有使用价值和价值,使用价值是用于生产中的碳减排活动,价值是凝结在碳配额中的人类活动,那么碳排放配额的价格就只能围绕其价值波动。但由于碳交易市场发育不完善和各国经济发展水平的差异,完全依赖市场定价无法实现,较为合理的定价机制是在尊重市场机制作用的基础上,发挥政府的调控作用,实行政府作用与市场机制作用相结合。

6.1.2 边际效用价值论

效用价值论认为,价值是物品满足人的欲望的能力或者人对物品效用的主观心理评价。该理论侧重从资产需求者的主观心理出发,将资产未来时期的收益流按一定的折现率折算成现值来表示资产的收益给需求者带来的效用,给资产需求者带来的效用越大,则该资产的价值越大。该理论与劳动价值论相对立,自 19 世纪 70 年代后主要表现为边际效用论。依

---

① 杨星,蒋金良,杨瑛.碳资产定价技术与方法[M].广州:华南理工大学出版社,2015.

照边际效用递减规律,在其他条件不变的基础上,对某一商品消费数量的增加伴随着消费者效用增加量的减少。因此,边际效用价值论的价值尺度是指某物品一系列递减的效用中最后一个单位所具有的效用,即最小效用。由于边际效用价值论无法精确地描述碳配额对于企业的效用,因而现阶段学者们针对碳交易市场的研究主要是基于边际成本理论,控排主体边际减排成本的差异是碳交易市场运行的基础。

6.1.3　均衡价值论

均衡价值论认为,资产的定价需要考虑市场供求的影响,资产的价值是由市场需求和市场供给共同决定的。市场的供需决定商品的价值,该理论试图将价值问题绕开该商品的生产过程,变成一个人们感觉上或者流通领域的问题。该理论属于主观价值论,主要表现在:从商品的需求价格看,均衡价值论认为商品的边际效用是由商品能够满足人们欲望的程度来体现的,然而这一满足的程度是不能直接测量的,因此均衡价值论间接地选择商品购买者愿意支付的最后的货币数量来衡量。随着商品数量的增加,购买者愿意支付的最后单位商品的货币数量是递减的,即边际效用递减规律。从商品的供求价格看,均衡价值论选择边际生产费用来衡量供给价格的变化,并认为资本收入的利息是对节欲或者暂缓消费的补偿,而劳动收入是生产者在劳动过程中心理上的厌恶或者反感的补偿。总而言之,均衡价值论在供给价格上将成本费用看作努力与牺牲,实际上是认为商品价值的供给价格也是由主观因素决定的,所以均衡价值理论属于主观价值论。在碳交易市场中,整体市场的配额供给量是确定的,需求则根据控排企业与投资者的需求而变动。

6.2　经典金融资产定价理论

根据金融资产定价中投资者面临不确定性决策的预期假设差异,将金融资产定价理论分为投资者理性预期和有限理性预期两类。其中,理性预期下的资产定价理论基础是有效市场假设,相关定价模型聚焦从金融资产的收益和方差属性视角研究资产溢价的影响机制。随着研究假设的放宽,考虑到市场信息分布的非对称性以及投资者对待风险偏好的变化,以投资者有限理性假设为基础的前景理论用于解决不确定环境下的决策问题,相关资产定价模型聚焦偏度和峰度属性视角解释金融资产的溢价问题[①]。

6.2.1　基于理性预期的有效市场假说

有效市场假说是不确定环境下基于投资者理性预期的金融资产定价研究的基石,由尤金·法玛(Eugene Fama)于1970年深化并提出,其认为在法律健全、功能良好、透明度高、竞争充分的股票市场,一切有价值的信息已经及时、准确、充分地反映在股价走势当中,其中包括企业当前和未来的价值,除非存在市场操纵,否则投资者不可能通过分析以往价格获得高于市场平均水平的超额利润。根据市场信息对资产价格反映程度的不同,有效市场假说可划分为三种形态。

---

① 云坡.考虑高阶矩属性风险传染的碳金融资产定价研究[D].合肥:合肥工业大学,2020.

（1）弱式有效市场假说，表示资产价格能够反映所有已经披露的证券资产历史信息，未来消息呈随机性，即好、坏信息是相伴而来的，所以，利用以过去价量为基础的技术分析手段去获利已失去作用，但通过基本分析还可能获得超额利润。

（2）半强式有效市场假说，表示资产价格能够反映所有已公开的市场信息，因此借助公开的财务报表、经济情况及政治情势等公开信息进行资产估值难以获得超额收益，而内幕消息的掌握则可以。

（3）强式有效市场假说，表示资产价格能够反映市场上已经公开和未公开的所有证券资产信息，任何牟取超额利润的手段（包括拥有内幕消息）都将失效。

有效市场假说本质上意味着"天下没有免费的午餐"。作为传统金融资产定价理论的出发点，有效市场假说有两个核心假设内容：一是证券价格反映全部信息并迅速调整到位，价格呈随机走势。二是所有投资者都是完全理性且追求最大利润。事实上，有效市场假说只是分析资产定价理论的假设框架，现实中证券价格并非都能反映出市场信息，投资者也并非完全理性，对信息的理解和分析也会产生认知偏差和认知误区。尽管如此，在现代主流金融市场理论基本框架中，该假说依然占据重要地位。

6.2.2 基于理性预期的资产定价理论

1. 投资组合理论

投资组合理论是基于多元化投资组合，以分散投资风险，提高投资效率为目的的资产管理理论，组合资产数量越多，非系统性风险分散程度越大。1952年，美国经济学家马科维茨（Markowitz）发表论文《资产组合的选择》，标志现代投资组合理论的开端，他利用"均值—方差组合模型"分析得出投资组合的有效选择可以有效降低非系统性风险的结论。

根据马科维茨投资组合理论，基于风险规避偏好的理性投资人追求既定风险下预期收益最高，或既定预期收益下风险最小化的投资组合。而由各有效投资组合的期望收益和标准差对应的点连接而成的曲线称为有效边界，也就是决策所需考虑的机会集，有了投资者的有效边界再结合投资者效用分析中下凸的无差异曲线，即投资决策中的偏好函数，最优投资组合就能够被确定为这两条曲线的切点。假定投资者面临 n 种证券资产投资组合的选择，则有效投资边界取决于以下二次线性规划。

目标函数：

$$\begin{cases} E(R_P) = \sum_{i=1}^{n} w_i E(R_i) \\ \min\sigma^2(R_P) = \sum\sum w_i w_j \mathrm{Cov}(R_i, R_j) = \sum_{i=1}^{n}\sum_{j=1}^{n} w_i w_j \sigma_i \sigma_j \rho_{ij} \end{cases} \tag{6-1}$$

限制条件：$\sum w_i = 1$（允许卖空）或者 $\sum w_i = 1, w_i \geqslant 0$（不允许卖空）。

对于包含 A、B 两项资产的投资组合：

$$\begin{cases} E(R_P) = w_A E(R_A) + (1 - w_A) E(R_B) \\ \min\sigma^2(R_P) = w_A^2 \sigma_A^2 + w_B^2 \sigma_B^2 + 2 w_A w_B \sigma_A \sigma_B \rho_{AB} \end{cases} \tag{6-2}$$

其中，R_P 为证券投资组合的收益；R_i 为第 i 个证券资产的收益；$\sigma^2(R_P)$ 为证券投资组合的方差（即投资组合的总风险）；w_i、w_j，σ_i、σ_j 分别是证券投资组合中 i、j 个证券资产的投资权重、标准差;$Cov(R_i,R_j)$和ρ_{ij}分别表示i、j两资产之间的协方差和相关系数。公式(6-1)显示投资组合的方差与各有价证券的方差、权重以及证券间的协方差有关,并且协方差与有价证券的相关系数成正比,相关系数越小,其协方差就越小,投资组合的总体风险也就越小。因此,选择相关度较低或是不相关的证券资产是构建有效投资组合的重要策略。

马科维茨投资组合模型本质上是投资者在一定的期望收益水平上,通过确定投资组合中各资产的投资权重来实现其投资组合的总风险最小。在不同的期望收益下就会存在不同的最小方差组合,由于各投资者的预期收益是根据各自的风险偏好来预期的,所以不同的投资者就会对投资组合的收益有不同的预期,因此就会存在不同的最小方差组合,构成了最小方差集合。

基于均值方差二元框架下的马科维茨投资组合模型为量化风险与收益的关系,为确定最佳投资组合提供了分析基础,但该模型需要对所有组合资产计算协方差矩阵,当组合资产数量较多时,计算过程过于复杂,且数据误差带来的解的不可靠性以及解的不稳定性,使得马科维茨投资组合模型的运用受到很大限制。1963年,威廉·夏普(William Sharpe)提出夏普单指数模型,该模型在计算过程中对协方差矩阵进行了简化计算,推动了投资组合理论的实际应用。夏普单指数模型将证券资产风险分为系统性风险和非系统性风险,单指数(因素)对非系统风险不产生影响,并且资产之间不存在非系统性风险间的传染,从而将影响有价证券回报率的指数(因素)聚焦在共同的系统性风险上,即$Cov(R_m,\varepsilon_i)=0$,$Cov(\varepsilon_i,\varepsilon_j)=0$。

假设某有价证券收益率与股价指数收益率(众多资产组合)的关系如下:

$$R_i-R_f=A_i+\beta_i(R_m-R_f)+\varepsilon_i \tag{6-3}$$

当投资者进行组合投资时,可以建立类似于马科维茨投资组合模型计算的有效投资边界,该二次线性规划为

$$\mathrm{s.\,t.}\begin{cases}\displaystyle\sum_{i=1}^{n}w_iR_i+\beta_pR_m=R_P\\[2mm]\displaystyle\sum_{i=1}^{n}w_i=1\\[2mm]\displaystyle\sum_{i=1}^{n}w_i\beta_i=\beta_p\end{cases} \tag{6-4}$$

且目标函数为

$$\min\sigma^2(R_P)=\left(\sum w_i\beta_i\right)^2\sigma^2(R_m)+\sigma^2\sigma^2(\varepsilon_i)$$

其中,R_f,R_m分别表示无风险资产收益率(或无风险利率,通常以短期国债的利率来近似替代)和市场指数收益率;β_i,β_p分别表示资产i和资产组合的系统性风险系数;A_i为截距,它反映市场收益率为0时,证券i的收益率大小,与上市公司本身基本面有关,与市场整体波动无关,因此A_i值是相对固定的;ε_i为实际收益率与估算值之间的残差。

总体而言,投资组合理论基于"均值-方差"模型框架研究最优投资规划问题,该理论中投资组合的方差并非组合中各证券资产方差的简单加权线性组合,而是很大程度上取决于证券资产间的相关性。投资组合理论为现实中投资人的多元化投资、基于风险分析的证券资产筛选等提供了分析框架。

2. 资本资产定价模型

在马科维茨投资组合理论的基础上,1964年,威廉·夏普、约翰·林特纳(John

Lintner)、杰克·特雷诺(Jack Treynor)和简·莫森(Jan Mossin)等人对金融资产的预期收益率与资产风险之间的数量关系,以及证券资产均衡价格的形成机制进行深入研究,并提出了资本资产定价模型(CAPM)。马科维茨投资组合模型是基于个人投资者的视角提供了资产组合的分析框架,而资本资产定价模型是从市场代表性投资者的角度确定了有效投资组合边界上,处于均衡状态的资产组合收益。CAPM 假定投资者都按照马科维茨的投资组合理论进行投资决策,将研究重点聚焦在资产预期收益与风险报酬系数的关系上,建立基于风险承担与预期回报的简单线性关系,即为了补偿某一特定程度的风险,投资者应该获得多少的报酬率,并提出以下一系列附加假设条件。

(1) 存在无风险资产,所有投资者都可以无风险利率、无限制地借入或贷出资金。

(2) 所有投资者都追求单期财富的期望效用最大化,在单期内,所有投资者拥有相同的市场预期,即对投资资产的预期收益率、方差及各证券之间的协方差等,投资者均有完全相同的预期,因此市场上的有效边界只有一条。

(3) 资本市场不存在通货膨胀或者通货紧缩,资本市场的折现率不变,并且交易成本、佣金以及税收是可以忽略不计的。

(4) 所有投资者均为价格接受者,即任何投资者的买卖行为都不会对证券市场价格产生影响。

(5) 资产数量之总和固定,所有资产均可被无限制地细分。

基于以上假设,经典的 CAPM 界定为

$$E(R_i) = R_f + \beta_i \left[E(R_m) - R_f \right] \tag{6-5}$$

$$\beta_i = \frac{\sigma_{im}}{\sigma_m^2} \tag{6-6}$$

其中,$E(R_i)$ 为资产 i 的预期收益率;R_f 为无风险收益率;β_i 为资产 i 的系统性风险系数;$E(R_m)$ 为市场组合 m 的预期市场收益率;$E(R_m) - R_f$ 是预期市场收益率与无风险收益率之差,即市场风险溢价;σ_{im} 为资产 i 与市场组合 m 的协方差;σ_m^2 为市场组合收益的方差。

由 CAPM 模型可知:投资人获得的期望收益和承担的市场风险之间的关系可通过资本市场线和证券市场线进行解释(图 6-1)。其中,资本市场线(capital market line,CML)是在马科维茨投资组合框架下,假设资本市场上存在无风险资产并允许风险资产卖空的前提下,以简单线性关系描述组合资产期望收益和标准差间均衡的一条射线。资本市场线的有效投资边界是有效投资组合下所有风险与收益对应的均衡点集合,脱离这一均衡,投资组合就处于 CML 之外,这时要么风险对应的报酬较高,造成该证券价格的上涨,从而吸引更多投资者的涌入,最终报酬会下降并回归到均衡状态;要么会造成风险的报酬偏低,投资者将大量抛售这一证券资产,证券资产价格的下跌使得持有这一证券的报酬上升,并逐渐回归到均衡状态。而证券市场线(security market line,SML)实质上是资本资产定价模型的线性表示,它主要用来说明投资组合报酬率与系统风险 β 系数之间的关系,以及市场上所有风险性资产的均衡期望收益率与风险之间的关系。任意证券或组合的期望收益率由两部分构成:一部分是无风险利率 R_f,它是由时间创造的,是对放弃即期消费的补偿;另一部分 $\beta_i \left[E(R_m) - R_f \right]$ 是对承担风险的补偿,称为"风险溢价",它与承担的系统风险 β 系数的大小成正比,β 值代表了对单位风险的补偿,通常称为风险的价格。事实上,证券市场线描绘的是证券资产自身的风险与收益之间的关系,既包括有效投资组合也包括非有效投资组合;资本市场线表示的是风险资产和无风险资产构成的有效投资组合期望收益与总风险间的关系。因此资本市场线上的点就是均衡的有效投资组合,而证券市场线揭示了任意证券或资产组合(包括有效投资组合和无效投资组合)的收益风险关系,这样证券市场线与资本市场线不一定会重合。

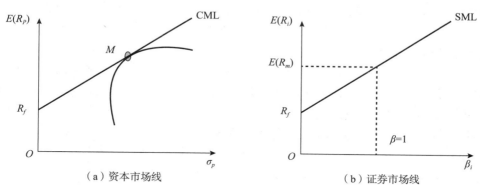

图 6-1 马科维茨投资组合框架下资本市场线(CML)和证券市场线(SML)

CAPM 并不是一个完美的定价模型,但是该模型给出了一个衡量资产风险大小的思路,让投资者根据自己的风险偏好在风险和收益之间做抉择。资本资产定价模型最大的优点就是简单明确,在该定价模型中主要由无风险利率、风险以及风险的价格三种因素决定着风险资产的价格,同时该定价模型在实际操作中也被广泛接受。资本资产定价模型给出了一个很简单的结论,即投资者只有投资于高风险的证券资产才可能获得高收益。

CAPM 模型是建立在一系列严格假设基础上的市场均衡模型,因此并不能充分解释资产收益率,而是存在其他因素对资产收益率造成影响。在此基础上,一些学者通过放松一些假设,得到了 CAPM 的扩展形式。如布莱克(Black,1972)发展了无风险资产借入受到限制条件下的期望收益率——β 均衡关系式,即零 β CAPM。默顿(Merton,1969,1972,1973)将 CAPM 模型扩展到动态环境中,构建了一个连续时间的投资组合与资产定价的理论框架,提出了一个跨期 CAPM(ICAPM)。在跨期环境下,布里登(Breeden,1979)用消费变量来描述与状态变量相关的随机因素,建立了一个由单一 β 值来定价的基于消费的资本资产定价模型(CCAPM)。由于传统的金融定价理论并没有考虑市场中的虚假或者误判信息,即噪声交易者风险,基于此,谢弗林(Shefrin)和斯特曼(Statman)于 1994 年提出了行为资本资产定价模型(BAPM)。

基于资本资产定价模式,碳配额预期收益率应该等于无风险收益率与风险溢价之和。然而由于碳配额对减排政策的显性依赖和风险的异质性,碳资产的风险难以确定[①]。

3. 套利定价模型

由于资本资产定价理论的假设条件严重偏离了现实运作的资本市场,并且资本资产定价模型中研究的系统风险并没有具体化,斯蒂芬·罗斯(Stephen Ross)在 1976 年提出套利定价理论(arbitrage pricing theory,APT),从证券资产收益率的形成因素出发,对资本资产

---

① 高翠云.减排和经济结构调整条件下的中国碳定价问题研究[D].长春:吉林大学,2018.

的定价进行了拓展。套利定价理论是以收益率形成过程的多因子模型为基础,基于 3 个基本假设(因素模型能描述证券收益、市场上有足够的证券来分散风险、完善的证券市场不允许任何套利机会存在)来研究市场均衡状态下资本资产定价的一种替代方法。该理论认为金融资产的预期收益可以模拟为各种因素(如国内生产总值、市场利率、汇率以及通货膨胀)或理论市场指数的线性函数,对每个因素变化的敏感性则会透过因子特定的 β 系数来表达。透过此模型导出的收益率将用于资产的正确定价,即资产价格应等于以模型隐含的利率贴现的预期期末价格。如果价格出现分歧,套利应该使其恢复正常。

套利是指市场上风险程度相同的资产价格存在差异,投资者在不冒任何风险或者较小风险的情况下通过低买高卖就可以赚到大于零的收益,也就是说投资者可以获取无风险套利收益。套利行为是现代有效率市场(即市场均衡价格)形成的一个决定因素。如果市场未达到均衡状态的话,市场上就会存在无风险套利机会。套利定价理论实际上是与套利交易无关的,该模型的基础就是每项资产的价格受多种因素的综合作用,而 CAPM 模型预测所有证券的收益率都与唯一的公共因子(市场证券组合)的收益率存在着线性关系。

基于以上分析,罗斯以多因素模型为基础,假设证券资产的收益率会收到 k 个因素的影响,则 APT 的多因素定价模型表示为

$$R_i = \alpha_i + \beta_{i1}F_1 + \beta_{i2}F_2 + \cdots + \beta_{ik}F_k + \varepsilon_i = \alpha_i + \sum_{k=1}^{k}\beta_{ik}F_k + \varepsilon_i \tag{6-7}$$

其中,R_i 表示证券资产 i 的收益率;α_i 表示在所有风险影响因素为 0 的条件下,证券资产 i 的收益率;β_{ik} 表示证券资产 i 的收益率对因素 k 的敏感度;$F_1,F_2,\cdots,F_k$ 表示影响证券资产收益率的 k 个因素。通过对 CAPM 中风险报酬系数无法解释的定价因素进行分析,法玛(Fama)和弗兰奇(French)于 1993 年提出经典的三因素定价模型,即在 CAPM 度量风险溢价基础上,进一步考虑市场组合的风险溢价 $E(R_m)-R_f$,小市值投资组合与大市值投资组合回报率之差,即市值因子 SMB,以及高账面市值比投资组合与低账面市值比投资组合回报率之差,即账面市值比因子 HML 三因素对金融资产价格的解释能力。基于此,三因素定价模型表示为

$$E(R_i) - R_f = \beta_i[E(R_m)-R_f] + s_iE(\text{SMB}) + h_iE(\text{HML}) \tag{6-8}$$

其中,s_i 表示证券资产 i 的市值因子系数,h_i 表示证券资产 i 的账面市值比因子系数。

虽然三因素定价模型可以解释因公司规模、账面市值比不同而产生的收益率差异,但该模型存在一定的缺陷,市场中的某些异常现象还无法完全用这一模型解释。因此,卡哈特(Carhart,1997)在法玛和弗兰奇的三因子模型基础上加入动量趋势项定价因子,继而构建四因子模型,模型中新加入的动量因素能对金融市场"趋势效应"提供解释。即

$$E(R_i) - R_f = \alpha_i + \beta_{i,\text{MKT}}\text{MKT} + \beta_{i,\text{SMB}}\text{SMB} + \beta_{i,\text{HML}}\text{HML} + \beta_{i,\text{UMD}}\text{UMD} + \varepsilon_i \tag{6-9}$$

其中,MKT 表示市场风险溢价,由 $E(R_m)-R_f$ 计算而来;UMD 表示动量效应,即高收益股票与低收益股票的收益率之差;其他变量含义同上。

四因素模型中的四个因素回归系数 $\beta_{i,\text{MKT}}$、$\beta_{i,\text{SMB}}$、$\beta_{i,\text{HML}}$、$\beta_{i,\text{UMD}}$ 在实证分析中至关重要。它们的大小揭示了金融资产绩效的归属情况,能够对投资超额收益的来源进行细分。它们的正负反映了四种基本的投资策略,即投资于高风险性或低风险性的股票,投资于大盘股或中小盘股,投资于价值型股票或成长型股票,投资于动量收益股票或反转收益股票。

与采用 CAPM 模型定价面临的问题相同,将 APT 模型应用于碳定价较困难。主要是

由于在该模型中,碳配额的预期收益率等于无风险收益率与不同因素的风险溢价之和,而碳价影响因素包括经济基本面、信用风险与操作风险等各类因素,实际中对这些风险因素的敏感度较难测度。

4. 基于投资者有限理性的前景理论

以有效投资组合和资本资产定价模型为代表的传统金融资产定价理论建立在有效市场假设的前提下,并以投资者完全理性和预期效用最大化的假设开展决策。然而,金融市场中投资者存在一定认知限制和认知偏差,对市场上新信息的掌握和理解也存在差异,据此制定的带有主观偏差的投资决策很难符合完全理性的投资预期,难以满足效用的最大化。因此,在市场非完全有效的前提下,投资者并非完全理性而是有限理性,完全理性预期下的效用最大化投资原则便不具有适用性。从人的心理特质和行为特征非理性因素出发,1979 年,丹尼尔·卡内曼(Daniel Kahneman)和阿莫斯·特沃斯基(Amos Tversky)提出新的关于风险决策的前景理论(prospect theory)。前景理论认为,金融资产价格不仅取决于资产的内在价值,很大程度上还受到投资者决策心理和行为的影响。因此,前景理论聚焦投资者有限理性环境下的不确定决策问题,研究的是面对多个决策选项时,有限理性的投资者如何评估并确定最优的决策选项。

有别于完全理性投资下的传统金融资产定价理论,卡内曼和特沃斯基将人们的决策过程分为编辑和评价两个阶段:在编辑阶段,决策者将决策的各种可能结果编辑为相对于某个参照点的收益或损失,根据决策者的决策风格和主观态度,参照点的选择有多种标准,如零点、中位数、正负理想点等;在评价阶段,决策者依据价值函数对收益和损失进行主观评价,并依据决策权重函数测度主观概率风险。其中,价值函数评价的是不确定决策结果对有限理性投资者造成的主观价值大小,具体形式如式(6-10)所示;而权重函数是不确定决策结果产生概率的函数,衡量的是每个结果对其所在选项的影响,而不只是该结果发生的可能性,从而对应备选投资决策中 m 个亏损的投资结果和 n 个盈利的投资结果,其具体形式如式(6-11)所示。

$$v(x_i) = \begin{cases} (x_i - x_0)^\alpha & (x_i \geqslant x_0) \\ -\lambda(x_0 - x_i)^\beta & (x_i < x_0) \end{cases} \tag{6-10}$$

$$\pi(x_i) = \begin{cases} w^+\left(\sum_i^n p_i\right) - w^+\left(\sum_{i+1}^n p_i\right) & (0 \leqslant i \leqslant n) \\ w^-\left(\sum_{-m}^i p_i\right) - w^-\left(\sum_{-m}^{i-1} p_i\right) & (-m \leqslant i \leqslant 0) \end{cases} \tag{6-11}$$

且

$$w^+(p_i) = \frac{p_i^\tau}{[p_i^\tau + (1-p_i)^\tau]^{1/\tau}}; \quad w^-(p_i) = \frac{p_i^\delta}{[p_i^\delta + (1-p_i)^\delta]^{1/\delta}}$$

其中,$v(x_i)$表示价值函数;$\pi(x_i)$表示决策权重函数;x_0表示参照点;x_i表示备选事件可能的收益(当 x_i 不小于 x_0 时,它是相对于参照点的收益;而当 x_i 小于 x_0 时,它是相对于参照点的损失)。α 和 β 分别代表了决策者对收益和损失的敏感程度,且 $\alpha,\beta \in [0,1]$,值越大代表决策者越敏感且越倾向于冒险。λ 为风险规避系数,$\lambda>1$ 时,表明决策者相较于收益对损失更加敏感。p_i 表示 x_i 发生的概率;$w^+(p_i)$为收益时的决策权重,$w^-(p_i)$为损失时的决策权重,且决策权重函数呈倒"S"形;τ,δ反映了对概率的非线性感知,当 $\tau<1(\delta<$

1)时,人们倾向于高估低概率事件,并低估高概率事件,$\tau,\delta(\tau,\delta\in[0,1])$越小,函数形态越弯曲。

根据前景理论,备选事件决策价值可以表示为

$$V(x_i) = \sum_{i=-m}^{n} \pi(x_i)v(x_i) \qquad (6\text{-}12)$$

然后比较各个前景的 $V(x_i)$ 值,选出最高 $V(x_i)$ 的前景。

前景理论是一个描述性理论,揭示了有限理性的人在风险决策过程中的心理和行为机制,更加真实地反映了不确定条件下人们的决策特征和规律。但和规范性模型(具有严格数学推导的模型)相比,前景理论缺乏严格的理论和数学推导,只能对人们的行为进行描述,因此应用范围方面还有待拓展。

6.3 碳资产定价理论

碳资产定价是研究碳资产价格形成过程中,受市场各方力量和各种影响因素动态冲击前提下,碳资产价格向市场价值的动态收敛过程。碳资产具备金融资产的基本特征,其定价理论和框架遵循金融资产定价的一般性规律,金融资产定价理论为碳金融资产的定价研究提供了基础理论支撑。而碳金融资产又因其特殊的市场效率状况,以及价格的特殊波动特征,具有不同的定价理论支撑[①]。

6.3.1 基于有限理性的碳金融市场效率理论

通过验证金融资产收益序列是否遵循随机游走过程来判断金融市场有效性,是有效市场假说下研究资产定价问题的基本前提。作为新兴的金融市场形态,碳金融资产的价格特征和定价机理也逐渐突破传统有效市场假说的限制。首先,碳金融资产价格并非遵循随机游走的趋势特征,碳价并非完全反映历史价格信息,并且具有明显的异方差和波动集聚现象,非线性特征比较明显。其次,对碳价的长记忆性特征进行分析发现,碳金融资产价格尤其是新兴试点市场的碳金融资产价格噪声较大,收益序列较为随机,收益尾部并非呈现完美假设下的独立同分布现象,长记忆性并不明显。最后,基于市场分形的研究认为,投资者的有限理性而非完全理性,使得不同投资者对碳金融市场信息的反应和认知存在差异,如碳金融市场呈现的投资者羊群效应行为,实质上是信息不对称的一种表征。因此,碳金融资产价格并未反映出所有的价值变动信息,价格变化并非完全独立,收益序列更多表现出"尖峰厚尾"特征,遵循有偏的随机游走。

总体而言,无论是国际上交易机制相对完善的欧盟碳金融市场还是新兴发展中国家的试点碳交易市场,其市场效率均未达到有效市场要求的完全有效状态。碳金融资产价格除了受到市场基本面因素影响,还受到诸如国际谈判、气候政策、环境政策、大国博弈以及碳配额信息的影响,相比其他成熟的资本市场,碳金融资产价格充斥各种定价噪声,其价格波动和定价机制也更为复杂。基于碳金融市场有限理性的市场效率理论为研究复杂特征、市场非完全有效下的定价机制提供了理论基础,也为基于市场联动和跨市场风险传染的价格形

① 云坡.考虑高阶矩属性风险传染的碳金融资产定价研究[D].合肥:合肥工业大学,2020.

成机理提供了理论框架支撑。

6.3.2　碳金融资产高阶矩 CAPM 定价理论

由于碳金融市场符合有限理性下的市场非完全有效的假说,传统均值方差框架下,投资组合理论、CAPM、APT 以及 Fama-French 三因子、四因子定价模型等难以有效捕捉非完全有效市场形态下的碳金融资产价格波动特征及其复杂的价格形成机制。因此,在传统经典的定价框架下,需要将符合碳价波动特征的更高阶矩定价因子纳入定价框架,形成特有的碳金融资产高阶矩定价模型。

基于有效投资组合的碳金融资产拓展高阶矩 CAPM 定价模型可简化为

$$E(R_i) - R_f = \beta_i \sigma_p^2 + \lambda_{iS} S_p^3 + \lambda_{iK} K_p^4 \tag{6-13}$$

其中,σ_p^2, S_p^3, K_p^4 分别表示投资组合方差、偏度和峰度;$\beta_i, \lambda_{iS}, \lambda_{iK}$ 分别表示风险溢价系数、协偏度系数和协峰度系数。

在碳金融资产投资组合框架下,碳金融资产拓展高阶矩 CAPM 定价模型,考虑投资组合各阶矩属性对碳金融资产价格的影响机理和过程,特别是其高阶矩定价因子项,如资产偏度和峰度,一定程度上符合市场非完全有效投资者非完全理性假设下,碳金融资产特有的市场非对称性和极端事件冲击影响等特征。与传统金融资产相似,资产组合偏度表示碳金融资产收益相对于资产组合收益偏度的相对大小,偏度越大,表示碳金融资产收益相对于资产组合具有更大概率的上升空间,也更加符合投资者的收益预期,此时较少的收益即可满足投资者的风险预期,资产组合偏度与预期收益负相关,反之正相关;而资产组合的峰度表示碳金融资产相比资产组合峰度信息的大小,峰度越大,表示碳金融市场遭受极端事件冲击发生金融风险的概率大于整个资产组合。为弥补承担的相对较高的风险,投资者通常要求更多的投资收益,资产组合峰度与预期收益正相关,反之负相关。

将资产组合各阶矩定价因子项展开,碳金融资产拓展高阶矩 CAPM 定价模型不仅包含了各组合资产的方差、偏度和峰度定价因子项(即二阶矩、三阶矩和四阶矩信息),组合资产间各阶矩属性的相互冲击和相互影响关系也融入高阶矩定价框架内,即在组合资产内部,碳金融资产与其定价因子之间基于低阶矩协方差的非线性关系,并且高阶矩协偏度和协峰度的复杂非线性关系也是影响碳金融资产价格不可或缺的因素。

6.3.3　碳金融资产多因子定价理论

虽然碳金融资产高阶矩 CAPM 定价理论从有效投资组合视角将收益率更高阶矩的属性信息纳入定价框架,但是受限于较多的待估参数,该框架的理论分析仅限于碳金融资产与另一定价因子两资产间的投资组合,这种理论设定显然与金融市场联动基础上的碳金融资产价格协同波动明显不符。

随着全球金融网络的逐渐深化,碳金融市场已成为跨国金融资本投资套利和风险分散的重要工具,碳金融市场与资本市场和能源市场内在价格的联动机理使得这些市场的交易产品已成为重要的投资组合工具,碳金融市场的活跃程度和价格趋势受到全球宏观经济走向的影响。因此,作为衡量全球经济发展走向的股票市场,特别是代表性全球股指的走向和趋势影响了碳金融资产的价格;汇率市场的收益波动影响国际贸易的结算,影响不同国家的碳金融市场的交易价格和交易成本,尤其在清洁发展机制下,国际汇率变化直接影响发展中国家排放配额的交易价格和减排收益。碳排放作为原油和煤炭消费的副产品,其价格上升,将使实体企业适度降低需求,从而降低碳排放,导致对碳排放权的需求下降和价格下跌,反之价格上涨。作为清洁廉价储量丰富的能源产品,天然气的价格走势对碳排放权的影响更加明显,其价格上涨将推动减排企业对碳排放权的需求,使得碳价上涨,反之下降。电力价格上涨一定程度上反映电力企业能源消耗的增加,产生更多的污染排放和碳排放权需求,推动碳价上涨,反之碳价下降。

因此,研究碳金融资产的定价机制必须考虑以上资本市场和能源市场工具对碳金融资产价格特殊的影响关系。基于此,在碳金融资产高阶矩 CAPM 定价理论与 APT 多因子定价理论基础上,将基于两因素的投资组合框架拓展至多因素,形成一种新的考虑高阶矩属性风险传染的碳金融资产多因子定价框架。也就是在多因素投资组合框架下,研究碳价及其定价因子间存在的高阶矩属性风险传染关系对碳金融资产价格的影响机制。定价框架公式为

$$E(R_i) - R_f = \beta_i \sigma_p^2 + \lambda_{iS} S_p^3 + \lambda_{iK} K_p^4$$
$$= E\left\{ \left[\sum_{i=1}^{n,n\geq 2} \beta_i (R_i - \mu_i) \right]^2 \right\} + E\left\{ \left[\sum_{i=1}^{n,n\geq 2} \lambda_{iS} (R_i - \mu_i) \right]^3 \right\} + E\left\{ \left[\sum_{i=1}^{n,n\geq 2} \lambda_{iK} (R_i - \mu_i) \right]^4 \right\}$$

$$(6\text{-}14)$$

其中,μ_i 为 R_i 的均值。

该定价框架的碳定价因子由三部分构成:一是碳金融资产价格本身的方差、偏度和峰度信息,这反映碳价自身的风险、市场非对称信息以及极端因素对收益的影响;二是各定价因子的方差、偏度和峰度信息,表示碳定价因子的市场阶矩属性对碳金融市场收益的影响,是碳金融资产跨市场联动的体现;三是碳价与其定价因子间高阶矩属性的风险传染关系,即各定价因子与碳价的协偏度、协峰度以及协波动率的风险传染关系。

碳金融资产具有一般性金融资产的属性,通过梳理一般性金融资产定价的相关理论和逻辑演进,为解决碳金融资产定价问题提供理论支持;分析碳金融资产相关理论,从市场基本面因素之外,解释由市场非对称信息和极端冲击而导致的碳金融资产溢价波动[1]。

6.4　碳资产定价的主要方法

基于传统价格理论与现代金融学资产定价理论,具体介绍碳资产现货、碳资产期货以及碳资产期权三种定价方法。

6.4.1　碳资产现货定价技术

1. 碳排放权常见初始分配方式

碳交易的前提是碳排放的精准量化。如何保证配额分配公正合理,是碳交易市场建设工作的重中之重。而碳排放配额不只是一个数字,更是关系到企业生产成本和经营利润的

---

① 云坡.考虑高阶矩属性风险传染的碳金融资产定价研究[D].合肥:合肥工业大学,2020.

重要资产,碳配额计算和分配的准确性、公允性、透明性,可以提升系统的公信力,并使政策制定者和交易主体间的信息流动更加畅通,促进各相关行业准确理解规则,并贡献行业知识。下面介绍基于配额的碳排放权常见的初始分配方式,包括免费分配、拍卖分配和混合分配三种初始分配方式①。

(1)免费分配

碳排放权免费分配(或称无偿分配)指的是企业按照一定的规则和标准从管理当局获得一定数额的碳排放权,并且无须支付任何费用的一种分配方式。对碳排放权采取免费分配时,各行业企业所能获得的分配额度将直接影响各企业的减排成本,从而影响二级市场的供求状况。因此,在对免费碳排放权进行初始分配时,确定各企业所能获得的额度的计算方法显得十分重要。在进行无偿分配时,各区域性碳排放权市场所采用的具体细则可能有所不同,但归纳起来,大多数区域性碳排放权交易市场在进行无偿碳排放权初始分配时会采用基准线法、历史排放法或历史强度法。

① 基准线法。基准线法,也称标杆法。这一方法是基于企业当前产量(也可以是企业历史产量),并根据管理当局要求的单位排放产出标准计算而获得相应的碳排放权配额。当前我国配额分配已确定以基准线法为主,这种分配方法的关键是基准的确定,基准线一般是以行业中代表某一生产水平的单位活动水平碳排放量为参考,根据技术水平、减排潜力、排放控制目标等综合制定。此外,确定行业基准还需要考虑全行业企业排放数据分布特征、交易体系碳强度下降要求、行业转型升级(去产能、去库存)要求以及不同行业协调问题等。按照欧盟的经验,通常会将行业中效率最高的10%设备的平均排放水平作为标杆,并且考虑最高工艺、替代工艺、替代品等因素。

若能确保基准设计的连贯性、一致性与审慎性,使用固定的行业基准法可持续激励相关主体以高成本效益的方式实现减排目标(包括通过需求侧的减排)。此外,固定的行业基准法同样可以奖励先期减排行动者。然而,若基准值未经精心设计,可能无法实现上述优势。同时,固定的行业基准法也是一种耗时长久、对数据要求较高的分配方法。固定的行业基准法在防范碳泄漏方面的效果可能好坏参半,且仍有赚取暴利的可能性。用于确定向重点排放单位发放免费配额额度的产量可以是历史数据,也可以是实时数据,若使用实时数据则须进行更新。

以发电行业为代表的第一批考虑纳入全国碳排放权交易市场的行业,大多满足采用行业基准法计算配额的要求。若采用行业基准法进行配额分配,其配额计算满足以下基本框架。

首先,配额分配和履约的二氧化碳排放量是相互对应的,两者的边界应一致,即针对这一边界内的排放设施发放的配额,在履约时也是通过核算这一边界内的排放水平确定需要上缴的配额量。基准法是通过产品产量来确定配额的,其对应排放量的核算边界是生产该项产品的设施,按照生产不同产品的不同设施所对应的基准线确定配额量,再汇总得到整个重点排放单位履约年度内的配额量,具体公式如下:

$$A = \sum_{i=1}^{N} A_{x,i} \tag{6-15}$$

---

① 一文了解碳配额 [EB/OL]. (2022-03-16)[2023-04-04]. https://www.sohu.com/a/530133330_289755.

其中，A 为企业二氧化碳配额总量，单位为 tCO_2；$A_{x,i}$ 为设施生产一种产品二氧化碳配额量，单位为 tCO_2；x 为生产产品种类；N 为设施总数。

基准线法的一个好处是标杆的制定与企业所处的地理位置、经济环境、企业规模等因素没有太大的关系，考虑的可以只是一个纯技术的问题，但是基准的制定过程实际上是行业与管理碳当局博弈的结果，比如哪些设备应该入选，哪些工艺或替代工艺应该入选作为标准，等等。

② 历史排放法。历史排放法一般是指以碳排放主体的历史温室气体排放水平为基准发放碳减排配额。当前我国对商场、宾馆、商务办公、机场等建筑，以及产品复杂、近几年边界变化大、难以采用行业基准线法或历史强度法的工业企业，常采用历史排放法。对于历史排放法的计算，核心计算公式基本可以归纳为

$$企业配额 = 历史年均碳排放量 \times 调整系数 \qquad (6\text{-}16)$$

对于平均排放量和调整系数的计算方法各地也存在差异。上海、广东及湖北的年均碳排放量采用算术平均，天津则采用上一年度的排放量。对于调整系数，不同省区市差别较大，上海、天津采用静态系数，湖北省则采用动态系数。

历史排放法能够补偿搁浅资产引致的损失。在管理下游排放的碳排放权交易体系中，历史排放法可成为碳排放权交易体系平稳过渡期的一种简单易行的方式。只要分配水平没有根据企业实际排放进行事后更新，历史排放法便可为促进以高成本效益的方式实现减排目标提供强大动力。通过提供针对搁浅资产风险的补偿，历史排放法亦有助于完成向碳排放权交易体系的平稳过渡。然而，该方法也增加了赚取暴利的可能性并且在碳泄漏防范方面的效果较弱，若与事后调节相结合，则可能导致扭曲的价格信号，且无法奖励先期减排行动者。

③ 历史强度法。历史强度法一般是根据企业的产品产量、历史强度值、减排系数等分配配额。它介于基准线法和历史排放法之间，通常是在缺乏行业和产品标杆数据的情况下用于确定配额分配的过渡性方法。当前历史强度法主要用于我国的电力热力（含发电、热电联产、供热企业）、航空、造纸等行业，但不同省区市之间有较大的区别。对于历史强度法的计算，核心计算公式基本可以归纳为

$$企业年度基础配额 = 历史强度基数 \times 当年企业实际产出产量 \times 减排系数 \qquad (6\text{-}17)$$

其中，历史强度基数是指通过单位产品的碳排放量历史情况所设定的基数，大部分行业是依据几年内加权平均的碳排放强度。减排系数的确定需要考虑全行业企业排放数据分类特征、交易体系碳强度下降要求、行业转型升级（去产能、去库存）要求以及不同行业的协调问题。

与固定的行业基准法相同的是，政府部门可选择使用历史或实时数据计算企业应得的免费配额额度。使用实时数据时需定期更新，这种分配方法可有效防止碳泄漏，并奖励先期减排行动者。然而，若使用行业碳排放强度基准，这种分配方法可能造成行政管理上的复杂性。不断激励相关主体采取高成本效益方式实现减排目标，需要以审慎的连贯一致的基准设计为前提，需要保护需求侧减排的动力，且当免费配额分配水平整体较高时，政府部门需将配额控制在总量控制目标范围内。

历史法的优点在于企业获得的额度一般能够满足监管要求，并且由于碳减排配额是免费发放的，企业一般会积极参与，但是历史法在实践过程中也暴露了一些缺点。在免费分配碳减排配额时如果采用历史法，由于行业、企业之间技术水平的差距，节能技术水平高的企

业由于前期减排量低而获得较少的碳减排配额；节能技术水平低的企业由于前期排量基数大而获得较多的碳减排配额，这时就出现了所谓"鞭打快牛"的现象，节能上去了反而没能获得实惠，造成了分配不公平，不利于鼓励企业积极减排。

（2）拍卖分配

碳排放权分配的过程实际上是将温室气体环境容量的限量使用权分配出去的过程。把碳排放权通过拍卖的方式分配出去通常被经济学家认为是最有效率的碳排放权初始分配方式，这种分配方式不容易导致市场扭曲，并可为公共收入提供新增长点。一方面，可以有效降低免费分配过程中所产生的一些交易成本，如谈判成本、核定减排量成本等，降低碳排放权初始分配过程中产生的租金消散。另一方面，拍卖可以鼓励企业积极参与节能技术升级改造而达到减排目标，减少环境污染。这一方式很好地实践并执行了"污染者自付"原则，并且拍卖价格也是一个很好的二级市场价格信号。

拍卖的形式多样，现有碳交易市场当中碳排放权拍卖多采用较为简单的一轮密封统一价格（或称首价密封——统一成交价）的拍卖方式，如 EU ETS、RGGI。首价密封——统一成交价拍卖方式的基本做法是竞买人在竞价时段将其需要买的碳配额数量和所愿意支付的价格通过拍卖系统进行报价，在拍卖规定的报价时段结束后，拍卖平台根据报价决定并公布统一成交价格，报价高于或等于成交价格的竞买人将获得所竞投的碳配额，而所有的碳配额将以统一成交价格成交。个别市场的碳配额拍卖会设有保留价格，如果成交价格低于保留价格，将按照保留价格出售。随着碳排放权交易市场规则制度的逐步完善，各交易体系提高碳排放权拍卖比例是大势所趋。例如，欧盟计划每年逐步提高排放权的拍卖份额，欧盟估计在欧盟碳交易体系实施的第三阶段，将 48% 的碳排放权以拍卖的形式发放出去。

相较于免费发放，拍卖分配有助于提升定价效率、促进创新，拍卖收入可支持再生能源投资与绿色研发，更重要的是可以基于拍卖建立价格稳定机制。例如，在欧盟 EU ETS 中，如果拍卖最终形成的价格低于保留价格，则宣告本次流拍，下次再进行拍卖。拍卖方式不仅具有灵活性，可对消费者或社区的不利影响进行补偿，也奖励了先期减排行动者。然而，拍卖对防范碳泄漏效果甚微，且无法补偿搁浅资产而导致的损失。

（3）混合分配

碳排放权的混合分配是指在碳排放权初始分配时，同时采用免费和拍卖两种分配方式，即一部分碳排放权以免费的形式发放出去，而另一部分碳排放权以拍卖的形式发放出去。混合分配是目前各碳排放权交易体系广泛采用的形式，包括 EU ETS、RGGI、新西兰的排放体系等，所不同的是碳排放配额中免费与拍卖的分配比例。例如，欧盟的 EU ETS 在第一阶段 95% 的碳排放配额以免费形式发放给企业，仅有 5% 的配额进行拍卖；第二阶段，免费配额的比例下降到 90%；第三阶段，计划 48%～50% 的配额通过拍卖的方式发放。美国的RGGI 体系要求各州至少要将 25% 的排放许可权配额进行拍卖。目前中国国内已投入运行的七大碳排放权交易试点区域的碳排放配额基本上以免费发放为主，但是越来越多的试点开始尝试通过拍卖的方式为控排企业提供有偿配额。

混合分配初始碳排放权方式当中需要解决的一个重要问题是免费与拍卖方式的比例，恰当的比例会提高市场活力。拍卖比例的设置在参考历史碳排放权需求量和价格的基础上，可以考虑小幅度浮动管理。这样既有助于保护碳价格，也可以使企业有一个明确的政策信号。

综上所述,这三种分配方式各有优缺点,从目前碳交易制度实行的经验来看,多数碳排放权交易体系并未选择以单一形式(拍卖或免费发放)分配所有配额,而是采用混合模式。因为这种方式有利于引导企业逐步进行碳减排,尤其是传统高污染产业不至于一下子受到过大的冲击,并且能够确保那些切实存在碳泄漏风险的行业通过适当的免费配额分配免于碳泄漏。

2. 基于碳排放边际减排成本的现货定价

碳排放权的交易价格主要取决于碳交易市场当中碳排放权的供求情况,在碳减排总量核定的情况下,碳排放权的供给可以认为是管理当局给定的,那么从某种程度上来说,碳排放权交易的市场价格取决于碳排放权的需求。碳排放权的需求主要来自被纳入规管的行业企业、金融机构和套利者,尤其是有缴纳碳排放权需求的企业。企业对碳排放权的需求取决于其温室气体减排的成本,因此企业的碳交易决策决定着企业的碳排放权需求,从而影响碳排放权现货价格。

为明确碳交易市场出清时的配额价格和减排量,假设碳交易市场仅存在两个控排企业 R_1 和 R_2,其依据边际碳减排成本进行交易。其中 R_1 为高碳边际减排成本企业,R_2 为低碳边际减排成本企业。由于减排成本较低,控排企业 R_2 可以在原有减排要求基础上,进一步减排,从而将多余的碳排放余额在碳交易市场中卖出,获取利润;控排企业 R_1 则会选择在碳交易市场购买碳排放量,从而满足控排指标的要求,这是因为通过购买碳配额进行减排的成本低于自身进行减排的成本。当两个控排企业 R_1 与 R_2 的边际减排成本相等时,交易停止,市场达到均衡水平。

在现有碳排放边际减排成本函数研究中,大部分学者认为,随着减排量的增加,温室气体的减排成本具有单增的凸函数性质,所不同的是成本增加的速度。因此,采用麻省理工学院能源与环境政策研究中心提出的排放预测和政策分析模型(EPPA)所得到的碳边际减排成本模型,假设两个企业的边际减排成本(MAC)与碳排放减排量满足 $MAC_i = \alpha_i Q_i^2$,其中,i 表示控排企业 R_1 和 R_2,Q 表示碳排放减排量,α_i 为估计参数。假设控排企业 R_1 和 R_2 在没有进行配额交易时的碳减排目标量分别为 Q_1^γ 与 Q_2^γ。碳排放权初始分配后,两者需要实现的碳减排量分别为 $Q_1 = Q_1^\gamma - Q_1^0$ 与 $Q_2 = Q_2^\gamma - Q_2^0$,其中,$Q_i^0 (i=1,2)$ 表示控排企业获得的初始配额数量。由于 R_1 和 R_2 存在边际减排成本的差异,将由低碳成本的控排企业 R_2 卖出碳配额给高碳成本的控排企业 R_1。因此控排企业 R_2 为获取利润而减排更多的二氧化碳,控排企业 R_1 则通过购买碳排放权减少自身的减排压力,最终两者的边际减排成本相等时停止交易,此时,$MAC_1 = MAC_2 = MAC$。市场均衡时,控排企业 R_1 的减排量减少为 Q_1^*,控排企业 R_2 的减排量增加为 Q_2^*,且 $Q_1 - Q_1^* = Q_2^* - Q_2$。两者的边际减排成本相等,则满足 $MAC = \alpha_1 (Q_1^*)^2 = \alpha_2 (Q_2^*)^2$,可得 $Q_2^* = \sqrt{\dfrac{\alpha_1}{\alpha_2}} Q_1^*$,代入 $Q_1 - Q_1^* = Q_2^* - Q_2$,可求得 R_1 与 R_2 交易后的减排量为

$$Q_1^* = \frac{Q_1 + Q_2}{1 + \sqrt{\dfrac{\alpha_1}{\alpha_2}}} \tag{6-18}$$

$$Q_2^* = \frac{Q_1 + Q_2}{1 + \sqrt{\dfrac{\alpha_2}{\alpha_1}}} \tag{6-19}$$

同时,市场均衡时,其二氧化碳交易量为

$$Q = Q_1 - Q_1^* = Q_2^* - Q_2 = \frac{\sqrt{\dfrac{\alpha_1}{\alpha_2}}Q_1 - Q_2}{1 + \sqrt{\dfrac{\alpha_1}{\alpha_2}}} \tag{6-20}$$

当市场达到均衡时,市场的碳交易现货价格也等于 R_1 和 R_2 的边际减排成本,即 $MAC_1 = MAC_2 = MAC = P$,因此

$$P = \alpha_1(Q_1^*)^2 = \alpha_2(Q_2^*)^2 = \frac{\alpha_1\alpha_2(Q_1 + Q_2)^2}{(\sqrt{\alpha_1} + \sqrt{\alpha_2})^2} = \frac{\alpha_1\alpha_2(Q_1^\gamma - Q_1^0 + Q_2^\gamma - Q_2^0)^2}{(\sqrt{\alpha_1} + \sqrt{\alpha_2})^2} \tag{6-21}$$

由此可见,一般来说,当控排企业面临的减排压力大时,碳交易市场的均衡价格越高。因此,各级政府对地区层面或企业层面减排指标的制定需要充分考虑市场环境,避免出现市场失灵的问题。实际上,当企业边际减排成本低于碳排放权现货价格时,企业选择通过自身努力进行减排;而当企业边际减排成本高于碳排放权现货价格时,企业在二级市场上买入碳排放权更为有利。当企业边际减排成本等于碳排放权现货价格时,企业选择任何一种方式的结果都是一样的。企业的减排决策与企业的减排边际成本、获得的配额数量密切相关。由于不同企业、不同部门之间的边际减排成本、初始分配获得的配额数量都不一样,因此在碳交易市场会出现一部分企业出售碳配额,形成碳配额的供给,一部分企业需要购买碳配额,形成碳配额的需求。在供需的不断调整中碳排放权市场达到均衡,形成均衡价格。在碳价格形成过程中,企业碳排放的边际减排成本是关键,是企业决策的重要依据。

两个企业、两个地区的碳排放权交易可以推广至 N 个企业、N 个地区间的碳排放权交易,当市场各企业的边际减排成本相等时,市场出清。

3. 清洁发展机制下的碳排放权定价

由于各企业实施碳减排的成本存在巨大差异,企业必须寻求最为经济有效的方法,以实现政府设定的碳减排目标。CDM 项目的交易成本包括一切涉及碳排放权所有权转移的成本,如 CDM 项目的信息成本、搜寻成本、协商成本等。按照 CDM 项目执行前后所发生的交易成本可以分为项目执行前成本、项目执行交易成本和转让贸易成本三种类型。项目执行前成本有寻找碳交易合作伙伴成本、CDM 项目立项搜寻成本、协商成本及批准注册成本;项目执行交易成本有追踪成本、核实成本、执行成本和签发认证成本;转让贸易成本有转移碳排放权的管理成本、注册成本等。

设某 CDM 项目转让方企业经核准用于碳减排转让的年碳排放量为 Q 吨,企业单位碳减排成本为 C_e,则碳减排总成本 $= C_e \times Q$。随着碳减排技术的进步与推广,碳减排成本会逐步降低,若时间从 t 至 T 时刻,碳减排成本的变化率为

$$\Delta c = \frac{C_{et} - C_{eT}}{T - t} \tag{6-22}$$

假设碳排放供需方实施 CDM 项目所发生的总交易成本为 T_c,碳排放供给方每年经认

证的碳排放权数量为 Q 吨,则单位碳排放权产生的交易成本为 $C_u = \dfrac{T_c}{Q}$,若双方的履约周期为 n 年,某 t 年碳排放权现货价格为 p_t,则转让企业所获得的总经济收益为

$$T_R = \max \sum_{t=1}^{n} \left[(p_t - C_{et} - C_u) \times Q \right] \tag{6-23}$$

一阶最优条件为

$$p_t - C_{et} - C_u = 0 \tag{6-24}$$

所以在清洁发展机制下碳排放权价格应该为

$$p_t = C_{et} + C_u \tag{6-25}$$

因此,在清洁发展机制下 CDM 项目企业与买方签约的最佳碳排放权执行价格应为 C_{et} 与 C_u 之和,也就是均衡碳价为边际成本。

6.4.2　碳资产期货定价技术

碳现货交易价格波动的不确定性,导致碳风险暴露,因此碳现货持有者对分散现货持有风险、提高市场流动性具有迫切需求。而且现货市场配额数量即使足以满足市场需要,也无法解决刚需的政策产品在交易中的根本问题——价格发现和风险规避。为此,金融推出了碳期货合约,交易者可利用碳期货发现价格,对冲风险,增大市场流动性,实现套期保值和风险规避。碳期货是指在将来某一约定时刻以约定的价格买入或卖出一定数量的碳排放权的标准化合约。碳期货以碳排放权为标的物,碳期货合约是碳金融交易中的主要产品,在碳排放权现货、期货和期权交易中占比最大。自《京都议定书》生效以来,碳排放权交易规模显著增长,其中碳排放权衍生工具的交易量迅速增长,并占据了碳交易的大部分,其中世界第一大碳交易体系欧洲碳交易体系的 EUA 期货交易量最为庞大。从 2005 年 4 月开始交易,至 2021 年 12 月 31 日,EUA 的碳期货交易累计成交量已达到 871 亿吨二氧化碳当量,是欧盟碳交易市场中极为重要的交易品种。此外,2022 年 3 月 23 日,首支碳期货 ETF——中金碳期货 ETF 在港交所上市,中国有望成为全球最大的碳衍生品市场。

碳期货具有价格发现、套期保值和风险化解的功能,这些功能有利于推动碳排放权交易和温室气体减排的发展。碳期货交易的活跃,有利于提高碳交易市场的流动性,进一步激活碳金融市场。现阶段碳期货交易的主要品种有 CER、EUA、EUAA、ERU、各区域性碳配额等以碳排放权为相应标的的碳期货合约,欧洲能源交易所、洲际交易所、纳斯达克商品部等交易所提供了不同品种、不同期限的碳期货合约,这些不同类型的碳期货合约极大地满足了不同投资者对不同碳期货合约的需求,活跃了碳期货交易,对碳现货价格起到了积极的引导作用。

1. 碳期货定价方法

碳期货定价的基本原理与其他商品期货、金融期货的定价一样,以经典期货价格理论为基础,但在具体影响碳期货价格的参数上碳期货有自身的特点。因此,根据期货价格基本理论,碳期货价格的确定通常采用两种方法:一种是用远期价格近似确定期货价格,另一种是

从现货价格和期货价格的关系推出期货价格[①]。

（1）用远期价格确定期货价格

在期货合约中，期货价格是使得期货合约价值为零的理论交割价格。碳远期价格与碳期货价格非常相似，都是理论上的合约交割价格，两者的区别主要体现在交易机制和交易费用的差异上。考克斯（Cox，1981）等证明了远期价格与期货的关系，即当无风险利率恒定且所有到期日都相同、交割日相同的情况下，碳期货价格和远期价格应相等。但是，当利率变化无法预测时，碳远期和碳期货价格存在差异，价格差取决于标的碳资产与利率的相关性。在标的碳资产价格与利率呈正相关时，碳期货价格高于碳远期价格。因为当碳资产价格上升时，碳期货价格通常也会随之升高，碳期货合约的多头方由每日结算获得利润，并可按高于平均利率的利率将所获利润进行再投资。而当标的资产价格下降时，碳期货合约的多头方当日出现亏损，交易者可以低于平均利率的利率获得融资补充保证金。相比之下，碳远期合约的多头方不会受利率变化的影响，因此，碳期货多头方较碳远期交易者更易获利，碳期货价格高于碳远期价格。相反，在标的碳资产价格与利率呈负相关时，碳远期价格高于碳期货价格。碳远期与碳期货价格间的差异也可由合约期限长短、税收、交易费用、保证金规则、违约风险、流动性因素等决定。

碳远期定价与碳期货的定价本质上是相同的，在很多情况下一般可忽略。所以在大多数情况下，可以假定碳远期价格与碳期货价格相等。基本假设为：市场参与者没有交易费用和税收；市场参与者能以相同的无风险利率借入和贷出资金；没有违约风险；允许现货卖空；任何人可以无成本取得远期或期货的多头和空头部位；当套利机会出现时，市场参与者会马上利用套利机会，使得套利机会消失；碳期货合约保证金账户按无风险利率支付利息。

现在考虑这样一种情景：假定企业希望在6个月后拥有碳排放权，且企业在二级市场买入碳排放权现货或者通过签订CDM项目而获得的签发CER并持有至下一年度缴纳给管理当局的这段时间，碳排放权并不产生任何现金收益。因此，碳排放权实际上可以被视为无收益资产。这时候企业可以有两种方式进行投资：一是以现货价格 S_t 买入并持有该碳排放权到6个月后；另一种方式是以交割价格 $F_{t,T}$ 持有该碳排放权的远期多头合约，6个月后进行交割，本来用于现货买入的钱进行无风险利率投资。两者的结果都是6个月后拥有一当量碳排放权。

根据上面的分析，假设 T 为远期合约的到期时间，单位为年；S_t 是标的碳资产在时间 t 的价格，即碳现货价格；$T-t$ 表示剩余时间；$F_{t,T}$ 是碳远期合约中的交割价格；R_f 为无风险利率（年利率）。根据一价定律，T 时刻拥有相同资产的价值应该一样，为了给无收益资产的远期合约定价，可以构建如下两种组合。

组合1：一份远期合约多头加上一笔数额为 S_t 的现金。在组合1中，S_t 的现金以无风险利率投资，投资期为 $T-t$。到 T 时刻，这笔投资的金额将达到 $S_t e^{R_f(T-t)}$。

组合2：T 时刻一单位标的资产。在远期合约到期时，组合1投资得到的一笔现金刚好可以用来进行交割，即以 $F_{t,T}$ 价格换取一单位标的资产。那么，在 T 时刻，两种组合的价值都等于一单位标的资产的价值，即

$$F_{t,T} = S_t e^{R_f(T-t)} \tag{6-26}$$

① 曾悦.碳期货定价方法及价格预测技术综述[J].新型工业化，2017，7（2）：81-88.

如果实际价格高于或低于上述理论价格 $F_{t,T}$，市场上就存在着套利机会，可以通过正向或反向套利来获取无风险收益。而众多套利者进行套利的结果，就会使得实际价格逐渐趋近于理论价格，直至套利机会消失。然而，以碳远期价格确定碳期货价格存在一定的局限性。第一，碳期货交易采用逐日结算制度并且存在期间现金流，碳远期价格计算不存在期间现金流。第二，持有期限越长，碳远期与碳期货价格差异越大。由此，依据现货价格推导期货价格，碳期货定价应运而生。

（2）依据现货价格推导期货价格

碳资产现货价格决定并制约了碳期货价格。同一碳资产的期货价格与现货价格受到相同因素影响，波动幅度不同，价格的变动方向与趋势一致。随着碳期货合约接近到期日，碳期货与碳现货价格逐步趋同，在到期日时，两者大致相等。碳期货与碳现货价格之间的关系表现在两方面：一是即期碳期货价格与碳现货价格的关系；二是碳期货价格与预期未来碳现货价格的关系。在实际交易中，碳现货价格和碳期货价格的关系可以用基差来描述，即

$$基差 = 现货价格 - 期货价格 \tag{6-27}$$

在碳期货合约有效期内，基差是波动的，可为正值或负值，碳期货到期日基差应为零。由于基差的大小取决于现货价格和期货价格，因此，能够影响碳现货价格和碳期货价格的因素都会对基差的变化产生影响，这些因素一般包括碳排放权近、远期的供给和市场需求情况，替代品的供求和价格情况，政治因素，经济环境和其他因素。基差变化的不确定性带来基差风险，这会影响到套期保值的效果。碳期货实现套期保值功能时，必须选择适当的对冲期货合约，降低基差风险。套期保值者必须实时关注基差变化情况，基差增加时，空头套期保值者获利，多头套期保值者会出现相应亏损；基差缩小时，空头套期保值者出现亏损，多头套期保值者获利。基差交易是指在套期保值无法充分转移价格风险时，按一定基差用期货市场价格来确定现货价格及相应进行现货商品买卖的交易方式。基差交易通常为碳资产进口商经常采用的定价和套期保值策略。

碳期货价格收敛于标的碳现货价格以套利交易为基础。如果交割期间碳期货价格高于碳现货价格，大量的套利者就会买入碳现货、卖出碳期货合约，并进行交割获利，从而促使碳现货价格上升，碳期货价格下降。相反，如果碳期货价格低于碳现货价格，大量的套利者就会选择买入碳期货合约，促使碳现货价格上升。

根据预期模型，理论上的期货价格应该是反映现货市场对未来价格的预期，即 $F_{t,T} = E(S_T)$，因此，碳期货价格与预期未来碳现货价格的关系可用预期收益率表示

$$F_{t,T} = E(S_T), \quad E(S_T) = S_t e^{R(T-t)} \tag{6-28}$$

其中，$E(S_T)$ 表示碳排放权现货市场上预期 T 时刻的碳排放权价格，R 表示碳排放权连续复利预期收益率，t 表示现在时刻。

未来现货期望价格是指交易者估计碳现货的价格。碳期货价格与未来现货期望价格的大小取决于 R 与 R_f 的比较。如果标的碳资产系统性风险为零，则 $R = R_f$，碳期货价格与未来现货期望价格相等。如果标的碳资产系统性风险小于零，则 $R < R_f$，碳期货价格大于未来现货期望价格。反之，标的碳资产系统性风险大于零，碳期货价格小于未来现货期望价格。

通常，合理期货价格表示在满足一系列前提假设的情况下，由现货价格所决定的无套利的期货价格，一般可基于持有成本模型、无偏估计模型、碳排放便利收益模型以及均衡期限

模型实现[①]。

① 持有成本模型。持有成本模型可作为期货定价的基础。作为购买期货合约的替代方法,持有成本即在现货市场买入相关金融资产并持有至到期日。在碳期货交易中,持有成本是企业在期货市场上购买标的碳资产所需支付的融资成本(利息成本)与拥有碳期货合约期间所能获得的收益之差,即持有成本＝融资成本－资产收益。即投资者在这段时间内所需支付的净成本。对碳期货来说,持有成本主要包括:风险成本、利息(因购买碳期货合约而占有资金的成本)、保险费和利率。其中,利率的变动对持有成本的影响最大。持有成本模型通常基于如下假设:第一,碳期货和碳现货交易均无税后和交易成本;第二,假设相关碳排放权可以卖空,可以储存;第三,市场是有效的,即卖空行为易于进行,碳资产有足够的供给,无明显的季节性调整,没有季节性消费;第四,企业的借贷利率为回购利率。因此,根据持有成本理论,期货合约价格与现货价格关系如下:

$$F_{t,T} = S_t + C_T \tag{6-29}$$

其中,$F_{t,T}$ 表示到期日为 T 的碳期货合约在时刻 t 的价格;S_t 表示标的碳资产在时间 t 的现货价格;C_T 表示持有成本。如果考虑持有成本与现货价格之间的关系,假设持有成本与现货价格的比值为 ζ,即包括交易费用、仓储费用、运输费用、保险费用和利息等持有成本的总和除以现货价格 S_t,则

$$F_{t,T} = S_t(1 + \zeta) \tag{6-30}$$

如果 $F_{t,T} > S_t(1 + \zeta)$,表明碳期货价格大于碳现货持有成本与现货价格之和。交易者会买入碳现货,卖出碳期货合约,导致现货需求上升,价格提高,直至达到均衡,不存在无套利机会。

如果 $F_{t,T} < S_t(1 + \zeta)$,表明碳现货持有成本与现货价格之和大于碳期货价格。交易者会选择买入碳期货,卖出碳现货,导致碳期货需求上升,价格提高,直至达到均衡,不存在无套利机会。

持有成本模型的假设条件在实际交易中并不合理。与假设条件不同,企业在碳期货交易中需要支付一定的佣金。实际的借贷利率是存在差异的,通常贷款利率高于借款利率。碳期货中卖空交易一般受到交易所的限定,在特定价位以上才可以进行卖空操作,且产品不太符合集中供给和均匀消费特点。因而,持有成本模型也存在一定偏差。

② 无偏估计模型。在一个有效的碳交易市场中,即期碳期货价格对未来现货价格具有预测和发现功能。根据无偏估计,碳期货价格在理论上等于对期货合约到期日的现货价格的条件期望,那么碳期货合约价格的公式可以写为

$$F_{t,T} = E(S_T \mid I_t) \tag{6-31}$$

其中,T 为期货到期时刻,t 为当前时刻;$F_{t,T}$ 表示到期日为 T 的碳期货合约在时刻 t 的价格;I_t 为 t 时刻的信息集;S_T 为到期日的现货价格;$E(S_T \mid I_t)$ 表示 t 时刻的条件期望,该公式表示,在有效市场情况下,期货价格充分反映了 t 时刻的所有信息。

在实际交易中,一旦碳期货价格与现货价格出现偏离,交易者会主动买卖期货合约,直至两者价格达到均衡。无偏估计模型的前提是风险中性,市场上不存在套利可能性,金融产品的价格与投资者风险态度无关,不存在任何风险补偿或风险报酬,并且金融产品期望收益

① 曾悦. 碳期货定价方法及价格预测技术综述[J]. 新型工业化,2017,7(2):81-88.

率恰好等于无风险利率。然而,实际市场交易存在较大风险,承担风险者会要求补偿。因而,存在风险溢价,碳期货价格等于碳现货价格预期值与风险溢价之和,即 $F_{t,T} = E(S_T | I_t) + \alpha$, α 表示风险溢价。

无偏估计结果建立在有效的碳交易市场基础上。随着协整检验和格兰杰因果关系检验的应用,碳期货价格 $F_{t,T}$ 与同期现货价格 S_t 关系的检验可由此获得。从即期期货与现货价格之间的滞后相关性可推导出期货的价格发现功能。通过检验 $F_{t,T}$ 与 S_t 是否存在协整、格兰杰因果关系,可考察碳期货市场是否具备有效性。碳期货市场的有效性包括两个层面:定价效率和信息效率。定价效率应通过期货价格 $F_{t,T}$ 与同期现货价格 S_t 之间的关系进行检验,而信息效率应通过期货对数收益率残差序列的性质加以考察。

③ 碳排放便利收益模型。对以消费为目的而持有商品的投资者而言,其看重的是该商品的消费价值,而非投资价值。因此,即便 $F_{t,T} < S_t e^{R_f(T-t)}$,投资者也可能仍然持有该商品库存而不出售该商品现货、购买该商品期货来进行反向套利。对碳排放权资产来说,有的投资者投资碳排放权是为了获得投资收益;而有的投资者购买碳排放权是为了满足管理当局颁布的条款下的年度碳排放权需求,因此对这部分投资者来说,可以视碳排放权资产为消费性资产。在碳交易中,碳排放供求总量波动诱使碳排放权的稀缺,导致了碳排放权现货与期货价格呈现剧烈的市场波动性。例如,部分区域性的配额交易市场要求被纳入管理的行业、企业缴纳碳排放权,行业政策、宏观经济等因素使得碳排放权的需求变得不稳定,从而诱发碳排放权的稀缺性。碳排放便利收益是指碳排放权的现货持有者因价格波动所产生的额外隐含收益,是碳期货合约持有者没有实现的利益,反映了碳排放权现货持有者对预期获利的期望。碳排放便利收益以碳排放产品的稀缺性为基础,由风险溢价带来额外收益。在碳排放权现货市场中,影响碳现货价格波动的因素很多,诸如政府碳减排政策的变化、极端天气、宏观经济环境、能源价格波动等都会碳排放权供需预期产生影响。碳排放权的稀缺性程度越大,其价格波动越大,碳现货持有者预期获得的便利收益就越大。

碳排放便利收益模型是以持有成本模型延伸得到的。假设碳排放权市场不存在套利行为、无交易成本,且不存在储存成本。碳排放期货合约交割日期为 T,在时刻 t 碳排放现货价格为 S_t,碳期货价格为 $F_{t,T}$,市场无风险利率恒定为 R_f,便利收益为 π。碳现货与碳排放期货价格关系:

$$F_{t,T} = S_t e^{(R_f - \pi)(T-t)} \tag{6-32}$$

$$\pi = R_f - \frac{1}{T-t} \ln\left(\frac{F_{t,T}}{S_t}\right) \tag{6-33}$$

④ 均衡期限模型。均衡期限理论基于三个假设前提:第一,碳交易市场交易成本为 0,不考虑税收,不存在市场摩擦;第二,交易是连续的;第三,市场存在卖空交易,且借贷利率相等。

在单因素模型中,碳期货价格主要由服从几何布朗运动的现货价格决定。几何布朗运动是描述资产价格的常用模型,其随机变量满足布朗运动:

$$dS_t = \mu S_t dt + \sigma_S S_t dZ_S \tag{6-34}$$

$$\frac{dS_t}{S} = d(\ln S_t) = \mu dt + \sigma_S dZ_S \tag{6-35}$$

其中,μ 表示碳交易市场现货价格漂移率,σ_S 表示现货价格波动率,dZ_S 表示布朗运动增量。

假设现货价格服从均值回归运动，此时均值模型可建立为

$$dS_t = \kappa(\tau - \ln S_t)S_t dt + \sigma_S S_t dZ_S \tag{6-36}$$

其中，κ 表示回归速度，τ 表示长期均值，现货价格长期围绕均值 τ 波动。在碳现货价格高于长期均值时，碳排放权交易者预期价格会下降，因而投资者减少购买，最终现货价格下跌至均值。

在双因素模型中，增加便利收益作为影响现货价格变动的因素，较好拟合期货市场价格波动。构建双因素模型如下：

$$dS_t = (\mu - \pi)S_t dt + \sigma_S S_t dZ_S \tag{6-37}$$

$$d\pi = \kappa(\tau - \pi)dt + \sigma_\pi dZ_\pi \tag{6-38}$$

其中，κ 表示瞬时便利收益均值回归速度，τ 表示便利收益长期均值，σ_π 表示市场中瞬时便利收益的波动率，dZ_π 表示瞬时便利收益几何布朗运动的增量，σ_S 表示现货价格波动率，dZ_S 表示现货价格几何布朗运动的增量，μ 表示现货价格漂移率，π 表示瞬时便利收益。

2. 碳期货价格预测技术

碳期货交易者能否获得收益，关键在于期货价格分析与预测。技术分析以价格趋向性变动为依据，主要是指市场本身存在惯性，即使市价将要出现逆向波动，在此之前它依旧会保持原有变动轨迹，并不是单纯的无规律随意变化。因此，对碳期货价格进行分析可以直接采用技术手段，越过各种影响因素，从反映价格本身变动趋势的相关指标中探索规律，进而获得所需信息。下面介绍碳期货价格预测的传统分析法、时间序列法、回归分析法、BP 神经网络预测法、灰色系统法、混沌时间序列预测法以及小波网络预测法[①]。

（1）传统方法

碳期货价格预测的传统分析方法是指利用基本分析和技术分析，预测期货价格走势。基本分析是根据现货市场的供给和需求关系判断期货价格的中长期走势。基本分析考虑的因素包括供需因素、经济因素、政治因素、自然因素、投机因素等。以供需因素为例，碳期货合约的供给由前期库存量、期内生产量、期内进口量决定。碳期货需求由期内国内消费量和出口量决定。价格变化与供求关系是互动的，供给量与价格呈反向变化，供给量越大，价格越低；价格与供给量呈正比，价格越高，供给量越大。例如，欧盟碳排放体系第一阶段（2005—2007 年），各国释放碳排放权配额的 95% 免费分配给企业，且各国免费发放的排放配额超出实际碳排放量，没有一个产业的排放权处于短缺状态，企业不需要减排，市场上碳配额供过于求。此阶段，EUA 的价格从 30 欧元/吨跌至 2007 年底的 3 欧分/吨，再加上 2008 年经济环境较差，企业产能下降，碳配额过剩仍然存在，导致环境约束软化，企业失去采取措施降低二氧化碳排放的积极性。

技术分析法是通过图形和指标分析价格未来走势。技术分析的前提假设是：第一，市场行为包容消化一切，所有影响价格的因素都反映在价格中；第二，价格以趋势方式不断重演；第三，历史会重演。技术分析方法在有效市场中失效。技术分析方法由图形分析方法和指标分析方法构成，其中图形分析方法包括线条、缺口、波浪理论、反转形态及整理形态等。指

---

① 曾悦.碳期货定价方法及价格预测技术综述[J].新型工业化,2017,7(2):81-88.

标分析方法包括移动平均线(MA)、相对强弱指数(RSI)、随机指数(KD)、人气指标(OBV)、乖离率(BIAS)、心理线(PSY)、指数平滑异同异动平均数(MACD)等。

以乖离率(BIAS)为例,预测原理在于碳期货价格在移动平均线上下波动,最终会向移动平均线收敛。

(2) 时间序列法

时间序列法是指以历史价格排序为时间序列,分析随时间变化的趋势,从而预测未来目标价格。通常时间序列法包括确定性时间序列法和随机性时间序列法。1968年乔治·博克斯(George E. P. Box)和格雷戈里·詹金斯(Gwilym M. Jenkins)在《时间序列:预测与控制》中研究提出动态时间序列建模与分析理论,因此衍生出 B-J 模型,适用于平稳序列。时间序列法分为三个步骤完成:第一步,时间序列的识别及模型形式的选择;第二步,进行模型参数估计;第三步,模型的诊断检验。时间序列法需要基于假设预测值只受到时间因素的影响,排除其他外部因素,多用于中、短期预测。此方法还包括时间回归分析法趋势线方法、Box-Jenkins 法、平滑方法等。

(3) 回归分析法

回归分析法是处理多变量之间相关关系的数理统计常用方法。回归分析是根据数据估计回归方程,研究参数的点估计、区间估计,并对回归方程的参数或方程的显著性进行假设检验,最后利用回归方程实现变量的预测。碳期货价格预测可以基于过去大量的历史数据,并显示出变量之间的统计规律,从而建立未来价格与历史价格及其他因素的数学模型。回归分析具有严谨成熟的理论基础,其预测结果更加精确,然而考虑到因素选取的有效性,影响因子不能完全包含,不可控因素仍然影响预测结果的准确性。其优点是准确计量各因素之间的相关性及回归方程的拟合程度。

研究碳期货市场价格与时间的关系,一般采用自回归模型、ARCH(autoregressive conditional heteroskedasticity,自回归条件异方差)模型或误差修正模型。自回归模型主要是利用历史碳期货价格信息之间存在的关系,建立回归方程预测未来价格。自回归模型的设定可为线性或非线性,可为一元回归或多元回归模型。

(4) BP 神经网络预测法

BP(back propagation,反向传播)神经网络是单向传播的前向神经网络,由输入层、输出层和若干隐层构成,每层由若干个节点组成,节点表示一个神经元,上层节点与下层节点之间通过权联结,同一层节点之间没有联系。首先,选择 BP 神经网络结构后,利用输入输出样本观测值实现网络初始化,对网络的权值和阈值进行调整,激活函数采用 Sigmoid 函数,经过 BP 神经网络拟合与预测模型的校验,使网络实现给定的输入输出映射关系。利用 BP 神经网络对碳期货价格预测的步骤是:第一步,对碳期货价格原始数据进行归一处理,确定网络结构;第二步,确定传递函数,一般采用 S 形对数或正切函数;第三步,确定学习函数 Learngdm;第四步,计算期望输出值与实际输出值之间的平方和(误差函数);第五步,确定隐含层神经节点数;第六步,建立优化 BP 神经网络预测模型;第七步,重复操作,降低误差。

(5) 灰色系统法

在碳期货价格预测方面,灰色系统法是通过分析影响碳期货价格的长期因素和短期因素,在显著性检验后得到量化的长、短期的影响变量,利用灰色系统,推导出了碳期货价格的预测模型。灰色系统理论提出,如果用白色系统表示某一系统全部信息已知,黑箱系统表示全部信息未知,则灰色系统主要是指介于白色系统与黑箱系统间的"信息不完全"部分。灰色系统理论是以灰色模型(GM)为核心的模型体系。灰色系统擅长预测信息不全、统计数据不完善的样本,其有效性十分突出。灰色系统预测法的关键是 GM 模型,适用于中、短期数据预测。

灰色系统建模思想是直接将时间序列转化为微分方程,从而建立起系统发展动态模型。灰色系统模型相较于其他模型有以下优势:一是建模采用生成数列,原始数据波动性得到弱化;二是模型对原始数个数要求不多(通常 4 个以上);三是灰色系统建立的是微分方程模型,相较于差分方程模型,能更深刻反映出事物发展的本质规律。

(6)混沌时间序列预测法

混沌时间序列预测法包含动力学法和相空间重构法,混沌产生于非线性动力学系统在一定条件下的非平衡的随机运动形式,相空间重构法是指通过对实际观测数据拟合,建立精确的、固定不变的时间序列模型,从而预测未来值。对碳期货价格的预测,首先对历史价格数据进行噪声平滑处理和消除线性趋势处理,然后将价格数据标准化至(0,1)区间内,并且不改变价格的特征。考虑多变量时间序列包含信息更完善,因此,对碳期货交易日的收盘价、开盘价、最高价、最低价、成交量、持仓量数据进行多变量时间序列相空间重构和混沌性质识别。利用互信息法分析变量之间的相关性计算延迟时间。通常采用最近邻域法和最小误差法,计算多变量时间序列中的嵌入维数。状态点距离当前相点越近,表明当前相点的变化趋势越接近。选定的最邻近点数应能使预测模型产生一个较好的预测结果,同时应能使预测模型更加有效。

(7)小波网络预测法

小波网络预测法在经济预测中运用广泛,它避免了 BP 神经网络结构设计的盲目性和局部最优等非线性优化问题,大大简化了训练,具有较强的函数学习能力和推广能力及广阔的应用前景。此方法是基于小波分析理论以及小波变换所构造的一种分层的、多分辨率的新型人工神经网络模型,即用非线性小波基取代了通常的非线性 Sigmoid 函数,其信号表述是通过将选取的小波基进行线性叠加来表现。小波网络预测法以傅里叶变化的局部化理论为基础,强化时空序列分析。小波网络使用了时间——尺度域而非时间——频率域,能准确从信号中收集有效信息,通过伸缩和平移等运算功能可对信号逐步进行多尺度细化过滤,最后汇集起来预测未来的价格。对于碳期货价格 $x(1),x(2),\cdots,x(N)$,设定预测模型维度 m,小波网络预测模型为

$$\hat{y}(j) = \sum_{k=1}^{L} w_k \left[\sum_{i=1}^{M} x(j+i-1)g(a_k i - b_k) \right] + \hat{y} \quad (j=1,2,\cdots,N-m) \quad (6\text{-}39)$$

其中,a_k 和 b_k 表示伸缩参数和评议参数;w_k 为系数;g 表示相应尺度函数和小波函数;$\hat{y}$ 表示碳期货时间序列均值估计量。

方程中可以构造向量 $\boldsymbol{X}(j) = [x(j),x(j+1),\cdots,x(j+m-1)]$ 得到网络训练时序 $[x(j),y(j),j=1,2,\cdots,N-m]$,并有 $y(j)=x(j+m)$。利用正交小波,采用逐级学习的方法来训练网络,逐步增加或删除网络节点。当碳期货时序发生剧烈变化时,可增加小波节点,使精度更高。

6.4.3　碳资产期权定价技术

作为碳金融市场重要的衍生工具,自从 2005 年欧洲气候交易所 EXC 推出了第一只基于 EUA 期货的期权交易合约以来,大量碳期权产品合约被开发[①]。碳期权合约是由交易双方签署的合法凭证,规定期权的买方向卖方支付一定数额的权利金后,即可获得合约有效期内的选择权。碳期权作为一种碳金融衍生品,在完善碳排放权市场价格发现功能和规避碳排放权市场交易风险方面发挥着重要作用。与传统的期权合约不同,现存的碳期权实际是碳期货期权,即在碳期货基础上产生的一种碳金融衍生品。碳期权的价格依赖碳期货价格,而碳期货价格又与基础碳资产的价格密切相关。目前国际碳金融市场上比较常见的合约为 EUA 期货期权、CER 期货期权以及 ERU 期货期权。2017 年 7 月,广州守仁环境能源股份有限公司与壳牌能源(中国)有限公司签署了全国碳排放配额场外期权合同,这是全国首次碳期权场外交易。而全球金融市场的动荡所带来的避险需求,吸引了工业企业、能源交易公司以及基金等经济实体的参与,碳期权产品及市场功能愈加多元化、复杂化。

碳期权的交易方向取决于购买者对碳排放权价格走势的判断。以 CER(核证减排量)期权为例,当预计未来 CER 价格下跌时,CER 的卖方会购买看跌期权对冲未来价格下跌的机会成本,如果未来 CER 价格下降,通过行使看跌期权,CER 卖方获得收益。期权的购买者能够通过区别购买看涨期权或者看跌期权锁定收益水平。此外,还可以通过对不同期限、不同执行价格的看涨期权和看跌期权的组合买卖来达到锁定利润、规避风险的目的。碳期权除了具备和碳期货一样的套期保值作用,还能使买方规避碳资产价格变动时带来的不利风险,同时从碳资产价格利好变动中获益。

期权的价格指的是在期权买卖过程中,双方在达成期权交易时,由买方向卖方支付的购买该项期权的金额。期权定价是所有衍生金融工具定价中最复杂的,涉及随机过程等较为复杂的概念。1970 年以来产生了 Black-Scholes(B-S)期权定价法、Hull-White 期权定价法、二叉树期权定价法、分形布朗运动期权定价法、蒙特卡罗期权定价法等期权定价方法,其中 B-S 期权定价法和分形布朗运动期权定价法是业界比较常用且易于操作的方法。下面主要简单介绍这两种定价方法。

1. 碳资产期权定价的 Black-Scholes 模型

(1) 经典的 Black-Scholes 期权定价法

布莱克(Black)和斯科尔斯(Scholes)于 1973 年在《期权定价与公司负债》一文中推出了著名的 B-S 期权估值模型,首次提出负债公司的股权实际上是公司价值的看涨期权,这是期权估价研究的一个里程碑。该模型有以下几个基本假设:第一,期权的标的资产为一项风险资产,其现行价格为 S,且 S 遵循期望漂移率为 μ、收益波动率为 σ(标准差)的几何布朗运动,即 $\mathrm{d}S = \mu S \mathrm{d}t + \sigma S \mathrm{d}z$;第二,在期权有效期内,标的资产无任何收益(如股利、利息等)的支付,即不存在影响收益的任何外部因素;第三,交易成本和税金为零,不考虑保证金问题;第四,该标的资产可以自由买卖,即允许卖空,且所有的证券都是完全可分的;第五,期权为欧式看涨期权,执行价格为 K,当前时刻为 t,到期时刻为 T(以年表示);第六,在期权的有

---

① 郑宇花. 碳金融市场的定价与价格运行机制研究[D]. 北京:中国矿业大学,2016.

效期内,无风险利率 R_f 为常数,投资者可以此利率无限制地进行借贷;第七,市场不存在无风险套利机会;第八,标的资产价格的波动性为常数,这一假设是该期权定价模型成立的关键条件[①]。

布莱克-斯科尔斯假设标的资产价格服从正态分布,基于无套利均衡理论,推导出了欧式期权定价公式,其中看涨期权定价模型为

$$C = SN(d_1) - Ke^{-R_f(T-t)}N(d_2) \tag{6-40}$$

无套利均衡是从单个经济行为者追求利益最大化的假定推导得出的。其中,$N(d)$ 代表标准累积正态分布函数,有 $N(-d) = 1 - N(d)$,对于给定变量 d,服从平均值为 0,标准差为 1 的标准正态分布 $N(0,1)$ 的概率。

$$d_1 = \frac{\ln\left(\frac{S}{K}\right) + (R_f + \sigma^2/2)(T-t)}{\sigma\sqrt{T-t}} \tag{6-41}$$

$$d_2 = d_1 - \sigma\sqrt{T-t} \tag{6-42}$$

其中,C 表示看涨期权的价格。

根据欧式看涨期权和看跌期权之间存在平价关系,可以得到无收益资产欧式看跌期权的定价公式:

$$P = Ke^{-R_f(T-t)}N(-d_2) - SN(-d_1) \tag{6-43}$$

其中,P 表示看跌期权的价格。

Black-Scholes 期权定价模型具有两个重要特性:一是模型不考虑投资者的风险偏好,即不包含预期收益率变量;二是模型依据可观察变量(如期权执行价格、标的资产的收益率波动率、无风险利率、期权期限等)计算期权的价格。由此可见,期权商品市价越高,期权价格越高;期权商品市价变动越大,期权价格越高;期权执行价格越高,期权价格越低;距期满日的期限越长,期权价格越高;无风险利率越高,期权价格越高。

(2) 碳期权定价的 B-S 公式

传统的 B-S 模型假定交易成本为零,且标的资产价格的波动率已知且恒定。事实上,交易成本总是客观存在的。此外,碳排放权市场比金融市场更容易受到行业需求和监管强度的影响,而随着环保政策标准的提高,碳排放权价格的波动率会增大。因此在构建碳期权定价模型时有必要基于这两个方面的考虑对 B-S 期权定价模型作出相应修正。

① 考虑交易成本的 B-S 碳期权估价模型[②]。由于衍生碳资产价格和标的碳资产价格都受同一种不确定性(dz)影响,若匹配适当,标的碳资产多头盈利(或亏损)总是会与衍生碳资产空头的亏损(或盈利)相抵消,从而消除这种不确定性。假设 C 是依赖 S 的衍生碳资产价格,为了消除 dz,针对欧式看涨期权,可以构建一个包括一单位衍生碳资产空头和 $\frac{\partial C}{\partial S}$ 单位标的碳资产多头的组合。令 Π 代表该投资组合的价值,则

$$\Pi = -C + \frac{\partial C}{\partial S}S \tag{6-44}$$

①　Hull J C. 期权、期货及其他衍生产品[M]. 王勇,索吾林,译. 10 版. 北京:机械工业出版社,2018.
②　赵小攀,李朝红,任晓鸽. 基于 Black-Scholes 期权定价模型的碳排放权定价[J]. 商业会计,2016(7):28-31.

但投资组合在 Δt 时段内价格的变化量 $\Delta \Pi$ 不再是看涨期权的改变量 ΔC 与标的碳资产的改变量 $\left(\dfrac{\partial C}{\partial S}\right)\Delta S$ 之差,还应在此基础上减掉交易成本。在 t 时刻,假定标的碳资产的价格为 S,那么在投资组合中,用 $\left(\dfrac{\partial C}{\partial S}\right)(S,t)$ 表示投资的标的碳资产的份额,经过 Δt 时间后,标的碳资产的价格和投资份额均发生变动。可求得在 Δt 时间内,发生的交易份额为

$$n = \left(\frac{\partial C}{\partial S}\right)(S+\Delta S, t+\Delta t) - \left(\frac{\partial C}{\partial S}\right)(S,t)$$

最后,利用泰勒定理将交易份额 n 展开,并依据交易额的期望来推导交易成本期望,可得

$$E(K \mid n \mid S) = K\sigma S^2 \sqrt{\sigma t} \sqrt{\frac{2}{\Pi}} \left| \frac{\partial^2 C}{\partial S^2} \right| \tag{6-45}$$

运用新定义的投资组合公式推导 B-S 碳期权定价模型,并依据无套利原则,该投资组合一定只能获得无风险收益率,得出的新模型为

$$C = SN(d_1) - Ke^{-R_f(T-t)}N(d_2) \tag{6-46}$$

$$R_f\left[C - \left(\frac{\partial C}{\partial S}\right)S\right]\Delta t = E\left\{\left[\frac{\partial C}{\partial t} + 0.5\left(\frac{\partial^2 C}{\partial S^2}\right)\sigma^2 S^2\right]\Delta t - K \mid n \mid S\right\} \tag{6-47}$$

其中,

$$d_1 = \frac{\ln\left(\dfrac{S}{K}\right) + \left[R_f + 0.5\left(\sigma^2 - K\sigma\sqrt{\dfrac{2}{\Pi \Delta t}}\right)\right](T-t)}{\sqrt{\sigma^2 - K\sigma\sqrt{\dfrac{2}{\Pi \Delta t}}} \times \sqrt{T-t}} \tag{6-48}$$

$$d_2 = d_1 - \sqrt{\sigma^2 - K\sigma\sqrt{\frac{2}{\Pi \Delta t}}} \times \sqrt{T-t} \tag{6-49}$$

② 调整价格波动率的 B-S 碳期权估价模型。标的资产价格的波动率已知且恒定,这是 B-S 期权定价模型成立的关键条件。但碳金融资产的价格受一定时期内环保政策等的影响较大,长期来看碳金融资产价格波动率不是恒定的常量,而是具有鞅属性和时间——价格依赖性的波动结构,即波动率具有时变性。实际上,碳价是一个有偏的随机游走分布,即对数收益率拒绝服从正态分布,且碳价具有尖峰厚尾以及长记忆性的特征,因此,按连续复利计算标的资产收益率标准差而估计的波动率对碳金融期权定价建模会产生偏差。在研究碳资产价格的时间序列波动率(即风险)的过程中,我们需要对原始 B-S 期权定价模型中的波动率进行改良,并用调整后的波动率替代原模型中的波动率来对碳资产进行估价。目前主要采用广义自回归条件异方差(generalized autoregressive conditional heteroskedasticity, GARCH)法来修正时间波动率。

波勒斯勒夫(Bollerslev)在 1986 年提出了 GARCH(1,1)模型,这是最简单的 GARCH 模型。它假设随机误差项的条件方差在很大程度上取决于误差项条件方差的先前值,而不只是误差。该项先前值的平方增加了滞后波动率对自身的影响,因此,它具有广泛的应用范围。在研究代表时间序列波动率(即风险)的参数 σ 的过程中,构建 GARCH(1,1)模型,并将预测波动率与 B-S 期权定价模型相结合,建立基于 GARCH 和 B-S 模型的碳资产期权定

价方法如下：

$$\sigma_t^2 = \gamma V_L + \theta\varepsilon_{t-1}^2 + \beta\sigma_{t-1}^2, \qquad (\gamma + \theta + \beta = 1) \tag{6-50}$$

其中，θ 为回报系数，β 为滞后项系数，V_L 为长期平均方差，γ 可以由 $\gamma = 1 - \theta - \beta$ 计算得到，ε_{t-1}^2 指用均值方程残差平方的滞后项来度量从前期得到的波动性信息，σ_{t-1}^2 为上一期的预测方差。

通过以上模型，市场经济实体可以通过以前的交易数据和标的碳资产的波动性来评估未来的价格和风险。

（3）基于 B-S 模型的碳资产期权定价

根据碳资产的特殊属性，对 Black-Scholes 模型进行修正，在其中加入交易成本，参考公式(6-45)～公式(6-49)，并再次对原始模型中的波动率进行改良，参考公式(6-50)，从而得到较合理的估计碳资产价格的 B-S 期权定价模型。

2. 碳资产期权定价的蒙特卡罗模拟法

传统 B-S 期权定价方法为解析法，当期权的数量不大时，B-S 法在期权交易策略中可以进行精确的定量分析，计算出准确的解析解，十分方便快捷。但当期权价格依赖路径或者情况复杂时，B-S 法不再适用，它仅适用于欧式期权。蒙特卡罗模拟法擅长处理盈亏比较复杂的情况，它把随机波动性和奇异期权的很多复杂特性都考虑进去，对标的变量超过 3 个或路径依赖型的期权数值计算方法特别拿手，并且简单便利，计算效率也高。但它也不完美，只能对欧式期权进行计算。实际上，美式期权的持有人没有理由在到期日前行使权利，因为提前行使选择权无疑放弃了价格可能继续上涨（下跌）而进一步获利的机会，也就放弃了期权的时间价值。在正常情况下，美式期权的持有人往往在临近到期日才作出是否行使权利的决定。因此，B-S 和蒙特卡罗模型也能用来计算美式期权的价值。下面将具体介绍碳资产期权定价的蒙特卡罗模拟法。

（1）经典的蒙特卡罗期权定价方法

蒙特卡罗模拟法是建立在数理统计理论基础上的期权定价方法，实质是通过模拟期权价格随机运动路径，计算期权价值的期望值。自 1977 年鲍意尔（Boyle）将蒙特卡罗模拟法运用于欧式衍生期权定价分析后，这种方法便开始广泛应用于期权定价分析领域。它的基本原理是：首先，利用数学知识对所求解问题建立数学概率模型；其次，保证所建模型的数学期望等于要求解的值；再次，进行大量抽样观察；最后，对抽样生成的随机变量求算术平均值。该算术平均值即为所求的近似估计值。记 σ 为波动率；μ 为期望收益率；S 为标的资产价格，它满足 $\mathrm{d}S = \mu S\mathrm{d}t + \sigma S\mathrm{d}z$ 几何布朗模型，且处在风险中性世界，$\mathrm{d}z$ 为标准布朗运动；E 为期望值；ε_i^n 为互相独立的正态分布随机数；S_T 为到期日 T 的资产价格；将时间 $[0,T]$ 分成间隔为 δ_t 的 m 个单位，通过 $(0,\delta_t)$ 正态分布表示间隔为 δ_t 的布朗运动，生成样本路径。

在 t 时刻，$S(t) = S_0\exp\left[\left(\mu - \dfrac{\sigma^2}{2}\right)t + \sigma W_t\right]$，将其进行离散化有：

$$S(t+\delta_t) = S_t\exp\left[\left(\mu - \frac{\sigma^2}{2}\right)\delta_t + \sigma\varepsilon\sqrt{\delta_t}\right] \tag{6-51}$$

记 $S_0^n, S_1^n, S_2^n, \cdots, S_m^n$ 为 n 条不同的价格路径$(n = 1, 2, \cdots, N)$，因为标的资产价格满足 $\mathrm{d}S = \mu S\mathrm{d}t + \sigma S\mathrm{d}z$ 布朗运动，于是，

$$S_i^n = S_{i-1}^n \exp\left[\left(R_f - \frac{\sigma^2}{2}\right)\delta_t + \sigma\varepsilon_i^n \sqrt{\delta_t}\right] \tag{6-52}$$

风险中性世界中，欧式期权的定价公式为

$$P = e^{-R_f T} E\left[g(S_T)\right] \tag{6-53}$$

对看涨期权而言，$G(S_T) = \max(S_T - K, 0)$；对看跌期权而言，$G(S_T) = \max(K - S_T, 0)$。

在一个时间间隔里，根据 $S(t+\delta_t) = S_t \exp\left[\left(\mu - \frac{\sigma^2}{2}\right)\delta_t + \sigma\varepsilon \sqrt{\delta_t}\right]$ 可以得出：

$$S_T = S_0 \exp\left[\left(R_f - \frac{\sigma^2}{2}\right)T + \sigma\varepsilon \sqrt{T}\right] \tag{6-54}$$

在只有一个时间间隔的条件下，利用几何布朗运动，则式（6-53）可以表示为

$$P = e^{-R_f T} \int_{-\infty}^{+\infty} g\left(S_0 e^{\left(R_f - \frac{\sigma^2}{2}\right)T + \sigma\varepsilon \sqrt{T}}\right)\left(\frac{1}{\sqrt{2\pi}} e^{-\varepsilon^2}\right) d\varepsilon = e^{-R_f T} \int_0^1 f(x) dx \tag{6-55}$$

且 $P = e^{-R_f T}\left[\dfrac{1}{N}\displaystyle\sum_{n=1}^N f(x_n)\right]$，如果有 m 个时间间隔，在式（6-53）的基础上则有：

$$S_T = S_0 e^{\left(R_f - \frac{\sigma^2}{2}\right)\delta_t + \sigma\varepsilon_t \sqrt{\delta_t}} \cdots e^{\left(R_f - \frac{\sigma^2}{2}\right)\delta_t + \sigma\varepsilon_t \sqrt{\delta_t}}, \delta_t = \frac{T-t}{m} \tag{6-56}$$

可以进一步计算出式（6-55）的 m 维积分：

$$P = e^{-R_f T} \int_{-\infty}^{+\infty} \cdots \int_{-\infty}^{+\infty} g\left[S_0 e^{\left(R_f - \frac{\sigma^2}{2}\right)T + \sigma\varepsilon_1 \sqrt{\delta_t}} \cdots e^{\left(R_f - \frac{\sigma^2}{2}\right)T + \sigma\varepsilon_m \sqrt{\delta_t}}\right]\left(\frac{1}{\sqrt{2\pi}} e^{-\varepsilon_1^2} \cdots \frac{1}{\sqrt{2\pi}} e^{-\varepsilon_m^2}\right) d\varepsilon_1 \cdots d\varepsilon_m$$
$$\tag{6-57}$$

从而

$$P \approx e^{-R_f T} \frac{1}{N} \sum_{n=1}^N F(x_1^n, \cdots, x_m^n) \tag{6-58}$$

假设在时刻 T 的现金流为 $G(S_0, S_1, \cdots, S_T)$，则

$$P \approx e^{-R_f T} \frac{1}{N} \sum_{n=1}^N G(S_0^n, S_1^n, \cdots, S_T^n) \tag{6-59}$$

（2）碳期权定价的蒙特卡罗模拟

由于现存的碳期权实际是碳期货期权，碳期权的价格依赖碳期货价格，所以我们可以在碳排放权配额指数的基础上，采用蒙特卡罗数值模拟法研究碳期货期权的仿真定价模型，主要程序和步骤如下[1]。

① 碳排放权配额指数期货设计。在目前的配额交易市场上，以 EU ETS 为主要的交易机制，其中，碳排放权期货（EUA 期货）的交易主要在法国能源交易所（Powernext）、北欧电力交易所（Nord Pool）以及欧洲能源交易所（EEX）进行，所构建的碳排放权配额指数，仿照美元指数建立的思路，即以本国对外国别贸易依存度的比重作为权数，设为 η，以各交易所交易量的比例作为赋权标准，分别设为 $\theta_P, \theta_N, \theta_E$。考虑到 EU ETS 是在 2005 年建立的，故将指数的期初选在 2006 年 1 月 1 日，并将期初指数标准化为 100，由此构建如下指数时间序列：

---

① 张恩杰. 碳排放权配额指数期货期权的蒙特卡罗方法研究[D]. 北京:中国人民大学,2011.

$$EUAX_t = \eta \times (POW_t)^{-\theta_P} \times (NNP_t)^{-\theta_N} \times (EEX_t)^{-\theta_E} \tag{6-60}$$

在此基础上,为更清晰地展示国内减排成本与以上所构建指数之间的关系,首先用同期银行间市场拆借利率,加上同期汇率相比于上期汇率的一阶差分,对碳排放权指数做二元回归,得到 OLS 方法下的两者权重关系,在此基础上构建指数,将即期标准化为 100,得到减排成本指数与碳排放权配额指数之间的契合关系。

② 构建碳排放权配额指数期货定价公式。有了碳排放权配额指数的时间序列,可以得到以下计算公式来计算碳排放权配额指数期货数据:

$$F(t,T) = Ie\Big(\sum_{i=1}^{3} w_i S_i - R_f + \mu\Big)(T - t) \tag{6-61}$$

其中,I 是碳排放权配额指数,w_i 是第 i 种成分的权重,S_i 是该交易所上 EUA 的价格,R_f 为无风险利率,T 为期权到期时间,t 为当前时刻。

在式(6-61)中,关键的是漂移率 μ 的计算,它由式(6-62)确定:

$$\mu = \frac{1}{2}\Big(\sum_{i=1}^{3} w_i \sigma_i^2 + \sigma_I^2\Big) \tag{6-62}$$

其中,σ_i^2 是各成分价格的波动率,σ_I^2 是碳排放权配额指数的波动率,它由式(6-63)给出:

$$\sigma_I^2 = \sum_{i=1}^{3}\sum_{j=1}^{3} w_i w_j \sigma_i \sigma_j \rho_{ij} \tag{6-63}$$

计算 σ_I^2,首先需要确定各成分碳排放权价格的波动率与它们之间的相关系数。对于波动率的估计,可参考之前 90 天或 180 天的对数收益率来估计当天各交易所 EUA 的日波动率及两两之间的相关系数 ρ_{ij}。

③ 欧式碳排放权配额指数期货期权的蒙特卡罗方法。接下来应确立碳排放权配额指数期货这一标的资产所服从的对数正态分布参数:选取前 90 天的对数收益率来估计当天各交易所 EUA 的日波动率 σ 及两两之间的相关系数 ρ_{ij},这样,实际上便构造了一个 7×7(每日)的协方差矩阵,再将一天中的 σ_I^2 用公式算出(这里要注意的是除了相关系数为 1 的数值,其他的均要 2 次相加),得到 σ_I^2 的时间序列。另外,要注意的是,用前 90 天算出的波动率是日波动率,而公式中所求的是年波动率,因此,需要在日波动率之前乘上 $\sqrt{252}$,将其变为年波动率。按公式(6-62)计算可得到漂移率 μ 的时间序列。

此外,要计算 $F(t,T)$,首先要知道在所求期间内各成分的即期 EUA 价格以及即期无风险利率。与商品期货的习惯相一致,并参考现有交易所上的 EUA 期货合约的设计情况,可将每年的 3、6、9、12 月作为所设计碳排放权配额指数期货的交割月份,再将每月最后一天(交易日)作为交割日,分别计算出各个期货合同的剩余时间$(T-t)$,并以此为依据求出期货价格(一年以 360 天计)。另外,期货合同开始日期的价格便是 S_t,同时期国债利率为无风险收益率 R_f。综合以上数据,根据经典的蒙特卡罗期权方法,便可借助 MATLAB 软件计算出模拟 N 次后欧式期货期权的仿真价格,即

$$C = e^{-R_f(T-t)} \frac{1}{N}\sum_{i=1}^{N} \max_i\{F(t,T)_i - K, 0\} \tag{6-64}$$

$$P = e^{-R_f(T-t)} \frac{1}{N}\sum_{i=1}^{N} \max_i\{K - F(t,T)_i, 0\} \tag{6-65}$$

为了得到更精确的结论以使蒙特卡罗方法在期权定价中发挥更为积极的作用,最简单的方法是增加模拟次数,但随着模拟次数的增加,置信区间收敛的速度越来越慢,且计算能力要求较高。除了增加模拟的次数,样本方差的减小同样可以使所估计的结果精确度有所提高,有很多种方法可以缩减方差,如对偶变量技术、控制变量技术、分层抽样、条件蒙特卡罗模拟、重要性抽样等,其中通用的方法有前三项,而后两项是针对一些特殊的期权所采用的方法,如条件蒙特卡罗方法适用于选择性期权的仿真定价,这里不再详细介绍。

延伸阅读　世界银行发布《2022 年碳定价现状与趋势》报告

就目前来说,碳期权定价问题在复杂多变的金融市场变得极具挑战性。现在有关期权定价理论的假设或多或少会与实际偏离,这就要求我们尽可能地研究出既客观又方便快捷的期权定价方法。

 课程思政

如何建立有效的碳价格形成机制助力国家"双碳"目标的实现?

习 题

1. 简要说明碳资产的价值构成理论。
2. 简述资本资产定价理论的基本内涵。
3. 除遵循金融资产定价的一般性规律外,碳资产还以哪些特殊的定价理论为支撑?
4. 碳期货价格预测主要有哪些方法? 请进行简要概述。
5. 碳期权定价的蒙特卡罗模拟方法的主要程序和步骤是什么?
6. 结合全球碳定价状况和发展趋势,分析当前我国应从哪些方面优化碳市场价格形成机制。

第7章

碳资产市场的风险控制

【内容提要】
　　介绍碳资产市场的概念、特征、发生原因、主要类型以及碳资产市场风险的控制手段。

【教学目的】
　　要求学生建立起有关碳资产市场风险的理论框架,了解碳资产市场风险的基本类型,理解碳资产市场风险的管理工具。

【教学重点】
　　碳资产市场风险的主要类型;碳资产政策风险、投资风险等各类风险的识别测度;国内外碳资产市场风险的控制现状。

【教学难点】
　　对碳资产市场风险的控制。

　　碳资产市场对活跃碳市场交易、缩减碳排控企业成本以及实现碳资产保值增值有重要作用。然而在具体操作过程中,碳资产市场会面临多种风险,影响碳资产业务的顺利进行,从而降低企业参与的积极性。为了加强企业对这些风险的认识并做好应对措施,有必要对碳资产市场中面临的相关风险进行深入探讨,并且引入多种应对措施。

7.1　碳资产市场风险概述

7.1.1　碳资产市场风险的内涵

　　很多因素都影响着碳资产市场的正常运作,了解并有效识别、计量这些可能产生的风险因素,对于碳资产市场各个参与主体都十分重要。尤其是碳资产价格,而碳交易市场的价格与碳资产需求量受多种因素的影响,碳资产管理中需要承受碳市场波动带来的不确定性。

在各个国家之间,由于存在不同的发展模式,因此在经济发展水平方面有着极大的差异,从而导致在发展的过程中影响了碳交易的价格与需求,进而影响碳资产管理业务的规模与收益。在碳交易市场中,化石能源对企业进行碳资产管理业务有着极大的影响,如果化石能源价格偏低,企业就可以大量收购化石能源,从而大量使用化石能源进行生产工作,造成了大量二氧化碳的排放,进而使得碳配额需求越来越旺盛,促进了碳资产管理业务的蓬勃发展。另外,新能源的开发与使用、新技术的出现也会影响碳交易市场的价格与供给,从而对碳资产管理业务的发展起到一定的作用。

综上所述,碳资产市场风险是指由于多种因素会影响碳交易市场的价格与碳资产需求量,碳资产管理中需要承受碳市场波动带来的不确定性。也就是碳资产市场中,参与主体在具体的业务活动过程中存在各种事先无法预测的不确定因素,如外部环境的干扰或者碳资产市场参与主体违背合约条款的有关规定等,使得其他各参与主体蒙受损失的风险。[1][2][3]碳资产市场风险包括政治风险、政策风险、投资风险等。

7.1.2　碳资产市场风险的特征

1. 客观性

与碳资产业务相关的外部环境是客观存在且无法改变的,如法律政策环境、自然环境等是客观存在的,不随着碳资产市场参与主体的意志而转移。自然灾害、政治变动、宏观经济环境波动等因素都可能影响各个主体参与碳资产交易所面临的风险,并且都无法改变这种客观存在的环境。

2. 不确定性

碳资产市场是基于碳排放、碳交易、碳定价等因素而存在的一种金融创新模式,其本身的不确定性和外界环境不断变化,导致了碳资产市场风险具有不确定性的特点。

3. 传导性

碳资产市场的运作需要企业、金融机构、决策部门、监管部门等各个主体的共同参与,某一个节点出现的风险都有可能将风险传递给其他参与主体,导致风险扩散,使各个参与主体都受到损失。

4. 动态性

与大部分风险一样,碳资产市场风险也存在动态性,会随着碳资产市场规模、模式创新、运营状况变化以及外部环境变化等因素出现动态变化。

5. 复杂性

碳资产市场风险涵盖了政治风险、投资风险、政策风险、市场风险等各类风险。其中,这些风险的某些因素会使碳资产市场产生危机。

6. 可控性

碳资产市场风险的复杂性与客观性给相关工作带来困难,但并非无法控制。从短期看,

① 王梦瑶. 我国电力企业碳资产风险管理研究[D]. 长沙:湖南大学,2019.
② 操巍. 碳金融风险防范制度建设[J]. 财会月刊,2019(9):171-176.
③ 王颖,张昕,刘海燕,等. 碳金融风险的识别和管理[J]. 西南金融,2019(2):41-48.

对碳资产市场风险的控制主要依靠参与主体的努力。从长期看,宏观监管措施更应在碳资产市场风险控制中发挥作用。

7.1.3　碳资产市场风险发生的原因

1. 碳资产价格波动

碳配额管理制度导致稀缺资源被逐利者发展为不良资产的可能性增加。市场上出现了大量不以使用碳抵减额度或守法投资为目的的投机性资产管理公司,以期在上涨的碳交易价格中实现超额收益,而不是试图帮助企业获得合格的碳排放抵减产品用以达到碳排放标准。当市场中的投机者越来越多时,出售者与中介资产管理公司合谋就成为常态,其会勾结信用机构提高碳资产评级等级,以提高碳抵减项目产品的价格,从而刺激碳泡沫的产生及次级资产的发展。更恶劣的情况是投机性管理公司可能采取过度承诺未来碳抵减信用额度,而不提供真正碳抵减项目的方式来吸引投资者交易。过度投机交易行为和过度宽松的市场价格波动范围会导致碳金融资产价格严重背离真正的价格,并引发碳资产泡沫的破裂和碳资产市场的崩盘。

2. 认证机制不成熟

一般而言,当投机性资产管理公司(投机中介方)没有出具必须使用清洁发展机制(CDM)项目的证据,而相关监管机构未核实该证据就对企业授信并用于碳交易,就很容易导致风险的发生。这种风险往往是碳资产管理公司与第三方认证机构合谋所致。碳资产管理公司会在获得碳信用额度前向投资者承诺碳交易额度,随后聘请第三方信用机构对企业拟出售的碳减排额度进行核查,并将核查的信用额度提交国家CDM项目管理机构审批。这种做法会将系统性信用风险全部转嫁给投资者,这是中介方碳资产管理公司在国家CDM项目管理机构审批额度前,或审批信用额度过程中,或温室气体排放标的已经减少而无法获得信用额度时,就利用第三方认证结果承诺出售碳标的物而造成的。而当碳资产管理公司没有取得能进行交易的碳信用额度时,其就会将碳信用额度组合成次级碳用于交易。可见,第三方认证机制的不成熟会加剧碳资产市场风险。

3. 资产捆绑

碳金融规模的增长为碳资产证券化提供了丰富的标的资源,由此可能带来多种碳资产的集中捆绑。对于投机者资产管理公司来说,其会将世界各国各个阶段的抵减碳项目捆绑在一起,并将资产依照不同的风险水平分割和销售,最终带来未来的碳交易风险和碳资产混合风险。此外,由于第三方认证机构的能力有限,对这种复杂的碳捆绑项目也很难进行质量分析,导致碳资产证券化的风险难以监督。而随着碳资产现货交易市场的发展,且未来活力将仅次于碳债券市场,该市场将成为碳债券市场的有利补充,在一定程度上降低资产捆绑导致的市场风险。

4. 利益冲突

在碳资产交易中,咨询公司与投资公司之间、第三方机构与银行之间、银行与投资公司之间均存在利益冲突。信息不对称所导致的逆向选择与道德风险问题使投资者在交易中处于劣势地位,需要监管机构提供相应的保障制度,一旦制度不完善,就很难保护投资者的利益。我国的银行、保险、证券分别由银保监会、证监会监管,具体到碳金融市场,大型商业银行具有多种碳金融产品且早已形成混业经营,如绿色信贷、碳债券、碳保险等,在这些产品中,绿色信贷、碳保险由银保监会监督,碳债券由证监会监督。一旦银行与购买碳配额的企业发生利益冲突,很可能出现不同的监管方"推诿扯皮"的现象。可见,一旦监管制度不完善就很难降低碳交易中出现的利益冲突风险[①]。

7.2 政治风险与政策风险

7.2.1 政治风险

1. 政治风险的内涵

政治风险是东道国的政治环境或东道国与其他国家之间政治关系发生改变而给外国投资企业碳资产业务相关的经济利益带来的不确定性。给外国投资企业带来经济损失可能性的事件包括:没收、征用、国有化、政治干预、东道国的政权更替、战争、东道国国内的社会动荡和暴力冲突、东道国与母国或第三国的关系恶化等。

政治风险常常分为宏观政治风险和微观政治风险两大类。宏观政治风险对一国之内的所有企业都有潜在影响,如恐怖活动、内战或军事政变等。微观政治风险仅对特定企业、产业或投资类型产生影响,如设立新的监管机构或对本国内的特殊企业征税。另外,当地业务合作伙伴如果被政府发现有不当行为,也会对本企业产生不利的影响。

从政治风险的结果看,可以把政治风险分为影响到财产所有权的风险和只影响企业正常业务收益的风险两类。前者是指导致外国企业或投资者失去资产所有权或投资控制权的政治方面的变化,如国有化或强制性没收财产等;后者则是指导致减少外国企业或投资者经营收入或投资回报的政治方面的改变。

绝大多数的政治风险问题属于微观层次的问题,而且多涉及企业或投资者经营收入和投资回报,而不是财产所有权。政治风险的直接原因是东道国或投资所在国国内政治环境的变化及其对外政治关系的变化,而且是对外国企业和外国投资者不利的变化。在理解政治风险时,必须注意以下几点。

(1) 政治风险是外汇风险的一种类型,因此发生政治风险的前提条件与发生外汇风险的前提条件是一致的,即企业或投资者必须持有外汇头寸(foreign exchange position)或在国外进行直接投资(foreign direct investment),否则就不会出现政治风险。

(2) 政治风险是指政治原因所造成的经济损失。政治风险的根源是东道国或投资所在国国内政治环境或对外政治关系发生变化,而这种变化给外国企业和外国投资者造成的后果是双向的,它可能带来积极的效应,即有利于外国企业和投资者,从而给后者带来经济利益;它也可能带来消极效应,从而不利于外国企业和投资者,给他们带来经济损失。而政治风险是指后者,即一个国家在政治方面发生的能给外国企业或投资者带来经济损失的某些改变。

(3) 政治风险并不是指外国企业或投资者所遭受到的实质性的经济损失,而是指发生

---

① 操巍. 碳金融风险防范制度建设[J]. 财会月刊,2019(9):171-176.

这种政治变化的可能性以及由此导致的经济损失可能性的大小。一个国家的政治风险大，并不意味着外国企业在该国进行投资或持有该国的资产就必然会带来经济损失，而是意味着该国的政治环境朝着不利于外国企业或外国投资者的方向发生变化的可能性较大，由此引起经济损失的可能性也较大。但事情往往是相对的，高风险往往伴随着高收益，一旦风险事件没有实际发生或企业避险成功，那么企业或投资者得到的回报也是比较高的。[1][2][3]

2. 政治风险的识别

企业对一个国家的政治风险评估可以通过购买专业机构的研究报告来实现，也可以通过企业自身的专业研究人员来评估。对一个国际化程度较高的企业来说，设立自身的海外风险研发机构有助于企业长远的发展，进而可以实现海外投资风险最小化目标。企业所需的政治风险识别应该是对和企业经营活动相关的政治环境中不确定因素的识别。这种识别必须满足以下要求：①目前政治环境中可能产生变动的因素；②这些因素会引发何种政治事件；③这些政治事件对企业经营活动的影响。从上述三个要求可以得出这样的结论，即并非每一个政治事件都会对企业的经营活动产生影响。不同产业的企业对政治风险的敏感性也不尽相同。因此，一个适合企业的政治风险识别方法要求只对当前政治环境中可能对企业产生影响的因素进行甄别和描述。识别的变量的范围过于宽泛反而会导致企业因为顾虑政治风险而失去市场或者错失发展的机会。政治风险识别的一个根本目标是识别风险源，而风险本身具有的不确定性，使得人们无法准确地预测究竟是什么因素会在什么时间造成政治环境发生什么变化给企业带来什么影响。然而，可以认为政治风险一般通过以下几个层次对企业的经营活动施加影响，进而做到对政治风险的识别。

（1）地缘层面。概括地说，地缘政治就是外交战略与地区安全战略。外交战略是基本，地区安全是根本，如何在地缘政治中扮演角色，军事和经济是决定因素，而外交战略是体现国家的诉求。这个层次划分的主要依据是：非东道国产生的政治风险。因此，所有被划分到这个层次的政治风险都来自东道国之外，非东道国政府直接对企业施加影响。一般这个层次的政治风险不直接受东道国政府的控制。冷战结束，世界政治格局发生了重大变化，纯粹为争夺生存空间而进行的领土扩张观念日趋过时，一种以经济利益和经济关系取代政治关系与军事对抗的态势不断发展。

在中国企业的跨国经营活动中，地缘政治正成为一个阻碍中国企业进入外国市场的主要因素，主要体现在以下几个方面。①国际关系。最重要的是东道国与母国的关系。如果母国与东道国交恶，那么企业将很难在东道国开展正常的经营活动。如果东道国与其他国家关系紧张，则需要考虑企业对其他国家在市场、资源、技术或资金方面的依赖程度。如果东道国和某国关系紧张，而企业对该国依赖程度高，那么就很可能影响到企业在这个国家开展的业务。②区域经济一体化组织。区域组织采取区域保护、经济报复和政治报复及区域内部协调的行动将给企业带来政治风险。③战争和恐怖主义袭击。战争和恐怖主义对企业的影响主要是造成经营困难或者经营活动无法继续，间接影响汇率变化，导致原材料价格变动，从而使企业利润减少。

① 阳军. 国外政治风险评估现状分析[J]. 国外社会科学，2018(4)：77-84.
② 张建. 国际投资政治风险评估方法分析[J]. 科技创业月刊，2004(8)：13-15.
③ 邓小鹏，Low Sui Pheng，高莉莉. 国际工程项目政治风险水平评估及策略分析[J]. 现代管理科学，2016(8)：66-68.

（2）政治层面。这个层次的主要划分依据是政治的不稳定和政策风险。因为任何政治体系对团体政治参与的承受能力都是有限的，特别是经济发展还不可能满足社会所有团体的特殊要求的情况下更是如此，团体的诉求得不到权力机构的认同或者和其他团体的利益产生冲突就会产生政治的不稳定。因此，可以把团体的诉求看作政治不稳定的根源。

团体是指一些有着共同利益的个人，因共同利益而联合成团体，代表多数成员的利益而行动，对公共利益和政府有影响力。团体理论认为，任何政治决策过程中都会存在着某种程度的"选举"，而"选举人"就是拥有不同权利的团体。政府制定的政策就是各个团体合力的结果，而当一个团体的利益和政府或者其他团体产生不可调和的矛盾时，就会爆发罢工、示威、暴乱甚至演变成内战。由上所述，可以把政治的不稳定、政策的不稳定、民族主义、示威和内战等由东道国国内政治力量博弈所引发的政治风险归到这一类。因此，详尽了解当前东道国国内存在哪些利益团体，并对它们之间的关系和它们的目标与政府政策之间的关系进行仔细分析，对企业正确评估政治风险是有益的。

（3）社会层面。在任何社会中，原则和标准都被划分为符合法律的、符合伦理道德的、符合公平原则的和符合意识形态的四类。法律是由政治系统确立和修改，由国家强制力保证实施的。法律规定了在它所辖范围内哪些是允许的、哪些是禁止的以及区分两者的程序。而伦理道德是社会中占据主导地位的价值观和哲学系统。公平原则是法律制定的重要依据。

这一层次的核心问题是企业的活动是否符合东道国的社会价值观？这包含了三个因素：符合东道国的法律法规、伦理道德以及意识形态方面的规范。这三个方面相互关联、互相影响，并共同构成了整个社会的价值观。所以，企业能否获得在东道国经营的"准入资格"，一个关键的问题在于企业能够在多大程度上和东道国的价值观相匹配。一个企业如果完全不认同东道国的价值观，那么它的经营活动肯定会陷入困境。

（4）行业层面。行业层面主要包括如下几个因素。首先是碳排放政策，这是东道国政府在一定时期内经济工作的方针、原则和路线。碳排放政策取决于东道国政府的经济发展战略，而经济发展战略又受政治形势和经济形势的影响。其次是行业竞争性，在一个行业里，企业面对的竞争对手主要分为东道国的国有企业、非国有企业和其他外国企业。这些竞争对手都会通过一定的非市场手段来获取优越的条件。而非市场手段已经深深地介入到了国际竞争当中。因此，企业对东道国产业进行分析的时候，必须将行业的竞争程度列为重点分析内容。最后是敏感性，主要从产品的技术敏感性、安全的敏感性（国家安全和对公众安全）、经济的敏感性和环保的敏感性来分析。

中国企业在开拓海外碳资产市场进行跨国投资交易的前期，应该从上述四个层面对投资目标国的经济、政治、文化、外交、法律等环境进行全面的考察，分析项目投资后可能面对的政治风险，以及这些政治风险出现的可能性，并与投资项目的收益进行比较，最终决定是否投资。如果项目具备投资价值，那就要针对可能面临的政治风险在项目谈判过程及后续的经营管理过程中采取相应的防范措施、制定应急预案等。①

---

① 姚凯，张萍. 中国企业对外投资的政治风险及量化评估模型[J]. 经济理论与经济管理，2012(5)：103-111.

3. 政治风险的评估

关于政治风险评估方法的研究已经开展了多年,对政治风险评估方法的分类有许多种,具有代表性的是从东道国角度出发的宏观分析法和从跨国公司角度出发的微观分析法。[1][2][3]

(1) 政治风险宏观分析法。它是指一国突然发生的某些政治事件剧烈地改变了当前的政治制度,使得现行政治结构力量发生重组,从而直接或间接地影响到该国的企业经营环境。宏观政治风险分析中的重要变量是政治不稳定,对此通常采用以下模型进行评估。

① 失衡发展与国家实力模型。此模型由霍华德·约翰逊(Howard C. Johnson)提出。其基本前提是,政治风险是该国失衡发展与该国实力相互作用的结果。决定一个国家失衡发展的因素来自政治发展、社会成就、技术进步、资源丰度和国内秩序五个方面。失衡发展来自以上五个方面进步程度的差异性和非持续性。而国家实力表现为该国经济、军事与外交关系的结合。这一模型将世界各国按照实力与平衡发展状况分为四类:失衡强大国家、平衡强大国家、失衡弱小国家和平衡弱小国家。四类国家中,发生没收的概率最低的为平衡强大国家和平衡弱小国家,而失衡弱小国家存在中度没收概率,失衡强大国家没收的概率相对最高。在此模型中,与政治不稳定相当的变量因素是非均衡发展。

② 国家征收倾向模型。此模型是哈罗德·克鲁德森(Harald Knudsen)基于拉丁美洲国家样本统计分析提出的。其含义是:一个国家的挫折水平和大量外国投资的相互作用能解释该国没收倾向。而一国的挫折水平形成于该国的抱负水平、福利水平和期望水平,这些水平假定可代表一国的生态结构。当一个国家的福利或经济预期低于抱负水平时,该国的挫折水平就相对较高,若此时有大量的外国投资资产涌入,那么这些外国投资资产就可能成为国家挫折的替罪羊而遭没收。在此模型中,与政治不稳定相当的变量因素是国家挫折水平。

③ 宏观社会政治模型。该模型的核心是将政治不稳定解释成各种经济的、意识形态的及社会力量的综合作用。模型全面抽象地解释了从宏观环境因素及由此导致政治不稳定性之间的传导过程。此类模型的优点在于提供了宏观层面风险分析的构架,着重考察东道国的社会力量、意识形态力量、经济力量以及它们与政治不稳定性的动态变化的因果关系。其缺点是不能判定政治不稳定性与实际投资项目或企业的关系,亦即不能准确描述各种风险事件对外资项目的确切影响。

④ 政治制度稳定指数分析法。政治制度稳定指数由丹·哈恩德尔(Dan Haendel)等人提出,旨在为政治风险提供一个定量分析框架。它由三个分指数构成:国家的社会经济特征指数、社会冲突指数和政府作用指数。其中,社会冲突指数有三个分量分别为社会不安定、国内暴乱和统治危机。这些指数分别根据各类指标测定,计算时可从年鉴、政府文件等出版物中获得。与其他方法相比,政治制度稳定性指数分析法的优点是利用客观数据而不是将

① 邓小鹏,Low Sui Pheng,高莉莉. 国际工程项目政治风险水平评估及策略分析[J]. 现代管理科学,2016(8):66-68.

② 姚凯,张萍. 中国企业对外投资的政治风险及量化评估模型[J]. 经济理论与经济管理,2012(5):103-111.

③ 杨嵘,寇江波,闫勇兵. 中国石油企业海外投资的政治风险评估研究[J]. 西安石油大学学报:社会科学版,2014,23(2):8-12,20.

主观判定资料作为衡量风险的指标,包含的因素也较全面。主要缺点是没有在政治制度稳定性指数与各个风险变量之间建立联系,因而不能说明制度的稳定性或不稳定性与跨国经营或投资风险的关系,也就是没有指出衡量了政治制度风险之后应该做什么以及投资决策者如何利用所评估的结论。

⑤ 政治风险指数。美国商业环境风险评估公司(Business Environment Risk Intelligence, BERI)定期在《经营环境风险资料》上公布世界各国的政治风险指数,动态考察不同国家经营环境的现状以及未来 5 年和 10 年的情况。它先选定一套能够灵活加权的关键因素,再由专长于政治科学而不是商务的常设专家组对评估国家的多项因素以国际企业的角度进行评分,汇总各因素的评分即得该国政治风险指数。予以评估的因素有 3 类 10 项,如表 7-1 所示。

表 7-1　政治风险指数评估体系

一级因素	二级因素
政治风险内因	政治派系和这些派系的权利; 语言、民族与宗教群体及其权利; 维持权力所诉诸的限制性措施; 思想意识形态,包括民族主义、腐败、妥协; 社会状况,如人口密度、分配制度等; 可产生极左政府的势力的组织与力量状况
政治风险外因	对主要敌对国家的依赖性、重要性; 取悦政治力量的负面影响
政治风险征兆	示威、罢工和街头暴力在内的社会冲突; 政治暗斗和游击战争所显示的不稳定性

评分采用百分制,每一项 10 分。70 分以上为低风险,表示政治变化不会严重影响企业,也不会出现重大社会政治动乱;55～69 分为中度风险,表明已发生对企业严重不利的政治变化,某些动乱将要发生;40～54 分为高风险,表明已存在或在不久的将来发生严重影响企业的政治发展态势,正周期性地出现重大社会政治动乱;39 分以下为极度风险,表明政治条件严重限制企业经营,财产损失可能已经出现,已不能接受作为投资的国家。

(2) 政治风险微观分析法。绝大多数的微观风险产生于东道国的法规和政策调整。比较而言,微观政治风险分析方法更加针对投资项目和商业企业所面临的具体风险。这类方法可以确定风险与其对某一项目潜在影响的相关程度。常见的评估模型如下。

① 丁氏渐逝需求模型。该模型属于微观政治风险评估方法。丁氏(Wenlee Ting)的"渐逝需求模型"的基本命题是:在经济民族主义竞争迅速上升、粗暴的社会政治风险不断下降的条件下,外国投资项目的政治风险与该项目对东道国的"看中价值"呈反向关系。此模型考虑了渐逝协议现象以及非工业化国家发展工业的经济趋势。这种趋势为:当越来越多的国家加速工业化并致力于经济发展时,没收和国有化这类暴力风险将逐渐变得罕见。而这里的"看中价值"表现为该项目为东道国所需要的程度,动态地看,它随技术领先程度的降低和其他国际企业竞争的加强而逐渐下降。决定投资项目"看中价值"的主要因素如表 7-2。

表 7-2　丁氏渐逝需求模型的评价体系

序号	主要影响因素	与"看中价值"的关系
1	投资项目所属产业	对当地经济贡献越大的产业,"看中价值"越大
2	该产业中当地企业的数量	数量越多,竞争越激烈,"看中价值"越低
3	该产业中当地企业所占的市场份额	份额越大,"看中价值"越低
4	该投资项目占当地市场的份额	成正比关系
5	国民经济计划中该产业优先发展地位	地位越高,外资项目可能受到抑制,价值低
6	该项目的创新与技术领先的程度	创新与技术领先的程度越大,受鼓励的可能性越大,价值也会高
7	项目在出口中的作用	项目出口能力强,越受当地的欢迎
8	同产业中外国企业的数量	数量越多,"看中价值"越低
9	获得非跨国公司技术的容易程度	有利于东道国技术获得,"看中价值"越大
10	本公司的形象	形象越好越受欢迎
11	符合东道国进入管理制度	符合程度越高,越受欢迎

　　表 7-2 中,1～7 项因素的相互作用决定着投资项目的"看中价值"随时间推进而下降的状况,而 8～11 项因素间接影响同一时间"看中价值"的大小。如果公司在项目实施中正面因素作用加强,则该项目的"看中价值"上升,反之则下降。

　　② 产品政治敏感性测定方法。产品政治敏感性测定方法是理查德·罗宾森(Richard Robinson)提出来的,该方法的主要含义是不同的产品具有不同的政治敏感性,政治敏感性取决于该产品在东道国国民经济中的地位和影响。政治敏感性的大小与该产品面临的政治风险成正比,即政治敏感性低的产品投资政治风险小,得到东道国关注的可能性也小;反之,则政治风险大。当然,即使产品的政治敏感性大,其面临的政治风险也大,但如与东道国经济发展政策同向,也可得到东道国的政治鼓励而减轻政治风险。影响产品政治敏感性的因素共有 12 项,如表 7-3 所示。

表 7-3　产品政治敏感性测定评价体系

序号	产品评价因素	评分	备注
1	产品供应是否要政府慎重讨论决定		
2	是否有其他产业依赖本产品		建筑、机械等
3	是否是社会和经济上的基本必需品		药品、食品业
4	对于农业生产是否很重要		
5	是否影响东道国的国防力量		
6	是否必须利用当地资源才能有效生产经营		石油开采业等
7	近期内当地是否会出现与本产品竞争的产业		
8	是否与大众宣传媒介有关		电视、收音机等

续表

序号	产品评价因素	评分	备注
9	产品是否是劳务形态		
10	设计或使用是否基于若干法律上的需要		
11	对使用者是否存在潜在危险		
12	产品的行销是否会减少东道国的外汇		
总分			

在具体评价过程中,要根据东道国的情况分别给予评分,对绝对否定者给 10 分,对绝对支持者给 0 分,对介于两者之间的情况分别给予相应的分数。最后累计 12 项因素总分,分数最低者表示该产品政治敏感性最强,分数最高者则表示政治敏感性最弱。该方法简单实用,可根据产品特点并在对东道国调查的基础上,对各项因素进行评分。然而,该方法也有其不足的一面,比如对每项因素的权重都是一样的,这样难免对结果产生影响,在外汇十分短缺的情况下,如果产品行销将明显减少东道国的外汇,则该产品的政治敏感性的分数可能远远超过 10,甚至达到 20 或者更多。所以,在使用该方法时,权重应该区别对待,对不同的国家,每一项因素权重应有不同。另外,还需根据东道国不同时期的情况适当增加相应的因素,使最终结果更具有使用性。

4. 政治风险的控制

(1)预防性措施。在进行碳资产业务投资之前,政治风险一旦确定,企业应该采取回避、保险、特许协定等预防性策略,尽量避免或减轻政治风险所带来的不利影响。

第一,做好风险防范预案。跨国经营的企业只能采取一些防卫措施,尽可能减轻此类事件带来的危害。制定危机预案便是跨国经营的企业可以采取的针对突发事件的主要措施。危机预案的制定要在母公司与子公司或其他形式的分支机构两个层面进行。对公司管理部门与普通员工进行风险教育,告知各类突发暴力事件发生应如何应对,具体包括:发生暴力事件时,母公司与子公司之间、事件发生地子公司与邻近子公司之间如何保持联络;如何保护公司财产;如何逃离事发地或东道国;如何保持低调、保护自己等。

第二,投保政治风险。投保政治风险是一种比较积极的预防性策略。在具有政治风险的领域中,通过对各种资产进行投保,企业可以将政治风险转嫁给保险机构,从而可以集中精力管理其经营业务而不必顾及政治风险。目前许多发达国家都建立了政治风险承保机构,对本国公司的各种海外资产提供政治风险保险服务。比如美国建立了海外私人投资公司(OPIC),为美国投资者在海外的投资,特别是在非发达国家的投资提供政治风险保险服务。我国中保财产保险公司和中国进出口银行也已经开设了海外投资政治风险保险业务。另外,日本、英国、德国、法国、澳大利亚、瑞士、比利时等国也都建立了政治风险承保机构,对本国企业和部分国家的国际投资者承担政治风险保险业务。政治风险的险种一般包括禁止货币兑换险、征用险、战乱险、营业中断险四种基本类型,保险额一般在投资额的 90% 以内。

第三,签订特许协定。企业在进行跨国经营之前,可以通过谈判和东道国达成"特许协定",在协定中列明企业在东道国当地经营将享受的各种政策及应该遵守的规则,比如允许股利、特许权使用费和管理费的自由汇出;允许原材料和部件的当地采购;允许企业进入东道国金融市场融资;允许雇用外籍管理人员和工作人员;明确发生争议时应援引的仲裁法及仲裁地点等。尽管这些协定在很多发展中国家常常因为政权的更替被终止,但它毕竟可以为企业的跨国经营活动提供某种法律保证。

第四,限制技术转移。一旦企业拥有先进的技术、独特的生产工艺和技术诀窍,并保持一种垄断地位,就能立于不败之地。为此,企业在跨国经营时可以将研究和开发设施、专利技术的使用留在母国,即使海外的子公司被征用或国有化,其发展也失去了后劲,难以为继,这样就可以在一定程度上降低政治风险所带来的损失。比如全球的可口可乐子公司的业务主要是装瓶和销售,而可口可乐的关键配方——浓缩液的研究开发和生产完全由美国的母公司控制,100多年来,可口可乐的技术诀窍从没有因为跨国经营的政治风险而泄露。

第五,举办合资企业。为了避免国际投资中单个企业承担过大的政治风险,企业可以设法和其他投资者在东道国对某一项目合资经营,举办合资企业。目前合资企业已经成为许多跨国公司,比如美国、日本等国对外投资的主要方式。由于这种方式可以提高东道国技术、管理能力并弥补资金上的不足,扩大就业,带动经济发展,因此东道国大都愿意接受。另外,与东道国当地的所有者分享所有权,可以使当地人和企业的利益结合在一起,往往能够降低被征用或国有化的风险,因为东道国政府顾及本国的利益从而不会滥施权力。因此,许多原先采用独资经营的企业,在政治风险高涨之前也逐步转向合资。

(2)分散性措施。

第一,最小化东道国的敌对情绪。在跨国经营实践中,东道国常常担心外国投资者会为了自身利益而不惜牺牲东道国的利益,掠夺东道国的财富。只要存在某种担心或害怕心理,那么外国投资者所处的政治环境就会充满某种敌意和冲突。因此,为了赢得回报,跨国经营者首先必须克服敌对情绪,用事实而非空谈来证明公司的战略与东道国的长远目标相一致,让东道国从外国投资中感受到福利的增加,从而减小东道国政治风险发生的可能性。

对于遵纪守法并希望把东道国政治风险降至最低的外国公司来说,在跨国经营中避免无谓冲突,在存异中求同的基本途径包括以下几种:①尊重东道国文化,在东道国以客人身份行事;②流利使用当地语言不仅有助于销售,而且有利于缔结良好的公共关系;③外国公司应努力以的确具有价值的公共项目为东道国的经济、文化作贡献;④外国公司应培训管理人员及其家属,使他们在外国环境中举止得体;⑤配备称职的东道国雇员;⑥知晓利润并非完全属于外国公司,东道国雇员与东道国经济也应受益。

为了确保东道国政府及其国民意识到外国公司对东道国经济、社会发展的贡献,外国公司需要有效谨慎地处理好有关东道国市场的事务,树立良好的公共形象,与东道国政府维持一种良好的关系,主要应做到以下几点:①使东道国出口增加或通过进口替代使进口减少,从而改善东道国的国际收支;②使用东道国生产的资源;③向东道国转让资本、技术或技能;④给东道国创造就业机会;⑤增加东道国的税收。

第二,实施有计划的本土化战略。如果预期东道国会对外国投资企业实行本土化,那么最有效的长期解决方法就是自己有计划、分步骤地实施本土化战略。首先,该种策略要求外国公司在投资伊始制订好计划,尽快使公司业务符合东道国的经济需求,并让东道国国民逐渐参与公司经营的各个环节。这样即使东道国人士占据重要的管理职位,掌握大部分股权,母公司也可以拥有一定的控制权。因为那些经过公司培养的当地人更有可能从公司的角度看问题,而不是仅仅从东道国的利益出发。其次,东道国供应商经过一段时间的发展最终可能为外国公司提供相当大份额的货源,从而满足政府的国产化要求。此外,在若干年内将产权售出,不仅可以鼓励产权分散,还可以确保公平合理的投资回报。最后,随着投资早期非常重要的政府特许与鼓励,在经济上已变得可有可无,那么公司所面临的政治风险就会大大降低。

第三,有计划撤资。企业实行跨国经营之后,如果政治风险明显加大,严重威胁到海外子公司的生存,就可以从该东道国全面撤出投资。比如,可以在一定时期内向当地的投资者或合资一方转让全部或部分股权,以减少风险资产。但是能否得到满意的转让价格很难确定。特别是在转让谈判过程中受到征用或国有化威胁时,往往很难达到满意的转让价格。

第四,改变征用的成本效益比。如果东道国政府的征用行为目标是理性的,那么只有征用后的经济效益大于所付出的成本时,东道国才会采用征用策略,因此企业可以通过提高征用成本来预防征用。比如企业可以通过控制产品出口市场、运输路线、技术、商标等来提高东道国征用的成本效益比。

第五,发展当地的利益相关者。如果东道国当地的个人或者团体对子公司能否继续作为企业存在产生了利害关系,则可以切实削弱被征用的风险。比如与当地企业合伙经营可以得到一定程度的保护。另外,向东道国当地的金融机构举债也会削弱被征用的风险,因为金融机构考虑到子公司的现金流量和债务清偿能力,可能对东道国的征用施加压力。

第六,制订恢复计划。一旦进行了投资,跨国经营企业必须与商业及政府层面的伙伴合作,使政治或经济事件带来的不利影响最小化。假设发生了最为不利的情况,必须采取措施使其损失最小化,同时在利用新的发展机会时要充分发挥其经验的作用。理想的策略是预先制订恢复计划,预先计划可以大大提高跨国经营企业应对不利局面的速度和效率。

(3)补救性措施。虽然企业可以采取预防性策略和分散性策略来预防或降低跨国经营中的政治风险,但由于风险是一种客观存在,所以完全杜绝政治风险是不可能的。如果政治风险已经发生,企业可运用以下缓解性策略来尽量避免或减少政治风险所带来的损失。

第一,理性谈判。一旦得到子公司即将被政府征用或国有化的消息,企业就应该立即同政府进行联系并展开谈判,使其认识到征用是一个错误的政策,从而放弃征用而和企业继续保持原来的合约。企业可以引证其将继续为东道国提供的种种经济利益,或征用后将给东道国带来的严重后果。当然,东道国政府也有可能已经对征用的利弊得失做过分析,并认为结果是可以接受的。在这种情况下,企业再做说服工作也不会奏效。只有在东道国政府将征用作为取得公司让步的谈判手段时,此种策略才可能生效。

第二,施加压力。在确实无法保住子公司产权的时候,企业就要试着集结自己能够调动和运用的各种力量来对东道国政府施加压力,以解决企业面临的政治风险。比如可以争取反对征用的政治团体的支持、母国政府的支持等。另外,还可以采取一些经济措施,比如切断关键部件的供应、撤回主要的管理技能和技术等向东道国政府施加压力。

第三,寻求法律保护。在东道国政府正式启用征用或国有化政策时,企业可以寻求法律的保护,以期获得赔偿。法律的保护途径可能来自东道国、母国和国际机构。当东道国的司法系统独立而且执行公正原则时,在东道国申请法律仲裁的速度最快、成本最低。如果在东道国无法得到合理解决,企业可以在一定条件下寻求母国法律的保护。另外,企业也可以向国际仲裁法院起诉,比如巴黎的国际商会仲裁院、瑞典斯德哥尔摩高等仲裁院、华盛顿解决投资争端国际中心等都可以为企业跨国经营提供调解和有约束力的仲裁。

第四,放弃保持产权努力。当前面三种对策无效时,企业只好放弃持有产权,力争获得较高的补偿以及通过许可证协议或管理合同等方式继续从被征用的企业中获利。由于东道国在经营资源方面有所匮乏,可能还需要与企业签订管理合同。实践表明,所有权的放弃并不等于盈利机会的丧失,交出股权同样能够获利,关键是财产创造现金流量的能力。因此,当以上办法均不能有效地解决争端时,企业可以考虑放弃资产所有权,换取与东道国政府签订管理合同。

7.2.2 政策风险

1. 政策风险的内涵

在传统金融市场中,政策风险属于系统性风险的一种,每一项经济政策、法规的出台或调整都会通过影响资金供应、证券收益而间接引起市场的波动。碳交易市场建立在政策基础之上并高度受政策和制度的约束,属于完全的政策性市场,由配额分配规则、履约规则以及项目和减排量审批规则等引发的风险是碳交易市场中特有的政策风险,上述风险具有明显的外生性和全局性特征,对碳交易市场的影响更为迅速和直接。对于碳资产这个特殊资产,政策风险是不可避免的。风险主要来自两个方面:一是环境政策风险;二是交易政策风险。

在环境政策方面,一是在国际社会中这部分风险来自低碳贸易壁垒。过去我国受到经济发展模式的限制,国家的低碳意识比较薄弱,会很容易受到国际社会贸易壁垒的阻挡。例如,欧盟曾提出设置碳关税,主要目的是防止不需承担履约义务的国家对其环境倾销,如中国、印度等国家。二是环境政策风险主要来自对超出履约范围的排放行为的处罚。我国虽然没有国际上的减排任务,但是为了整个社会的发展,我国一直在进行自我减排,目前越来越多的行业被纳入碳管制,政府对超标排放行为的处罚越来越重,尤其是对于高污染的企业,以此来督促他们转变生产方式,完成好减排的任务。特别是对于电力企业,转变生产方式需要耗费大量的人力、物力、财力,面对环境政策带来的风险,控排企业的碳减排的压力巨大,会给企业碳资产带来巨大的不确定性。

在交易政策方面,不同国家和地区的政策有所不同。例如,我国的碳交易试点中,碳配额初始分配方式和碳交易制度都不相同,而且随着市场的发展还在不断变化,这都给企业的碳资产带来很大的不确定性。目前我国配额发放大多采用免费形式,只有很少一部分进行拍卖,但是随着碳交易市场的发展,政府在某个时间过后很有可能采用拍卖的方式对碳配额资产进行分配,这时企业要想获得碳资产就要付出更高的成本。此时企业必须及时了解政府出台的新政策,尽早做好应对策略,确保企业拥有碳资产。

此外,由于碳交易标的的稀缺性是由政策和法律确定的,因此政策的可持续性(或连续性)对市场的稳定和存续具有决定性的影响。再者,减排项目审批和减排量核证的相关政策的变动也可能引发风险。由于减排项目的投资规模大且回收周期长,涉及项目生命周期各环节政策的不确定或不合理都将影响市场参与者的预期并造成项目回报的降低,因此也大大增加了政策风险的可能性。

例如,为了促进我国碳资产管理业务的顺利开展,我国主管部门在七个试点省市都出台了相应的政策。为了适应这些密集而多变的政策,企业必须做好相应的调整工作,才能顺利实施碳资产管理业务,以避免与政策不符而导致无法顺利实施相关工作。有关部门对政策的调整,主要是为了能够顺应市场规律,但是一些政策调整过于密集且没有连贯性,也没有公布调整的依据,这样就有可能降低企业参与的积极性。同时,在不同区域实行不同的配额分配、企业准入资格,将影响不同区域的企业成本,也不利于企业之间的公平竞争,造成了一系列问题的出现。[①]

2. 政策风险的识别[②]

政策系统是由信息、咨询、决断、执行和监控五个子系统构成的。这些子系统各有分工、相互独立又密切配合、协同一致,促使政策系统的运行得以顺利开展。这个系统常常要受到环境因素和人为因素的影响,故而政策风险的来源主要有两个方面:一是来自政策系统内部的风险;二是来自政策环境的风险。

(1)来自政策系统内部的风险识别

① 依据政策过程进行识别。政策的过程性很明显,一般划分为政策制定和政策执行两大过程,通过对这两大过程的层层细分,就不难发现潜在的风险。如果站在政策制定过程的角度来进行风险识别的话,政策制定过程可进一步细致划分为政策问题的确认、政策议程、政策规划、政策合法化和政策采纳五个子系统。其中,政策规划是政策制定过程的核心,是进行决策的环节,又可以划分为政策目标确定、政策方案设计、政策方案评估优选和政策方案可行性论证。因此政策规划是政策制定过程中的主要风险识别环节。政策执行过程也可细致划分为政策执行、政策评估、政策调整与改变和政策终结四个子过程,其中每个子过程又可以继续细分,直到对最后一级子过程进行风险识别。通过这种对政策过程的层层细分,可以使风险识别像一个过滤过程,不忽略每一个细枝末节,从而更有效地、精确地将政策风险一一辨别出来。

② 依据涉及的参与者和影响者进行识别。在对政策的分析中我们发现,直接参与或间接影响政策的利益集团有政策的决策者、执行者、政策对象、政策机构的智囊团及公众媒体等。

决策者是政策的主要参与者,他们在政策的制定过程中占主导地位,直接关系到政策本身的质量。

执行者是政策执行阶段的主要参与者,是政策的具体实施者,因此政策能否按照既定目标起到既定效果,在很大程度上取决于执行者对政策的操纵。

政策对象是政策的实施对象,即受政策规范、制约的社会成员。政策调整或规范的是人的行为以及人与人之间的关系,尤其是利益关系。受到利益约束或损害的这一部分政策对象必然形成政策执行的阻力,因此政策效果的好坏与政策对象的态度是密切相关的。

智囊团是指政策研究组织,又称"思想库",它是现代政策中一个不可缺少的组成部分,

---

① 王颖,张昕,刘海燕,等. 碳金融风险的识别和管理[J]. 西南金融,2019(2):41-48.

② 陈伟珂,王亦虹. 公共政策风险识别系统研究[J]. 中国软科学,2003(3):20-24.

智囊团的成熟程度是衡量一个国家政策水平高低的重要尺度。

公众媒体在这里是指不直接参与政策过程,但通过间接方式影响政策的直接参与者的大众和新闻媒体。公众媒体可以通过各种信息渠道使政策问题被政府部门认定,或者通过舆论力量表示对政策认可和接受与否。因此公众媒体虽然不直接参与政策的决策和执行,但对政策各个阶段产生的影响是巨大的。

以上各方相互作用、相互影响,有些行为直接指向政策,分析和判断以上各方的利益和行为就不难识别出即将面临的政策风险。

（2）来自政策环境的风险识别

现代管理学提出了环境理论,即应当将组织置于它所处的环境中研究问题,而环境又包括组织的内部环境和外部环境。权变管理理论的创始人卡斯特(Custer)和罗森·茨韦克(Rosen Zwick)进一步发展了对环境的认识:"组织是范围更广的分系统,即环境的分系统。""把系统观念与权变观念应用于研究组织及其管理时,从环境超系统入手是很有必要的,不要一开始就搞任何内部分系统,第一步总是要走向这个组织系统的更高一层,研究这个系统对超系统的依存关系,因为这个超系统将限定从属系统的行为变化。"

管理学中环境理论的日臻成熟无疑对我们研究政策风险具有重要的启发意义。将政策置于它的环境超系统中,不难发现除了上述在政策过程中蕴涵的风险即政策的内部环境风险,还有来自政策外部环境的风险,这也是我们关注的重点。从系统论观点分析,内外环境因素将相互作用,共同对政策产生作用。因此不能将这两部分风险因素孤立起来分析,而是要将它们融为一体,进行系统识别。从整体看,政策环境可以划分为政策体制环境和社会心理环境两大类。体制环境是指政策运行的工作环境,包括社会的政治制度、职能架构、政府部门间的隶属关系等;社会心理环境则是指在一定的社会范围内,人们所持的较为普遍的心理活动状态,具有自发性、情感性、互动性、弥散性等特征。

在分析政策风险时,对来自内外部环境的风险因素主要考虑如下两个方面。

① 来自体制环境的风险。包括政府各个部门过多考虑自身利益要求,政府各个部门信息沟通渠道不畅通,组织机构臃肿,工作制度不完善或不合理。

② 来自社会政治心理环境的风险。包括某一时期社会价值观的偏见,对政策对象中利益受损团体的声援,对政府的信任度下降,公众的价值和行为倾向存在感情或情绪化的特征,并因此受到象征行为而不是实质行为的影响,违背了传统的价值观。

通过以上分析不难发现,政策环境因素可造成的风险贯穿政策过程的始终。例如,在政策采纳过程中可能遇到的外部风险因素有公众对政策的看法、相关政策的影响和突发事件的影响等。另外,政策的最终决策者的知识结构、胆识、经验等素质,政府部门之间的公共关系,决策者对政策的态度以及政策采纳的规则都将影响政策法案采纳的最终成败。

3. 政策风险的评估

政策风险评估实际上隶属于政策评估,关注的是政策过程中可能诱发企业碳资产业务稳定问题的各类风险因素。

自 20 世纪 30 年代以来,风险管理研究经过数十年的理论探索和学科发展已经逐步形成了完整的理论体系,包括敏感性分析、层次分析、德尔菲法、模糊综合评价法、灰色关联分析、事件树分析、故障树分析、网络模型法、幕景分析法、情景预测法等企业管理领域常见的风险识别与评价方法也被逐步引入公共管理领域,成为政府管理与政策制定的重要辅助工具。然而,与企业管理相比,政策系统中的风险因素不仅种类繁多、环境复杂,而且相互之间的关系更多变,且大部分风险的发生具有随机性和偶然性,一些传统管理领域中卓有成效的风险评估方法未必能够准确识别碳资产相关政策系统中的风险因素,专门针对碳资产相关政策系统的风险分析方法还有待进一步的探索。

在此,本书重点介绍应用于工程项目中风险因素测算的 CIM(控制区间和记忆模型)分析法。该方法能够借助风险因素之间物理关系的分布特点,结合概率论与重点风险因素识别,对重大碳资产相关政策的整体风险概率进行评价,同时结合重点风险因素和政策环境,拟对现行的碳资产相关政策稳评机制进行调整和完善,以期更好地实现碳资产相关政策社会稳定风险的源头防范和化解。

控制区间和记忆模型(controlled interval and memory models,CIM 模型)使用宽度相同的直方图来表示变量的概率分布,从而简化了概率的叠加计算。按照变量的物理关系,CIM 模型可以分为并联响应模型和串联响应模型两种。在碳资产相关政策实施中,由于各级风险因素的出现具有随机性的特征,因此应采用并联响应模型。此外,在针对政策过程风险概率的计算中,假定各个变量相互独立,因此下文的计算也是建立在这个基础假设上。事实上,在碳资产相关政策实施过程中,风险因素并不是一个接一个有序出现,而是随机出现。假设一项碳资产政策存在 n 个风险,那么风险中任何风险因素出现,整个政策运行都会受到影响。这就如同一个并联电路的系统,任何支路接通,电路就会被接通。所以,我们假设在碳资产相关政策制定和执行的过程中,有 $A_1, A_2, \cdots, A_n$ 个风险因素,在整个并联模型中采取并联的概率曲线的叠加,具体操作是先将 A_1 和 A_2 两个因素的概率相乘,再与第三个风险因素 A_3 相乘,以此类推,从而得到整个政策过程的风险概率。计算公式可以表示为

$$P(A_i = a_i) = \sum_{i=1}^{n} P(A_2 = a_i, A_2 \leqslant a_i) + \sum_{i=1}^{n} P(A_1 < a_i, A_2 = a_i)$$

其中,A_1、A_2 为两个风险因素,a_i 为概率区间的中值,n 为分组数。根据 CIM 模型中风险因素的叠加方法与叠加顺序,针对政策风险的特点,对碳资产政策过程风险进行测算的具体过程如下。

第一,在碳资产相关政策的制定过程和执行过程中,针对风险因素采用并联叠加模型,如图 7-1 所示。

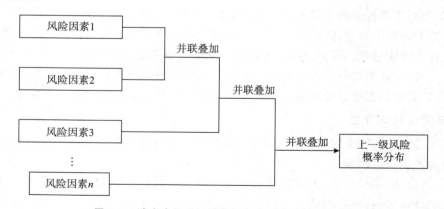

图 7-1 碳资产相关政策过程风险因素并联叠加图

第二,运用并联响应模型将碳资产相关政策过程风险分级叠加,直至分别得到碳资产相关政策制定和执行子过程的各自风险,此后对两个子过程再进行叠加,从而得到总风险。

第三,计算总风险的风险期望值,绘制概率分布图,根据计算结果进行重大碳资产相关政策过程风险评价。

第四,分别从两个子过程中提取风险期望值较高的风险因素进行重点分析。

综上所述,由于在碳资产相关政策的制定和执行过程中各类风险因素交织多变,同时碳资产相关政策的目标群体具有多样化、边界模糊等特性,很难对其风险的发生概率进行精确计算,因而可采取模糊评价方法对重大碳资产相关政策过程中的风险和重点风险因素进行分析考察[①]。

4. 政策风险的控制

碳资产政策风险防范主要取决于市场参与者对国家宏观政策的理解和把握,取决于投资者对市场趋势的正确判断。主要控制策略如下。

(1) 国家政策层面

理顺国家政策与碳资产业务运作内在机制之间的关系。由于政策风险对于碳资产业务起着阻碍作用,因而应慎重地制定宏观政策。对于地方政府来说,在制定政策时应尽量与中央政府保持协调一致,以减少反向性风险。中央政府在制定政策时,应根据市场经济体制的要求,制定配套的改革政策,实现政策法制化。

加强日常监管。在市场运行过程中进行日常监管,可以防微杜渐,防患于未然。出现异常情况时及时作出判断,对违规事件及时查处,以保持良好的市场环境,提高市场监管水平。根据市场的运行和变化,运用市场控制手段,把握市场供求结构和行业平衡,完善市场,减少突变性风险,使碳资产业务在一个平衡、协调的市场中进行。

(2) 企业层面

政策风险管理是现代企业管理的重要内容。企业在碳资产业务中可能因与国家有关政策相抵触而造成损失,因而加强政策风险管理对于企业至关重要。

企业在对政策风险进行管理时,一要提高对政策风险的认识。对碳资产业务过程中面临的政策风险应及时进行观察分析和研究,以提高对政策风险客观性和预见性的认识,充分掌握碳资产业务政策风险管理的主动权。二要对政策风险进行预测和决策。为防止政策风险的发生,应事先确定碳资产业务的风险度,并对可能的损失有充分的估计,通过认真分析,及时发现潜在的政策风险并力求避免。在风险预测的基础上,合理安排碳资产管理计划,搞好风险项目的重点管理,提出有利于碳资产业务的最佳方案,正确作出处理政策风险的决策,并根据决策方案,采取各种预防措施,力求降低风险。对政策性风险管理应侧重对潜在的政策风险因素进行分析,并采用科学的风险分析方法。通过对政策风险的有效管理,可以使企业避免或减少各种不必要的损失,确保碳资产业务工作的顺利进行。

---

① 朱正威,石佳,刘莹莹.政策过程视野下重大公共政策风险评估及其关键因素识别[J].中国行政管理,2015(7): 102-109.

7.3 市场风险与投资风险

7.3.1 市场风险

1. 市场风险的内涵

市场风险是指标的资产市场价格的不利变动或者急剧波动而导致其价格或者价值变动的风险。在碳资产交易市场中,控排企业也面临着市场风险。碳资产的稀缺性使其具有价值。企业在完成减排的基础上,若有多余的碳配额资产,可以将这部分碳资产在碳交易市场中售出而获取收益。同时,当企业减排超额时,也可以在市场中购买自己所需要的碳资产,弥补减排量的不足,从而保证自己不会受到政府的惩罚。由此可见,碳资产交易的价格将极大地影响企业的获利,存在价格风险。当企业有多余的碳资产以高价卖出时,企业将获得一大笔收益;当企业需要购入碳资产,在碳资产低价时买入,那么对企业来说虽然产生了花销,但也是减少了损失,也可以看作一种获利。因此,企业进行交易前如果能够很好地把控交易价格,不仅有助于企业的碳资产使用,也能够保证企业从碳资产中获得收益。随着碳交易市场与资本市场的关系越来越紧密,碳价格也会受到资本市场变动的冲击,从而碳价格的波动性也会越强,会给碳资产的收益和损失带来极大的不确定性。

在进行市场交易过程中,交易双方的自身信用和碳交易过程的透明性都会对履约造成影响,这时就产生了信用风险。在这个复杂的、不透明的交易过程中,会产生信息不对称的情况,交易双方如果不能很好地了解到对方的碳信用状况,那么交易的风险是很大的。因此,随着碳资产交易日益频繁,市场信息变动迅速且不具透明性,这种信息不对称带来的风险会对碳资产交易产生非常大的影响。[1]

2. 市场风险的识别

碳交易市场风险识别的核心在于对任何有可能引起碳价异常波动的因素展开研究分析。碳价异常波动往往会造成碳交易市场的剧烈震荡,严重影响碳资产的流动性。碳交易市场风险因子类型多,作用机制复杂,常常牵涉多个领域。

(1) 能源价格因素

能源品种大致上可以分为传统型与清洁型能源,差别在于消耗产生的碳排放量不同。传统能源主要考虑原油、煤炭、石油,清洁能源则以天然气为代表,这些能源消耗带来二氧化碳的大量释放,因此能源市场与碳市场之间夺在不可忽视联系通道,能源市场价格的波动势必引起碳市场价格的变化。

能源价格因素对碳排放权交易价格的影响路径主要有两种。一方面,当企业追求利润最大化时,在成本最小的驱动下,相关企业的碳排放权配额需求也会有所不同,进而会对试点碳市场的碳排放权交易价格产生影响。当某种能源价格上涨时,能源需求企业成本增加,利润下降,碳排放量下降,减少碳配额需求,而环境承载力不变,碳排量总供给不变,此时供给小于需求,碳价下跌。另一方面,企业选择碳排放量更少的替代能源。碳排放量下降,碳

① 王梦瑶. 我国电力企业碳资产风险管理研究[D]. 长沙:湖南大学,2019.

配额需求减少,碳价下跌。

（2）气候因素

天气温度的变化往往改变社会大众的行为,极高温或极低温条件下,碳排量会发生波动。此时,大众对碳排放权需求的增加,打破碳排放权初始的供需平衡。具体来说,高温时公众会增加制冷等设备的使用,低温时公众会提高取暖设备的使用频率和使用时间。两种情况都导致电力供应量大幅增加,二氧化碳排放量激增,碳配额需求增加。环境承载力不变,总量额制度下,碳配额总供给量一定,供给小于需求,最终导致碳价上涨（如图 7-2 所示）。

图 7-2　气候因素与碳排放权交易价格

（3）汇率等宏观经济因素

汇率波动在进口环节影响企业的生产决策、境外投资者的投资偏好和需求,波及碳市场碳价（如图 7-3 所示）。汇率波动大体上从三个路径干扰碳配额的需求,即消费者对企业产品的需求、能源价格、宽松或紧缩的货币政策对企业生产成本的影响。具体来说,首先是汇率的波动代表货币升值或贬值,从而使消费者的购买力发生变化,消费者对企业产品需求的变动影响着企业收益;其次是能源价格因为进出口渠道受到货币汇率的波动而发生变动,致使企业生产成本改变;最后则是汇率变动引起政府采取不同的货币政策,宏观调控下企业行为发生变化。

图 7-3　汇率等宏观经济因素与碳排放权交易价格

（4）国外碳市场因素

国外碳市场起步较早,其交易制度更加成熟、更具市场活力。由于国际国内碳交易及碳金融市场联系密切,如随着 CDM、CER 机制等在各国市场的互联互通,可能导致国内碳排放权配额需求的变化,最终供需条件下会影响国内碳市场的碳价波动（如图 7-4 所示）。

图 7-4　国外碳市场因素与碳排放权交易价格

3. 市场风险的评估

风险是一种不确定状态以及该不确定状态发生的概率。碳市场风险评测是对风险因子的评价和测度,是对碳市场风险带来的损失进行定量分析,是对风险带来的损失具体化。风险评价是指根据风险估计结果对碳市场风险产生的负面效应、身处的风险等级、碳市场参与者的风险偏好进行整理分析。碳市场风险评测模型常见有 GARCH 模型、SV 模型、EVT 模型、Copula 函数模型等,比较典型的是熵权-TOPSIS 法(technique for order preference by similarity to ideal solution,逼近理想解排序法)[1][2]。

熵权可以量化能源市场、外汇市场、国际碳市场、气候市场等金融市场对碳市场带来的风险。此外,熵权法常用于指标权重的确定,更体现客观性。TOPSIS 对观测数据限制要求少,能对碳市场风险因子进行整体评价并排序。熵权-TOPSIS 法是一种有效的碳市场风险评价模型,能为认清碳市场风险的主要因素、制定决策、实施管理控制提供有用的参考。

(1) 熵权-TOPSIS 法的基本原理

熵权法求解权重原理。熵(entropy)原本是热力学概念,刻画系统的混乱程度。19 世纪中鲁道夫·克劳修斯(Rudolf Clausius)在物理学领域初次尝试运用熵。劳德·艾尔伍德·香农(C. E. Shannon)用熵的不确定来衡量信息的不确定性,从此熵被引入信息论中,称为信息熵。信息系统中信息变异程度越高,信息越无序,信息熵越高。原理是根据评价指标的变异程度来衡量该指标在评价体系中的权重。熵权法根据指标数值上的差异做出客观的赋权,对指标所赋权重越大,说明携带的信息越多,在体系中产生的影响越大。

TOPSIS 法排序原理。TOPSIS 法于 1981 年由 C. L. Hwang 和 Yoon 提出,用于有限方案多目标决策综合分析中,能够局部评价或整体评价体系。TOPSIS 法包含两个基本概念:"最优解"和"最劣解"。首先,需要分析各项指标的优、劣解,其中"最优解"是理想的最优方案,最劣解则是最劣方案;其次,求解每个评价对象与优、劣解之间的欧式距离;最后,比较不同方案与最优方案的相对接近度并基于优先级排序,以此作为判定评价对象优劣的标准。

熵权-TOPSIS 法。熵权法(entropy weight)和 TOPSIS 法是有效的风险管理工具。熵权法确定目标指标的权重,而非人为主观赋予权重。指标的权重体现信息量,正向描述指标作用。TOPSIS 法常用于有限方案多目标决策综合分析中,能够进行局部评价或整体评价。

(2) 熵权-TOPSIS 法模型构建

本教材建立含有能源市场、外汇市场、国外碳市场、气候市场 4 个评价指标,碳市场作为评价对象的原始决策矩阵 A,矩阵中的所有元素对应被评价的对象。

对矩阵 A 做趋势化归一化无量纲化处理,得到标准化矩阵 B。

趋势化处理:

$$d_{ij} = \begin{cases} \dfrac{x_{ij} - x_j^{\min}}{x_j^{\max} - x_j^{\min}}, & x_{ij} \text{ 为正向指标} \\[2ex] \dfrac{x_j^{\max} - x_{ij}}{x_j^{\max} - x_j^{\min}}, & x_{ij} \text{ 为反向指标} \end{cases}$$

---

① 高令.碳金融交易风险形成的原因与管控研究——以欧盟为例[J].宏观经济研究,2018(2):104-111,125.

② 杨鑫.我国试点碳市场风险识别与管理[D].天津:天津工业大学,2020.

归一化：

$$\hat{d}_{ij} = \frac{d_{ij}}{\sum d_{ij}}$$

用熵权法确定指标的同时得到每一个指标的熵值：

$$H_j = -\sum \hat{d}_{ij} In \hat{d}_{ij}$$

计算指标差异度系数，m 为指标个数：

$$K_j = 1 - \frac{H_j}{Inm}$$

计算熵权：

$$w_j = \frac{K_j}{\sum K_j}$$

对原数据加权，确定指标综合权重新得到规范决策矩阵。

$$Z_{ij} = \frac{K_{ij}}{\sum K_{ij}}$$

求得最优解 x_j^* 和最劣解 x_j^0。

各评价指标正理想解和负理想解的欧式距离：

$$d_i^* = \sqrt{\sum_{j=1}^{m} (x_{ij} - x_j^*)^2}$$

$$d_i^0 = \sqrt{\sum_{j=1}^{m} (x_{ij} - x_j^0)^2}$$

根据欧式距离计算综合评价指数，并依优先性排序：

$$C_i^* = \frac{d_i^0}{d_i^0 + d_i^*}$$

4. 市场风险的控制

市场风险因子复杂繁多，碳排放权价格极易受到外界的影响而产生波动，这将导致碳市场的参与者遭受损失、破坏碳市场的建设进度、严重扰乱金融市场的稳定性，因此积极开展碳市场的风险管理显得尤为重要。

（1）市场监管机构方面

碳市场发展涉及多个方面，需要加强政策制度与法律法规的约束。首先，加大穿透式监管，防控风险溢出，开发风险缓释工具，应尤其重视汇率、能源期货期权等市场的波动和风险监控等。其次，监管部门统一试点碳市场的准入机制、交易规则，规范参与主体的行为。再次，加强试点碳市场的信息披露制度，仔细审核（非）金融机构，严格执行各项市场纪律、法律法规，同时做好奖罚。对违规参与者的处罚大于违规成本，对优秀参与者给予奖励激励，提高碳市场参与者的自觉性。环保、征信等部门分工协调、权责清晰。最后，应着力推动产业结构转型升级，从税收、环保、信贷全方面提供政策扶持，支持节能减排高新技术的研发，推动碳市场健康发展。

（2）金融机构方面

首先，金融机构创造优越的交易环境。金融机构要发挥好金融中介服务职能，注重碳金融专业人才的培养,研习国外碳衍生品成熟的交易经验和技术,注意运用先进预测技术与可行的交易工具进行跨市场风险管控等。其次,金融机构激发充沛的碳市场活力。金融机构要善于拓展碳金融业务范围和业务种类,通过丰富交易产品,加强碳金融创新,开发风险转移工具,进一步推进碳衍生品市场的建设,扩大碳市场参与者的投融资渠道,以吸引更多的碳市场参与者,增强了碳市场的流动性,激发碳市场的活力。

（3）投资者方面

投资者参与碳市场交易必须具备一定的金融市场风险分析能力,不断增强风险管控意识。一方面,在碳市场与相关金融市场间具有联动性的背景下,发展碳金融衍生品市场,利用碳金融衍生品工具分散、规避风险。另一方面,重视其他金融市场分析,积极监控和及时管控风险。

7.3.2　投资风险

1. 投资风险的内涵

投资是一种经济行为,主要是企业在市场或实体市场上通过金融交易买卖,获得经济收益的一种经济行为。在实际的碳资产投资活动中,这种收益是不确定的,可能因各种主客观因素的影响而收益翻倍或收益亏损,不确定因素越大所带来的收益也会越高,而风险也就越大。投资风险具备过程性,即一旦企业开始实施碳资产投资行为,投资风险就会伴随产生,尤其是当前市场环境复杂多变,碳资产投资风险所面临的挑战越来越多,不可控性越来越大,对企业的影响也越来越明显。因此,企业在进行碳资产业务投资时,必须把控风险,提前预判,做出对策,对整个投资过程进行全程监控,防止出现无法及时调控的局面,可以引进先进的风控措施,降低风险等级,保障投资与收益相匹配,实现企业经济效益的增长。

目前,从整个投资市场环境来分析,投资风险的类别主要分为两类,即内部投资风险和外部投资风险。内部投资风险主要是由企业内部管理行为引起的,一般以人为因素造成的较多,比如投资者的判断和行为,因为投资行为操作主体是投资人,投资的过程和目标不谨慎、不科学就会触发投资风险。当前,大部分企业的投资模式相对单一,投资管理比较薄弱,投资人的风险控制意识弱会增加风险等级。另外,企业发展速度的变化也是内部投资风险产生的重要原因,即企业发展速度过快或过慢,而投资行为没有与之相匹配,都会产生投资风险。外部投资风险主要是市场环境、经济发展、政策法规的变化和调整引起的,就目前来看,我国的碳资产市场还处于发展期,相关的政策还不完善,投资的行为具有很强的随意性,碳资产市场又受国际市场的影响瞬息万变,企业内部对投资风险的把控不严格,内外因素影响都会产生投资风险。

2. 投资风险的识别

投资风险识别是对投资风险的定性分析之一,就是确定何种风险事件可能影响该投资项目,并将这些风险的特性整理成文档的过程,具体表现为项目管理者识别风险来源、确定风险发生条件、描述风险特征并评价风险影响等过程,该环节是项目风险管理的基础和重要组成部分。

在投资风险识别中一般要借助风险识别的方法,这不但有助于高效率地识别风险,而且操作规范,便于形成规律性模式,成为一种长效管理机制。在应用的过程中要结合碳资产投资项目的具体情况,适当选择工具并组合起来应用以达到良好的识别效果,可选择的风险识别方法主要有以下几种。

（1）财务报表分析法

财务报表分析法是指根据企业的资产负债表、利润表、现金流量表等资料及表外信息,对企业的财务信息进行风险分析,以发现潜在损失的风险识别方法。该方法的优点是资料易得且直观,特别是对于上市公司,但也具有不可避免的缺陷——财务信息是由企业提供的,因此可信度要受到一定的影响。

（2）SWOT 分析法

SWOT 分析法是一种环境分析方法,所谓的 SWOT 是英文 strength（优势）、weakness（劣势）、opportunity（机遇）和 threat（挑战）的简写。SWOT 分析法要求先列出投资项目的优势与劣势,机会与威胁,接着将优势与机会,优势与威胁,劣势与机会,劣势与威胁相组合进行分析,并一一总结出应对策略,制定出利用优势和机会规避劣势与威胁的战略。SWOT 分析法形式上很简单,实质上是一个长期积累的过程,该方法要求分析者尊重现实,特别是对项目自身优劣势的分析要基于事实的基础之上进行量化,而不是靠个别人的主观臆断,分析要重视比较,特别是判断项目的优劣势要着重比较竞争对手的情况。另外,与行业平均水平的比较也非常重要。

（3）德尔菲法

德尔菲法是一种反馈匿名函询法,具体做法如下。首先挑选企业内部、外部的专家组成小组,专家们不会面,互不了解;接着要求每位专家对所研讨的问题进行匿名分析;然后将专家的意见进行归纳、统计,并将全组专家的综合分析答案反馈给专家,之后要求所有专家在这次反馈的基础上重新分析。如有必要,该程序可重复进行。

（4）头脑风暴法

头脑风暴法又叫集思广益法,是指通过营造一个自由的环境,使参与者畅所欲言,充分交流、互相启迪,产生出大量创造性意见的过程。参加头脑风暴会议的人员主要由风险分析专家、风险管理专家、相关专业领域的专家以及具有较强逻辑思维能力、总结分析能力的主持人组成,大家以共同目标为中心,轮流发言并记录,在发言过程中没有讨论,不进行判断性评论,组员在轮流发言停止后共同评价每一条意见,最后由主持人总结出几条重要结论。

3．投资风险的评估

有风险情况下碳资产项目投资决策的评估方法主要有风险调整贴现率法和调整现金流量法两种。

风险调整贴现率法是指将与碳资产项目有关的风险报酬加入无风险报酬中,构成按风险调整的贴现率,并据此进行投资决策分析的方法。具体做法如下。

$$碳资产项目按风险调整的折现率 = 无风险报酬率 + 项目的 \beta 系数 \times$$
$$（市场平均报酬率 - 无风险报酬率）$$

$$调整后净现值 = \sum_{i=1}^{n} \frac{预期现金流量}{1 + 风险调整的折现率}$$

调整现金流量法又叫肯定当量法,是把不确定的现金流量调整为确定的现金流量,然后用无风险的报酬率作为折现率计算净现值。具体做法如下。

$$风险调整后净现值 = \sum_{t=1}^{n} 某期现金流量的肯定当量系数 \times \frac{该期有风险的现金流量}{(1+无风险报酬率)^t}$$

其中,肯定当量系数是指不肯定的一元现金流量相当于使投资者满意的肯定的金额系数,它可以把各年不肯定的现金流量换算为肯定的现金流量。

以上两种方法计算出来的净现值>0,则碳资产项目可行,且多个项目比较时,净现值越大,碳资产项目越好;净现值<0,则碳资产项目投资不可行。

4. 投资风险的控制

控制投资风险可采取以下策略。[1][2]

(1) 风险回避策略

风险回避策略是指当项目风险潜在威胁发生可能性太大,不利后果太严重,又无其他策略可用时,主动放弃项目或改变项目目标与行动方案,从而规避风险的一种策略。例如,目前企业正面对一项技术不太成熟的碳资产项目,如果通过风险评价发现项目的实施将面临巨大的威胁,项目管理班子又没有其他可用的措施控制风险,甚至保险公司也认为风险太大拒绝承保。这时就应当考虑放弃项目的实施,避免巨大的人员伤亡或财产损失。

(2) 转移风险策略

转移风险策略是指将风险转移给其他人或其他组织,目的是借用合同或协议,在风险事故一旦发生时将损失部分转移到有能力承受或控制项目风险的个人或组织。具体实施时可表现为财务性风险转移(如银行、保险公司或其他非银行金融机构)、非财务性风险转移(将项目有关的物业或项目转移到第三方)。

(3) 减轻风险策略

减轻风险策略是通过缓和或预知等手段来减轻风险,降低风险发生的可能性或减缓风险带来的不利后果,以达到减轻风险的目的。这是一种积极的风险处理手段。

(4) 接受风险策略

接受风险策略也是一种积极的应对风险的策略,是指项目组有意识地选择自己承担风险后果的策略。当采取其他风险规避方法的费用超过风险事件造成的损失数额时,可采取接受风险的方法。接受风险可以是主动的,即在风险规划阶段已对一些风险有了准备,所以当风险事件发生时马上执行应急计划;被动接受风险是指项目管理组因为主观或客观原因,对风险的存在性和严重性认识不足,没有对风险进行处理,而最终由项目班子承担风险损失。在实施项目时,应尽量避免被动接受风险的情况,在风险规划阶段做好准备工作才能主动接受风险。

(5) 储备风险策略

储备风险策略是指根据项目风险规律事先制订应急措施和制订一个科学高效的项目风险计划,一旦项目实际进展情况与计划不同,就动用后备应急措施。项目风险应急措施主要有费用、进度和技术三种。预算应急费是一笔事先准备好的资金,用于补偿差错、疏漏及其他不确定性对项目费用估计的影响。预算应急费在项目预算中要单独列出,不能分散到具体费用项目,否则项目管理组就会失去对支出的控制。一般项目管理班子要设法制订一个

---

① 揭旻.企业的投资风险及应对措施研究[J].中国集体经济,2022(21):64-66.

② 段雅超.碳资产管理业务中的风险及应对措施[J].中国人口·资源与环境,2017,27(S1):327-330.

较紧凑的进度计划,争取在各有关方要求完成的日期前完成。从网络计划的观点来看,进度后备措施就是在关键路线上设置一段时差或浮动时间。技术后备措施专门用于应付项目的技术风险,它是一段预先准备好了的时间或一笔资金。当没有出现预想的情况下,并需要采取补救行动时才动用这笔资金或这段时间。

7.4　国内外碳交易市场风险控制现状

7.4.1　国外碳交易市场风险控制现状

为了防止碳资产泡沫的产生,即卖家投机者与中介股票经纪商合谋,利用信用机构对碳资产的评级抬高碳抵消项目的价格,然后可能以较高的市场价格卖给买家投机者,从而哄抬市场价格。欧盟通过制订限额计划、开发碳排放审核系统、建立配套服务自查机制三个措施进行防范。

1. 制订限额计划

为了防止碳配额无限制导致的碳抵消项目过多引发泡沫自我循环扩张,欧盟要求各国上报自己的碳配额,经过审核后最终形成国家碳限额(NAP)。其目的是在共同拥有情况下保持一定均衡,防止国家自查上报份额过多,影响资源分配或被投机者利用以获取过度收益,欧盟采取以下措施进行应对。

(1) 各国根据碳交易泡沫门槛制定国家碳限额后提交欧盟委员会,并且向社会公众公布,目的是采取公众监督的方式限制各国申请过多导致碳交易泡沫的发生。

(2) 欧盟气候变化委员会收到各国上报的碳限额后,必须在 3 个月内完成对该限额的审查程序,审查时需特别注意可能引起泡沫的门槛。目的是用统一、有效的方式公平化的考虑不会产生碳交易泡沫的初始碳额度。审查完毕后,初始碳额度就被确认且不能修改,该额度充分抑制了碳交易泡沫。这一计划既有助于公平地分配不同国家的碳配额,还可将碳金融风险发生的可能性降到最低。

2. 开发碳排放审核系统

建立适当的碳排放审核系统是防止碳交易市场风险的重要途径。欧盟在审核国家碳限额时制定了严格的碳排放审核程序,且聘请专业独立的机构进行审核。欧盟每年会对这些机构的资质进行复核,即要求它们独立于任何一个欧盟国家,也要求其拥有碳排放核查能力和熟练的专长。该系统的运用能够有效防止碳资产泡沫的产生。

(1) 审核碳泡沫发生的额度门槛。防止碳交易泡沫的一个主要方法是减少碳资产数量,使其无法像房地产市场泡沫那样无限制的扩张。然而,欧盟各国所拥有的碳资产数量存在差异,需要一个独立的专业机构进行核查,不仅为了防止各国多报碳限额,也为了减少碳金融危机爆发的可能性。

(2) 监控欧盟各国碳资产泡沫产生的可能性。碳排放审核系统的另一个作用是定期检查各国碳资产的销售情况,以防止投机性交易风险,防范碳资产泡沫的产生。为了达到该目标,专业机构会每年定期在各国进行审核。

(3) 向欧盟气候变化委员会汇报可能产生的碳金融资产泡沫。在经过初始碳限额核查与定期监控后,核查机构有责任将任何可能发生的碳金融风险汇报给欧盟气候变化委员会,以使委员会立即采取措施应对该风险的发生。

3. 建立配套服务自查机制

欧盟要求各国建立配套服务体系,以在风险发生的源头进行控制,该体系包括银行、保险公司及碳基金等金融服务公司。

(1)商业银行具有专业的碳金融资产评估团队,且执行了碳信贷、CDM 项目出售、碳项目筹资等系列碳交易活动,如果能在交易执行时就进行碳风险自查,那么高风险业务就可被阻止。但银行与交易企业间存在利益冲突,银行为了维护自己利益,难以真正自查碳金融资产泡沫产生的可能性。

(2)欧盟是世界保险业最发达的地区,保险公司主要是针对各类碳金融风险提供保险,这能够促使保险公司对碳交易风险进行检查。但碳市场保险政策变化较大,保险公司为了防范自身风险较少愿意接受碳金融业务。

(3)碳基金多由政府建立,政府能够在碳交易前就发现风险,方法是为碳交易双方提供咨询服务,以控制碳交易执行中的风险。欧盟使用碳基金给投资者提供了一种较好的碳风险管理模式。

4. 建立独立碳交易系统

独立的碳交易系统是为了应对碳金融产品无法履约的风险,即在信用机构认证前或认证信用过程中,或是温室气体排放标的已经减少时,卖家承诺出售的碳额度无法交易而毁约的情况。该系统与银行的风险控制系统有相似之处,都是对违规行为进行控制。

(1)该系统主要用于 EU ETS,当有交易发生时双方需将材料提交给该系统,然后由其进行审核。

(2)审核时,如果发现卖方承诺的信用额度还未经信用机构认证或碳排放标的已经少于出售额度,系统会使用授权立即停止交易并将结果反馈给交易双方与监管委员会。这样不仅会影响双方的交易,也会对投机者卖方产生巨大的监管压力。但如果审核通过了,该系统不会对交易双方的资金结算过程进行监督,即无法对整个交易过程进行风险防控,但对碳额度信用认证有较大作用。

(3)由于碳交易市场变化频繁,欧盟气候变化委员会每年需要花费大量资金对该系统的算法进行升级。

5. 加强碳项目信息披露

2000 年,伦敦的机构投资者成立了一个碳项目信息披露(CDP)组织,并建立了目前最大的大气变化数据库。该数据库中的数据均由 CDP 组织从非政府组织、各国政府及机构投资者等多种渠道收集而来,目的是给碳金融交易双方提供行业内最权威的对照数据。虽然 EU ETS 没有强制要求碳交易企业的卖方参与该数据库的数据披露,但几乎在该市场交易的所有企业均采用该数据库中的数据进行碳金融产品风险分析。也就是说如果卖方已将碳项目数据在此平台公布,那么会增加碳金融履约的可信程度与价格的合理程度。同时,买方(投资者)还能从数据库获取欧盟乃至全球的碳排放与碳交易数据,从而计算本次交易的风险程度。可见,CDP 为增强碳次级资产透明度以及防范次级碳的系统性信用风险做出了贡献。

6. 实施价格柔性机制

碳排放刚性额度导致碳交易价格升高,在投机者卖方市场环境下更是如此。为了解决该问题,欧盟先通过清洁发展机制增加碳排放供给额度,即允许欧盟国家在全球其他国家或地区购买碳排放额度,以用于自身使用与交易,这种方法既解决了刚性碳额度问题,又增加了碳市场的活力。此外,还允许各国对本年多余的碳排放额度予以储存,可在以后年度继续交易或使用。这种方法也在一定程度上平稳了碳交易价格,防止了投机者扰乱碳市场的行为。但这两种柔性机制有时会被利用,导致一国碳排放配额过剩而另一国不足的现象,这违背了欧盟满足需求基础上的公平分配原则。

7. 设置实名制认证

出于银行等金融企业将债券捆绑导致最终无法了解责任人的目的,部分欧盟国家要求碳交易双方进行实名认证,即双方在进行碳交易前必须向金融监管机构提交碳交易证明,这在一定程度上登记了碳金融资产捆绑的路径,并帮助监管机构区分利用碳交易进行欺诈的行为。但根据2008年房地产次级贷款的经验,由于次级贷款被捆绑过多次,最终将导致贷款分类混乱,从而使监管机构无从调查最初责任人。此外,这种实名制认证也可能侵犯交易双方的隐私,所以 EU ETS 没有强制要求,各国也没有达成统一。

8. 制定滥用金融产品的处罚条款

为了建立统一的金融市场秩序,欧盟在金融市场交易法中规定了滥用金融产品处罚条款,以保障金融市场的稳定及防止金融市场操作行为的发生。该交易法对碳交易市场仍然适用,对金融巨头利用碳金融产品债券捆绑混合进行欺诈的行为尤其重要。虽然该条款不能完全适用,但在一定程度上起到了防范欺诈行为的作用[1]。

7.4.2 国内碳交易市场风险控制现状

我国碳交易市场的运行起初是通过碳交易试点的方式,所涵盖的领域众多。2008年一些专业碳资产管理公司开始在我国设立,然而这些碳资产管理公司的经营范围主要集中在 CDM 项目的管理上,针对企业经济主体运营角度实施综合性碳资产管理的公司实为罕见。相比较而言,国外的碳资产管理已扩展到开发和创新阶段,而我国的碳资产管理亟待增强。

目前我国的碳交易项目主要集中于 CDM 项目和 CCER 项目。2011年北京市、上海市、天津市、重庆市、湖北省、广东省及深圳市7个省市正式启动碳排放交易试点工作。2013年7大交易试点市场正式开展网上交易。截至2014年10月,国家发展改革委已经批准的 CDM 项目有5 059个,其中新能源和可再生能源所占比例最为显著,达到83%。但由于我国 CDM 项目的推广相比发达国家仍较为落后,绝大多数企业对 CDM 项目的认识停留于表面层次,这给我国 CDM 项目的发展带来了很多问题。此外,为强化碳资产管理的有序性、可量化性,以及完善温室气体的排放统计体系,我国碳交易试点地区各单位共

延伸阅读
我国试点碳市场风险管理案例分析:广东碳资产市场

---

① 高令.碳金融交易风险形成的原因与管控研究——以欧盟为例[J].宏观经济研究,2018(2):104-111,125.

同合作完成规划碳资产管理、创建碳减排指标等工作（如北京出台了场外交易细则，上海出台了碳排放核算指南，广州、深圳的配额管理等工作逐项完成）。2017 年 12 月 9 日，国家发展改革委发布了《全国碳排放权交易市场建设方案（发电行业）》，这标志着我国碳排放交易体系设计的基本完成。

 课程思政

碳资产市场风险对于牢牢守住不发生系统性金融风险的底线有何重要作用？

习 题

1. 碳资产市场风险的内涵、特征。
2. 碳资产市场风险产生的原因。
3. 碳资产市场政治风险的识别、风险评估和风险控制方法。

第 8 章

企业碳资产管理概述

【内容提要】

  介绍企业碳资产管理的内涵、意义、流程、主要类型以及驱动因素。

【教学目的】

  要求学生建立起有关企业碳资产管理的理论框架,了解企业碳资产管理的基本流程,理解企业碳资产管理的驱动因素。

【教学重点】

  企业碳资产管理的主要类型;五种企业碳资产管理的类型;企业碳资产管理的价值驱动和制度驱动的演化。

【教学难点】

  企业碳资产管理的类型。

中国提出"双碳"目标之后,各部门和各领域都出台了一系列的措施力促"双碳"目标的实现。这就意味着在"双碳"目标的约束下,传统高能耗企业面临的资产搁浅风险将逐步显现。因此,要保持稳定安全的碳市场环境,减少对企业的冲击,企业就必须加强碳资产策略管理,逐步实现低碳转型发展。

8.1 企业碳资产管理的内涵、意义与流程

8.1.1 企业碳资产管理的内涵

吴宏杰在《碳资产管理》一书中给出了碳资产的定义,即碳资产是指在强制碳排放权交易机制或者自愿碳排放权交易机制下,产生的可直接或间接影响组织温室气体排放的配额排放权、减排信用额及相关活动。碳资产管理是企业围绕碳交易对碳资产进行战略规划和价值管理的一系列活动,兼顾经济、环境和社会三个层面的效益,平衡节能减排与企业发展

之间的关系,旨在实现企业价值的最大化。碳资产管理是企业环境管理的一部分,是对低碳管理的一种创新,这种环境管理活动是企业通过碳交易对碳资产进行战略规划与价值管理的过程,其目的是实现企业价值的最大化,而这种价值的最大化是通过宏观与微观两方面来实现的。

碳资产管理是一门新兴的正在发展的交叉学科,包括三种类型的管理。其一是基础综合管理,包括对企业的制度规划、碳管理的流程设计、可能存在的碳风险识别、企业重点碳信息披露以及咨询等方面的管理,基础综合管理是碳资产管理的基础;其二是技术管理,包括对企业碳信息的统计核证、减排和能效技术的综合、探寻碳足迹、设计低碳解决方案等,技术管理为企业将碳资源转变为碳资产提供了技术上的支持;其三为碳价值管理,包括 CDM 和 CCER 项目申请注册、碳交易和碳市场的完善发展管理以及碳债券、碳信用、碳保险等碳金融衍生品的管理,碳价值管理的目的是实现碳资产的价值增值。碳资产管理的目的是控制企业二氧化碳的排放量,淘汰某些低下落后的产能,适当调整企业的产业结构,改善能源结构,发展低碳环保清洁能源。对于碳资源,积极进行管理就能变成企业的资产,放任不管就只能是企业的负债。管理好碳资产,抢占未来碳产业发展的制高点,可以为企业创造更好的经济收益,为社会创造更优的环境效益[1][2]。

受碳减排约束的影响,企业进行碳资产管理的路径仅有两条,一是创建富裕的碳排放额,二是通过购买超额排放配额来实现企业碳资产管理的目标。这两条路径会产生不同的结果。第一条路径可以实现企业价值与收益的增长;而第二条路径会导致企业运营负担增加,这在一定程度上阻碍了企业的可持续发展。所以,只有运用科学严谨的碳资产管理方法,企业才能为自己的可持续发展创造新的机遇。正确理解碳资产管理可从以下几个方面展开。

1. 排放配额与核证自愿减排量

经济价值和非经济价值两部分组成了碳资产的总体价值。企业拥有的排放配额和中国核证自愿减排量(CCER)两种碳资产的市场价值,是指强制碳排放权交易机制或者自愿排放权交易机制下,产生的可以直接或间接影响组织温室气体排放的碳排放权配额、减排信用额。经济价值主要是指两种构成碳资产的主要标的的交易价值。目前各碳交易试点的配额价格在 20~50 元/吨;CCER 价格目前没有公开信息,根据项目所在地域、技术类型、监测期等因素,其价格在几元至几十元之间不等。CCER 的经济价值很明确,用减排量乘以市场单价即可得出。但排放配额会涉及履约年年初发放、年末上缴的问题,所以其市场价值包括两部分,即配额的市场价值包括所有配额在该履约年的使用权和上缴之后剩余的净配额的市值。一般企业不会在意配额的使用权,通常选择持有至履约期进行上缴。这样就造成了这部分配额资产利用率低下,而并非通过上市交易赚取价差套利,也可以托管给其他公司获取稳定收益,甚至还可以作为抵押获取贷款等手段进行资产保值增值,造成了巨大的损失。除此之外,排放配额的非经济价值主要在于为企业的未来业务扩展提供空间,这部分无形价值对于高排放行业企业的意义甚至比配额的有形价值还要重大。在未来碳排放空间紧缺的条件下,当一个企业准备提高产能的时候将受限于排放空间的有限性,必须上市采购与这部分

① 马亚男,高学明,吴杰.油气企业碳资产管理体系构建研究[J].财会通讯,2022(20):109-113.
② 鲁政委,汤维祺.碳资产管理:起源、模式与发展[J].金融市场研究,2016(12):29-42.

产能排放量相对应的配额来满足生产需要。

2. 碳盘查与碳核查

企业的碳资产管理涵盖了摸清碳家底（碳盘查与碳核查）、降低排放（管理减碳、技术减碳）和资产增值三部分，涉及企业内部各个单位的合作管理，目的就是实现碳资产（包括经济价值和非经济价值）的增值。碳盘查与碳核查相辅相成，包括碳排放监测（monitoring）、报告（reporting）和核查（verification）的过程机制（MRV），构成了碳资产数据获取的主要来源。对纳入国家碳市场的重点排放企业而言，碳盘查与碳核查都是促进企业碳排放管理的有效途径。

碳盘查的主要目的是通过碳排放信息的披露吸引投资者与消费者的关注，提高社会责任与企业形象，尤其对于出口型企业，产品碳足迹要满足出口国的要求。企业通过内部专门的碳盘查部门或第三方盘查机构，对生产中产生的温室气体排放进行盘查，随后由具备核查资质和公信力的第三方机构对企业需要披露的温室气体排放情况进行核查。再者，碳排放核查可以作为配额分配部门进行配额分配的依据，通过信息核查确保企业披露的碳排放数据的有效性，保障交易及履约的客观公正。重点控排企业加强碳盘查，对自身排放因子和核算边界有清晰的认识，才能在碳排放空间的约束下良性发展。盘查时可以选取国家重点行业企业温室气体排放核算和报告指南作为标准规范，为配合碳核查工作做好准备。

3. 碳足迹分析

对于国家重点控制排放的行业企业而言，其产品的特殊性决定了产品从生产到使用消耗的过程都会产生排放，其核算范围包括产品生命周期内产生排放的不同阶段，但不用于交易或企业间的排放量比较。而在产品的生命周期内碳足迹评价主要是为了掌握产品在全生命周期内直接及间接产生的温室气体排放量，从而对产品存在于经济社会全过程中的温室效应环境影响进行测量，促进企业改善管理方式，促使整个产业链降本增效，节能减碳，提升经济效益和社会效益。

产品碳足迹认证是企业提升品牌价值的重要途径，越来越受到企业的重视，在欧美已经成为许多产品进口的检验标准之一。但我国开展碳足迹研究相对较晚，尚未形成完善的认证体系，且由于政府没有出台明确的政策，其应用并不广泛。因此，作为国内市场上的品牌和企业，率先对产品进行碳足迹的评价和碳标识认证不仅能令企业在出口市场中受益，更能树立良好的品牌形象，在未来的国内外市场占据有利的地位。

8.1.2　企业碳资产管理的意义

企业通过对碳资产进行专业化的管理，能够在很大程度上提高碳资产的流转，这对于控排企业、减排项目开发主体、金融机构与中介机构、碳金融体系乃至经济社会的长远发展都将产生深远的影响。

1. 经济社会发展层面

碳资产管理要求企业在注重经济效益的同时也不能忽视环境效益，这在一定程度上可以提高企业的碳资产资源使用效率，有利于企业通过碳资产的价格信号和资源配置功能来推动企业从基本的管理、运营向提高碳资产的利用率以及促进企业技术、生产方式转型升级转变。党的十九大报告中明确提出，加快生态文明体制改革，建设美丽中国的经济发展目标,这就迫切要求企业在追求价值最大化的同时还要兼顾环境和社会问题。一方面,将碳配额作为融资担保和增信的手段,体现出碳资产可量化、可定价、可流通、可抵押、可储存的特点,能够提升社会对碳配额资产价值的认可,引导更多的资源参与碳市场活动,促进节能减碳,形成正向反馈,鼓励企业开展技术减排、加快碳资产的开发,强化气候政策效果。另一方面,碳资产管理适应我国生态文明的环保理念,强调减少对自然环境的破坏、减少温室气体排放,培养了正确的环境价值观。因此,碳资产管理有利于响应国家对建设生态文明体制的要求,进一步促进中国经济社会的可持续发展。

2. 企业自身发展层面

通过碳资产管理,碳资产的风险与收益可以转移到金融机构等,有利于企业避免不必要的风险和成本。由于碳资产管理的主要业务是与碳相关的融资业务,因此碳资产管理已经成为企业有效的风险管理工具。特别是在只有现货市场且不能做空的市场中,企业往往更愿意根据它们的动机来预先存储配额以减少合规风险。当企业预期配额剩余时,便可以通过碳资产出质的方式获得融资,并将剩余配额风险转移给金融机构或碳资产管理机构。如果预期配额供不应求,则可以偿还贷款以重新获得配额使用权。同时,企业还可以将碳配额作为融资担保和增强信用的手段,这有利于提升社会对碳配额资产价值的认可,鼓励企业通过碳市场促进节能减碳,形成经济发展的正向效应[1][2]。

8.1.3 企业碳资产管理的流程

碳排放企业进行碳资产管理通常会根据以下流程来展开工作[3]。

(1) 明晰企业定位。碳排放企业须首先必须清楚自己所处的减排地位和上级部门对自己的控排要求。重点碳排放单位通常被强制要求参与市场碳交易。和非重点排放单位不一样的是,重点碳排放单位能获取上级碳交易管理部门按照一定的分配方法与标准分配的碳排放配额;而非重点碳排放单位不会获得碳排放配额,也不需要承担碳减排履约义务。

(2) 设立企业碳资产管理部门或机构。排放企业可以根据减排管理职能并结合自身组织结构特点设立相应的碳资产管理部门或机构。该机构的核心任务是针对企业碳配额管理、碳资产开发、碳市场分析、碳交易运作、排放报告编制、审核风险控制等行为进行实时跟踪指导和反馈企业管理过程信息,提出解决方案。

(3) 核算企业碳排放并建立碳排放报送系统。排放企业需要积极参与制定或学习碳排放测度与核算标准,测度并记录自身的碳排放数据,并根据上级管理部门的要求参与构建碳排放报送系统。该系统可以查询到企业专业部门上报的全部生产活动数据,以及相关活动记录以及生产活动和管理沟通中所产生的关键问题,在完整输出企业碳盘查报告结果的同时,保证管理流程的可追溯性,完善碳资产管理过程的质量控制体系。

(4) 根据需要开发自愿减排项目。排放企业除了充分利用从上级部门那里获取的碳配额资产,还可以根据需要开发自愿减排项目,获取额外的碳资产。排放企业投资开发不同类型的 CCER 项目的前提是设立相应的项目开发基金,并设立自愿减排量内部调剂系统,实

① 鲁政委,汤维祺.碳资产管理:起源、模式与发展[J].金融市场研究,2016(12):29-42.
② 陶春华.价值创造导向的企业碳资产管理研究[D].北京:北京交通大学,2016.
③ 企业如何进行碳资产管理[EB/OL].https://www.sohu.com/a/560564310_121357745.

现区域范围内优化资源配置,完成温室气体控排目标,降低减排成本。

(5)参与碳交易并履行碳排放约定。排放企业通过核算碳配额资产和自愿开发减排项目获取的碳资产的本期消耗量,可以根据碳资产的余缺结果进入碳交易现货市场参与交易,购入碳资产补足自身的需求或是出售剩余碳资产获利,同时也完成了碳排放履约任务。在熟悉了碳交易市场规则之后,企业也可以考虑参与衍生碳交易业务实现保值或者盈利。

8.2 企业碳资产管理的类型及内涵

与传统金融、实物资产的管理相同,可以通过向专业机构外包实现碳资产保值和增值,以及将资产变现,获得资金并将之用于扩大生产或投资增值。碳资产管理主要包括碳资产托管、碳资产拆借、碳债券与碳资产支持证券、碳资产质押或抵押融资,以及碳资产卖出回购等业务类型[1][2]。

8.2.1 碳资产托管

在减少自身碳负债方面,企业具有内部信息与相应的技术能力。但是在碳市场的背景下如何实现碳资产的保值和增值,除极少数碳资产规模巨大、专门成立碳资产管理部门的"排放大户",大部分控排企业缺乏相关经验与专业能力。碳资产托管业务即指企业将碳资产委托给金融机构或专业的碳资产管理机构(信托),并分享收益(包括获得固定收益或者浮动的收益分成),而不需要直接参与碳市场交易的服务(如图 8-1 所示)。对企业而言,将碳资产托管给专业机构,既能够降低履约成本和风险,获得碳资产投资收益,又能专注于自身的主营业务,提高经营效率。而管理机构可利用托管的碳资产从事多种碳交易操作,如在二级市场进行投机套利性交易,以及其他碳金融活动。

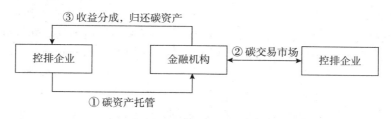

图 8-1 碳资产托管业务流程

8.2.2 碳资产拆借

碳资产拆借(借碳),是指借入方向借出方拆借碳资产,并在交易所进行交易或用于碳排放履约,待双方约定的借碳期限届满后,由借入方向借出方返还碳资产,并支付约定收益的行为。借碳业务(如图 8-2 所示)在不同的场景下能发挥不同的作用。

① 鲁政委,汤维祺.碳资产管理:起源、模式与发展[J].金融市场研究,2016(12):29-42.
② 碳排放交易网,http://www.tanpaifang.com.

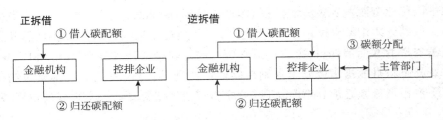

图 8-2　碳资产拆借业务流程

（1）在非履约期，控排企业或其他机构持有的碳配额和碳信用无须用于履约，因此可以向金融机构或碳资产管理机构出借碳资产，并获得收益（正拆借）。对企业而言，可以通过正拆借盘活存量碳资产；而对于提供服务的机构而言，可以利用获得碳资产头寸，通过专业化的管理实现收益。结果便是将原本在非履约期闲置的配额引入碳交易市场，提高了碳交易市场的流动性和交易的活跃度。

（2）在履约期，配额短缺的控排企业可以向中介机构借入配额用于履约，并用下一年度发放的配额偿还，从而缓解企业的履约压力，降低履约成本，实现跨期平滑（逆拆借）。

由于碳拆借合约内容较为灵活，拆借期限、费用等尚未形成标准化的格式，因而交易撮合难度较高，妨碍了拆借业务的发展。

8.2.3　碳债券与碳资产支持证券

碳债券是指政府、金融机构、企业等符合债券监管要求的融资主体发行的，为其所从事的碳资产经营和管理活动相关的业务筹集资金，而向投资者发行的、承诺在一定时期支付利息和到期还本的债务凭证。碳债券的发行基础可以是项目，也可以是发行主体资产。如果发行基础为项目，即以项目的信用为基础发行的债券，则以项目收益票据为代表。项目债的核心是作为基础资产的碳项目未来能够产生稳定的现金流，并能够获得国家核证自愿减排认证。可结合项目的总投资、建设周期、项目收益及收益回收期等情况设计债券的金额、期限、增信、利率等主要条款。如果发行主体是企业主体资产，即以企业主体的信用为基础发行的债券，也称为主体债。

与碳债券类似，碳资产支持证券（碳 ABS）以减排项目未来的 CCER 收益为基础进行结构化融资，也是一种典型的涉碳融资形式。由于减排项目大多开发周期较长，因此发行碳 ABS能够实现减排收益的提前变现，并且适用于较长期的融资。此外，碳 ABS 的发行不依赖原始权益人的整体资信情况，仅受融资项目未来收益的稳定性的影响，因此有助于中小型环保企业降低融资成本，提高绿色产业投资的有效性和精准性。

碳债券和碳 ABS 区别于普通债券和 ABS 的最大特点，在于将碳资产与金融产品嫁接，降低减排项目的融资成本、拓宽融资渠道，加快投资建设周期。同时也有利于提高金融市场对碳资产和碳市场的认知度与接受度，推动整体碳金融体系的发展。

8.2.4　碳资产质押或抵押融资

碳资产质押或抵押贷款，是指企业以已经获得的，或未来可获得的碳资产作为质押物或抵押物进行担保，获得金融机构融资的业务模式。在碳交易机制下，碳资产具有了明确的市场价值,为碳资产作为质押物或抵押物发挥担保增信功能提供了可能,而碳资产质押或抵押融资是碳排放权和碳信用作为企业权利的具体化表现。质押和抵押的根本区别在于是否转移碳资产的占有和处分权利(表现为是否过户)。作为活跃碳市场的一种新型融资方式,碳质押或抵押融资业务的发展有利于企业的节能减排,具有环境、经济上的双重效益。

可以作为质押物或抵押物的碳资产是广义的,包括基于项目产生的和基于配额交易获得的碳资产。目前我国基于项目的碳资产融资(即或有的 CCER 用于质押或抵押)案例较多,而基于排放权交易的碳资产融资(即已获得的碳配额或 CCER 用于质押或抵押)起步相对较晚。企业已经获得的碳配额或 CCER 属于企业现有资产,在质押过程中易监管,变现风险小,因而近年来受到了越来越多的关注。

碳资产作为质押或抵押物,为银行的信贷资产提供保障,碳资产变现能力却受到碳市场价格波动以及市场交易情况的影响,存在一定的风险。为此碳资产质押或抵押贷款在传统的贷款模式中常常会引入碳资产管理机构这一新的主体,在银行不愿意主动承担碳资产价格风险的情况下,由碳资产管理机构代为履行碳资产的持有和处分,并向银行书面承诺为企业提供质押担保。借助第三方机构专业的碳资产管理能力,对市场风险进行控制。

以碳资产质押贷款为例,其业务运作流程如图 8-3 所示。

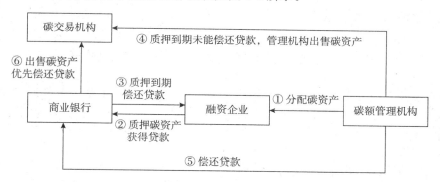

图 8-3 碳资产质押融资业务流程

企业向碳排放权管理机构有偿申购获得初始碳排放权配额。管理机构向企业开具碳排放权凭证,并与企业签订碳排放权受让合同和委托书,即企业到时若不还贷,碳排放权管理机构按照预先签订的受让合同和委托书出售该企业的部分排放权,收益所得替企业还贷。

企业将碳资产凭证质押给商业银行,获得贷款。质押贷款到期,企业正常还款后收回质押的碳资产。质押贷款到期,若企业未能偿还贷款,碳排放权管理机构出售企业的碳资产为企业偿还贷款。碳排放权管理机构按照委托合同出售碳排放权,获得收入偿还银行贷款。若企业逾期未偿还贷款,银行将企业的碳资产在碳交易市场拍卖,所得收入优先偿还自身损失。

8.2.5 碳资产卖出回购

碳资产卖出回购,是指配额持有人(正回购方)将配额卖给购买方(逆回购方)的同时,双方约定在未来特定时间,由正回购方再以约定价格从逆回购方购回总量相等的配额的交易

（如图 8-4 所示）。其中，交易参与人签订回购交易协议，并将回购交易协议交碳交所核对，启动回购交易，直至最后一个回购日，按照协议约定完成配额和资金结算后，回购交易完成。双方在回购协议中，需约定出售的配额数量、回购时间和回购价格等相关事宜。在协议有效期内，受让方可以自行处置碳排放配额。

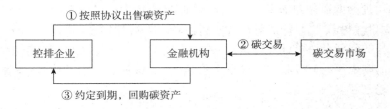

图 8-4　碳资产卖出回购业务流程

该项业务是一种通过交易为企业提供短期资金的碳市场创新安排。对控排企业和拥有碳信用的机构（正回购方）而言，卖出并回购碳资产获得短期资金融通，能够有效盘活碳资产，对于提升企业碳资产综合管理能力，以及提高对碳资产和碳市场的认知度和接受度有着积极意义。同时，对于金融机构和碳资产管理机构（逆回购方）而言，该项业务满足了其获取配额参与碳交易的需求[①]。

8.3　企业实施碳资产管理的驱动因素

企业对碳资产进行管理，一方面是制度上的要求，另一方面是基于价值的考量。同时，基于上述对企业碳资产管理目标导向的分析，可得到与目标相对应的动力为制度驱动力和价值驱动力[②]。

8.3.1　制度驱动力

将碳排放权人为地转变为一种商品需求，需要一个复杂的制度化的过程。政府规制企业需要承担环境责任，通过一系列的政策和法规对环境进行保护，企业必须按照政府制定的法律规范来控制碳排放。目前企业实施碳资产管理，承担环境责任和社会责任的压力主要来自政府。譬如，国家发改委发布的《关于开展碳排放权交易试点工作的通知》《关于组织开展重点企（事）业单位温室气体排放报告工作的通知》《碳排放权交易管理暂行办法》及国务院发布的《"十二五"控制温室气体排放工作方案》等规范碳排放的规章制度，促使企业减少排放、践行环境责任。为了适应当前资源环境与经济发展的需要，党中央和国务院把环境保护作为重大的战略和民生问题，党的十八大以来不断强调了生态文明建设和建立生态文明制度体系的重要性。

为保护和改善环境，我国采取了包括修订实施环保法在内的一系列措施，并在依法治国中对环境保护与治理进行了详细的论述和部署，以前所未有的高度和决心表达了我国对生态环境资源保护的重视，用严格的法律制度保护生态环境，目的在于推进生态文明建设，促

---

①　马亚男，高学明，吴杰.油气企业碳资产管理体系构建研究[J].财会通讯，2022(20)：109-113.

②　陶春华.价值创造导向的企业碳资产管理研究[D].北京：北京交通大学，2016.

进经济社会的可持续发展。在这样的环境政策和制度背景下,企业作为社会生产和发展的基本组织,需要承担相应的社会责任,为推动生态文明建设和环境资源保护做出自己的贡献。我国已经通过了一系列的法规来保障和促进碳排放权的交易。2015年1月1日起我国施行了新修订的《中华人民共和国环境保护法》,明确规定了实行重点污染物排放总量控制制度和排污许可管理制度。这为我国的碳排放权交易既提供了法律保障,也提出了更高的要求,更为企业的碳资产管理提供了制度驱动和保障。

这些制度明确了企业的社会责任。企业的社会责任是指一个组织对社会应负的责任,通常指组织承担的高于组织目标的社会义务,即承担了"追求对社会有利的长期目标"的义务。社会责任对企业来说是一把双刃剑,一方面,履行社会责任会增加企业的经营成本,降低企业的经济绩效;另一方面,履行企业社会责任有助于提高企业声望,使企业获得无形的、有价值的关键性资产,从而增强企业的竞争力。从这个层面上说,制度因素能够作为企业实施碳资产管理的动力。随着人们观念的进步和对环境的关注,社会责任给企业增加的经营成本越来越小,而能够获得的品牌价值、消费者信赖等无形的利益越来越多,即制度因素带来的负向效益越来越小,正向效益越来越大。因此,完善企业践行社会责任的环境能够增强企业履行社会责任的动力,这种环境的改善是建立在政府的规制、消费者的选择和市场竞争的压力上,所以从这三方面入手可以促使制度因素的负向效益变为正向效益,不断增强企业碳资产管理的制度驱动力。

8.3.2 价值驱动力

在"总量—交易"制度下,企业必然希望最大限度地降低履约成本而积极参与排放权交易,交易后企业减排成本和社会总减排成本下降,实现资源、经济与环境的多赢。

1. 经济价值的驱动

企业实施碳资产管理能够获取直接和间接的经济收益。根据国家对减排企业的补贴和扶持以及政府对绿色信贷的鼓励和加强,企业还可以获得绿色信贷的政策支持。随着社会和国家对环境问题的日益重视,政府还可能加大补贴和激励的力度。另外,积极开展碳交易也为企业追求经济利润提供了新的途径,具体表现在两个方面。第一,在"总量—交易"机制下,企业可通过科学节能减排、有效管理自己的碳排放权资产以及合理参与碳金融活动获得经济利益,否则将面临付出额外购置排放权的费用或者可能由于超额排放面临环保部门的高额罚款。第二,在清洁发展机制下,发展中国家参与碳交易可以获得额外的资金或先进的环境友好型技术,从而有利于企业的发展。

2. 社会价值的驱动

虽然在短期内实施碳资产管理、积极开发应用节能减排技术,相对于传统生产模式来讲具有较高的机会成本,但是从长期来看实施碳资产管理能够使企业获得更多的利润空间。这主要是由于企业积极承担环境责任,在消费者中树立了良好的社会形象,提高了声誉,弱化了环境矛盾,改善了内外部的经营环境等。例如,相当多的消费者会将"货币选票"投向具有高度社会责任感的企业。随着对企业认识的深入,社会公众对企业履行社会责任的要求变成了一种趋势。

需要说明的是,制度驱动力和价值驱动力都是企业履行社会责任、实施碳资产管理的动力,二者是存在共通性的,也是有可能演变和转化。

8.3.3 制度驱动力与价值驱动力的演变

1. 制度驱动力与价值驱动力的演变关系

现阶段企业在制度驱动的促使下进行碳减排和碳资产管理,将对生态环境和公众产生较大的社会效益,但其自身并不能从中得到合理的补偿,也就是说如果这种情况没有合理机制进行消除的话,将造成较严重的市场失灵,不利于企业的长远发展。由于正外部性的存在,企业实施低碳管理与其从中所得到的利益是不匹配的,出现付出与获得不平衡的情况,导致其实施碳资产管理的动力不足,不利于资源的合理配置和帕累托最优的实现。

图 8-5 描述了企业实施碳资产管理的制度驱动力和价值驱动力的关系。其中,制度驱动力用企业现阶段开展碳资产管理所付出的成本来衡量,价值驱动力用实施碳资产管理所获得的收益来衡量。MC 表示企业开展碳资产管理的边际成本,MI 表示企业开展碳资产管理的边际收益,MSI 表示企业开展碳资产管理所带来的边际社会收益,MEI 表示企业实施碳资产管理的边际外部收益。实施碳资产管理带来的正外部性将使 MSI 大于 MI,二者的差额为 MEI。由于正外部性的存在,MSI 将大于 MC,MEI 的存在使得企业对碳资产管理没有达到最优。制度驱动力的正外部性致使企业发展的动力不足,因为只符合政府的规制并不能使企业价值达到最优水平。

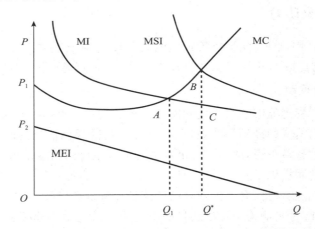

图 8-5 企业实施碳资产管理的制度驱动力和价值驱动力的关系

对企业而言,自身利润最大化的 A 点位于 MC＝MI 处,即产品业务为 Q_1 处。根据社会资源最优配置及福利最大化的原则,实施碳资产管理的社会福利最大化点为 B 点,三边形的面积 S_{ABC} 为企业积极实施碳资产管理的正外部性。只有通过合适的手段,将碳资产管理的制度驱动力内部化,通过满足环境规制面给企业实施碳资产管理带来收益,才能逐步促使企业实施碳资产管理的有效动力机制。推动企业实施碳资产管理的根本办法是让企业认识到实施碳资产管理是有利可图的,推动企业积极探索适合自己的碳资产管理方法,形成碳资产管理发展的有效盈利机制。

所以企业应该厘清制度驱动力和价值驱动力的关系,一方面要推动碳资产管理的经济收益和价值创造,另一方面要促进碳资产管理制度驱动力逐步向价值驱动力转化,使碳资产管理基于制度驱动力而承担的责任统一到企业谋求价值创造的目标上来,真正实现企业的可持续发展。

2. 制度驱动力与价值驱动力演进的阶段

企业实施碳资产管理的动力机制其实是一个不断完善的过程,是分阶段、分层次进行的。主要有以下两个阶段。

(1)利益对立阶段。这一阶段往往是在环境矛盾开始凸显的初期,在这之前人们可以不受限制地使用环境资源,这时人们刚开始意识到环境保护的重要性,但对碳排放的限制还不严格,以排放收费的形式为主、碳排放权分配方式为辅。控排企业在这一阶段按照环境规制实施节能减排时,这种承担社会责任的做法无法通过当时的机制得到合理弥补,有可能对企业造成经济损失,与企业价值最大化的追求相违背。所以在这一阶段,制度驱动力与价值驱动力处于利益对立关系,政府规制占主导地位。政府往往通过出台法律法规限制排放,指引企业节能减排、积极参与碳交易。此外,还可以通过补贴和征税等政策,逐步将企业实施低碳管理的正外部性内部化,推动企业积极实施低碳管理。

制度和价值驱动力形成对立的原因主要有两个。其一,低碳管理成本过高。成本主要包括排放付费成本(或交易成本)、碳产品开发成本、碳减排设备和技术应用成本等。作为一项新兴的资产形式,低碳管理工作的开展不但要有先进和科学的低碳技术作支撑,还要投入大量的资金研发和创新碳产品,而且需要培养具备低碳专业知识的人才以及提供专业技术的培训。因此可以说初期的管理投入成本是非常大的,企业往往不愿意付出这么大的成本,而宁可接受相对并不严重的惩罚。其二,外部政策环境不充分。由于我国具体的政策保障措施不够充分,如没有建成统一的碳交易市场,碳会计和信息披露制度也没有统一规范,致使企业的一些管理工作没有具体的政策和细则作支撑,因此企业发展低碳管理进展缓慢。

(2)利益共生阶段。在这一阶段,政府通常已经引入碳排放权交易机制,碳排放权因其特殊属性而成为一项新兴的资产,可以为企业带来相应的经济利益。随着碳资产管理盈利模式的日益清晰,政府进行环境规制的成本越来越高,因此引入市场机制是大势所趋。这时制度驱动力和价值驱动力处于利益共生阶段,一般情况下碳资产管理不会损害企业价值时,会尽量兼顾制度规制和价值实现。在碳排放权市场机制的运营中,通过确定产权即排放权力、界定各企业所需要承担的环境责任,并利用市场化的手段逐步激励企业开展碳资产管理。政府虽然退出主导地位,但其职能侧重于为市场健康运转提供相应的制度保障和引导。这一阶段,随着碳信息披露制度的完善和被重视,企业履行社会责任日益受到人们的关注,帮助企业在竞争中获取低碳优势地位。消费者关注程度的提高和对商品的选择能够使企业获取相应的利润,外部性逐步内部化。处于制度驱动力和价值驱动力共生阶段的企业以实现可持续发展为首要目标,推崇低碳发展和管理,具有较强的环境责任意识,是实施碳资产管理的引领者,能推动碳资产的价值实现和创造,将实施碳资产管理和实现企业的可持续发展逐步结合起来。企业社会责任和企业经济效益相互转化、互相促进,实现企业的可持续发展并实现企业价值最大化。

实现利益共生的原因有三个。①企业外部政策环境的改善。国家在这一阶段不再只是强制减排,而是陆续出台激励性政策,通过经济手段对企业碳减排和发展碳资产管理给予实质性补贴。同时市场机制日益健全,对碳交易制度、碳交易平台和碳交易场所的管理日益成熟,交易制度和交易法规在这一阶段也得到逐步完善,实施碳资产管理的制度保障更加健全。②市场环境的改善。具备碳资产管理专业知识的人才和专业的碳资产管理公司日益增多,因此劳动力成本逐步降低,碳交易的一些技术工具应用日渐成熟,金融衍生产品和工具不断得以创新和应用,技术成本和交易成本大幅度降低。③实施碳资产管理的综合收益日益明显。随着社会的发展和对碳资产管理认识的提高,实施碳资产管理逐渐成为一种业内共识。国内企业开展碳资产管理可以收获较好的声誉,由此带来的经济利益越来越丰厚。实施碳资产管理所能带来的私人收益逐步增加,私人成本逐步降低。国内不少企业出于自身发展的需要,积极可持续地开展碳资产管理。在制度驱动力和价值驱动力共生阶段,对气候变化洞察力敏锐的企业善于从制度中找到机遇,并将其整合到企业管理决策中,因此拥有潜在的低碳竞争优势并能够在市场竞争中胜出。

综上所述,碳资产管理的制度驱动力与价值驱动力之间存在利益共生和转化关系,即在碳交易制度日益完善的阶段,政府已经逐渐退出主导地位,而是作为制度制定者和引导者在实施"看不见的手"的功能。真正发挥作用的是健全的碳交易市场机制和相应的配套设施。在政策规制的激励和推动下探寻企业碳资产管理的新思路和新方法,才能真正做到将制度规制的动力转化为价值创造的动力。因此,在制度驱动力和价值驱动力共生阶段,以价值创造为导向的企业碳资产管理应该是当前企业的最优选择和发展方向。我们需要促进制度驱动力向价值驱动力转化,增强企业实施碳资产管理的动力。

延伸阅读　中国石化碳资产管理之路[①]

 课程思政

企业碳资产管理与"双碳"目标的实现之间存在怎样的内在逻辑?

⑦ 习 题

1. 碳资产管理的概念及意义。
2. 碳资产管理的类型。
3. 针对碳资产管理的内涵,讨论企业进行碳资产管理的驱动因素。

① 吕志雄.控排企业主动参与碳资产管理研究[D].北京:中国石油大学(北京),2019.

第 9 章

企业碳资产管理实施体系

【内容提要】

　　介绍碳资产管理实施体系的指导思想、基本原则和框架,以及国内外微观企业实施碳资碳资产管理的案例。

【教学目的】

　　要求学生掌握碳资产管理实施体系的基本原则和框架,了解控排企业构建和实施碳资产管理体系的主要步骤和模式。

【教学重点】

　　碳资产管理实施体系的基本原则和框架;企业温室气体报送系统;国内外企业碳资产管理模式的异同。

【教学难点】

　　碳资产管理实施体系的应用。

　　为了顺利实现既定碳资产管理目标,企业有必要根据自身的行业属性、成长阶段、战略目标结合监管要求着力构建适当的碳资产管理实施体系。该体系的构建需遵循可持续发展原则、成本效益原则和价值最大化原则。针对碳资产运营管理的事前预算、事中控制和事后核算三个阶段,企业碳资产管理包括预算管理、运营管理、核算管理及绩效评估四个核心环节。这四个环节是相辅相成的,共同构成了价值创造导向的企业碳资产管理体系的基本框架。

9.1 企业碳资产管理体系

9.1.1 企业碳资产管理体系构建的指导思想

1. 以价值创造为导向

企业碳资产管理与企业价值创造之间存在客观逻辑关联和互动规律。企业是一个经济主体,环境规制对企业带来的动力通常不及价值创造带来的动力,所以应该以价值创造为导向来构建碳资产管理体系。同时,企业的终极目标是有效地利用资源,并使风险调整后的资本回报最大化。投资者往往关注企业为自身创造的价值,价值创造能力强的企业可以获得更多的资本投资。因此,以价值创造为导向能够满足利益相关者对企业的预期和要求,能够适应价值创造模式的变化,为企业带来持续的驱动力。同时,以价值创造为导向的企业碳资产管理以碳资产的交易为中心,以价值创造为逻辑主线,将与碳资产价值创造相关的各种要素统一纳入企业碳资产管理体系,是一种全面的制度安排。当碳交易和碳金融日益活跃和完善时,如果只固守减排原则而不探寻机会,只会牺牲企业的发展前途和经济利益,这并不是企业经营的根本目的。因此,在当前环境保护压力日益增大、碳排放和碳交易制度日渐完善的情况下,为了在市场机制条件下提高碳资产配置的效率,必须将价值创造作为碳资产管理体系构建的导向。

2. 以低碳管理为手段

在低碳经济时代,节约环境资源、促进碳减排、推动可再生能源技术的开发是低碳管理的主要内容。碳资产管理的学科跨度大,涉及经济、管理、环境科学等各种相关专业知识,因此,构建碳资产管理体系必须以积极的碳战略对企业资源进行规划和配置,并采用专业的低碳技术、设备、知识和人才来为碳资产管理保驾护航。一般而言,碳减排业绩与碳管理系统的质量显著相关,低碳管理的专业化、精细化和系统化水平能够为企业进行有效的碳资产管理。所以,在企业价值链全过程中,应增加技术创新投入,实现以低碳技术取代高耗能技术。因此,在构建碳资产管理体系时应以低碳技术和管理为手段,树立低碳成本管理理念,科学制定企业碳资产管理流程和制度,变革企业的管理模式和方法,提高企业的低碳竞争力。

3. 以政策制度为保障

碳资产管理与其他资产的重要区别在于它是一个政策化的产物,具有政策色彩和时代背景。各种政策和制度,包括控制碳排放的政策、规范碳交易和碳信息披露的政策制度都为碳资产的管理提供了制度保障和法律基础,是推动企业和社会向低碳化转型的最直接、最有效的方式。一方面,国家环境保护法律制度的完善、环保体系的健全、执行环保政策力度的轻重、公民环境保护法律意识的强弱和环境会计制度法规的规范和完善等法律环境直接影响着企业碳资产管理的质量。我国提出了依法治国,就是要依法对政治利益、经济利益和社会利益进行科学有效的调整和分配。在此基础上,政策制度作为重要的保障和推动力为企业顺利开展碳资产管理和交易工作提供了制度环境和引导规范。另一方面,企业环境管理水平的提高,有助于改善国家治理体系和推动依法治国,为政策的完善提供基础数据、参考资料和评价依据。

9.1.2　企业碳资产管理体系构建的基本原则

1. 可持续发展原则

在低碳经济时代,节约环境资源、促进碳减排、推动可再生能源技术的开发和应用,进而促进整个社会经济朝高能效、低能耗和低碳排放的模式转型,是一国乃至全球可持续发展的必由之路。我国政府也提出贯彻落实科学发展观,加快转变发展方式,大力发展绿色经济、低碳经济和循环经济,努力控制温室气体排放。所以企业碳资产管理要以可持续发展为原则,以碳资产管理带动整个企业的生产和经营向低碳节能的模式转型,通过行政和市场手段相结合,刺激企业以最优成本方案实现节能减排和环境保护,优化社会资源配置,达成国家整体环境目标的改善。可持续发展意味着兼顾经济、环境和社会因素,将经济资本、环境资本和社会资本统一于一个框架内,为企业服务。毋庸置疑,节能技术的开发和应用能减少企业的碳排放量。一方面,由于碳约束和碳交易带来的减排任务,企业有着加大研发强度、积极探索减排的内在需求;另一方面,来自国外合作方的先进的环境友好型技术支持能为碳资产管理的顺利实施提供保障。一般而言,研发强度高的企业能够更敏锐地感知外部研发的机遇,拥有更多的潜在合作者,具备更高的技术知识水平。所以企业对节能技术的研发投入和积极应用也会影响企业的碳减排和管理。而减少碳排放就意味着企业可能不用为超额排放去购买碳排放权,同时还可能出售多余的排放权以获利,进而改变了碳交易市场的需求强度,随之影响碳交易的价格。假设所有企业都应用了节能技术或新能源而减少了碳排放,整个社会的碳减排量必然随之降低,碳交易机制的作用和意义便得到了实现。所以企业碳资产管理的首要原则就是为了企业和社会的可持续发展而实现碳资产的最优配置。

2. 成本效益原则

在碳资产管理过程中,成本效益原则必然彰显出基础性作用。碳资产管理要求把碳资产的效益纳入财务考量,因此,需要用成本效益原则来构建碳资产管理体系。碳资产管理作为环境保护和治理的一种工具和手段,对企业碳资产的碳投入、碳治理、碳损失和碳效益等方面进行确认和计量,在此过程中,成本效益原则是进行决策的基本原则,也是进行核算和管理的依据,要为企业提供经济、管理和会计方面的支持。一是在进行碳资产交易的过程,需要权衡由此带来的交易成本和减排成本,基于成本效益原则来选择对企业最有利的决策。具体而言,当企业的减排成本高于碳资产购买成本时,根据成本效益原则,企业应该选择购买碳资产;反之,则应该选择企业内部减排。这是因为企业基于价值创造导向必然会追求以最小的成本创造最大的价值。二是碳资产管理的内部监督需要耗费一定的人力和物力,但资源有限,企业不能也不应该为碳资产管理毫无节制地投入资源,而是应该权衡内部监督的实施成本与预期收益,以适当的成本实现有效监督。成本效益原则可以帮助企业将有限的资源投入到可以提供更多价值的实施路径中,提高碳资产管理的效率。因此,在价值创造导向的碳资产管理过程中,成本效益原则可以为企业提供决策依据和支持。

3. 价值最大化原则

企业价值最大化是企业经营目标和财务管理目标,当前政府强调的绿色发展、循环发展、低碳发展都紧扣着可持续发展这一主题。可见,国家的目标是要实现可持续发展,企业的目标也是获取最大化的可持续性价值。根据前述的可持续发展理论和环境资源价值理论,作为企业管理的一个重要部分,碳资产管理工作也应该朝着创造企业的可持续性价值方向而努力。企业可持续性价值的创造需要企业环境资源与经济资源共同发挥作用。可见,企业可持续性价值是企业环境资源价值和经济价值的有机结合,而非简单的加总。可持续价值能满足使用者对企业未来可持续发展、企业价值、企业核心能力等的需要,能影响企业财务信息和环境信息的决策相关性和信息有用性。所以,企业碳资产管理所追求的价值最大化可以说是可持续价值的最大化,而不只是传统的经济价值最大化。毋庸置疑,未考虑环境资源价值的传统价值核算观念并不能真正体现价值最大化原则。碳资产管理要体现出企业碳资源的开发、利用和维护对企业可持续性价值创造的影响。以价值最大化为原则旨在探索微观企业可持续性价值创造与经济效益增长之间的理论联系,更好地满足利益相关者的需求,响应国家对建设生态文明建设的要求,促进我国经济社会可持续发展。

9.1.3 企业碳资产管理理论体系的基本框架

基于当前的碳实践,围绕着碳资产价值创造的全过程,针对碳资产运营管理的事前预算、事中控制和事后核算三个阶段,企业碳资产管理包括预算管理、运营管理、核算管理及绩效评估四个核心环节[①]。这四个环节是相辅相成的,共同构成了价值创造导向的企业碳资产管理体系的基本框架。碳资产的预算管理研究包含碳风险管理的企业碳战略预算的制定和规划;碳资产的运营管理研究碳资产在交易中的价值实现和利用融资手段使价值增值;核算管理则研究企业的价值量核定和碳信息披露,向利益相关者报告碳资产价值创造情况,提高碳资产管理的透明度。同时,这四个核心环节也是相互制约和互为条件的,例如碳资产的预算管理能为运营管理提供战略指导和规划设计,运营管理是核算管理的前提和基础,核算管理又为预算管理提供反馈和调整依据,并能为经营管理提供经济计量手段。这四个核心环节以价值创造为导向,涵盖了企业的战略、生产、交易、投融资、管理等各项与碳资产的价值创造有关的活动,形成一整套相互制约和相互辅助的有机体系。只要这四个环节健全且有效实施,企业就能从碳市场受益。

1. 企业碳资产的预算管理

企业碳战略预算是企业在考虑碳风险的情况下,将环境和社会责任标准融入企业的经营管理活动中,理性地权衡碳排放配额、碳减排能力、碳减排收益和成本的碳排放管理安排。在低碳经济下,全球迎来了碳约束时代。为了实现国家的减排计划,如果企业被纳入管控范围,则代表着国家对控排企业实施碳约束。碳约束具有两面性,在企业的良性发展中它既是风险也是机遇,企业的生产运营将面临一个能源紧缺以及碳排放环境容量更为稀缺的环境,企业如果期望在低碳经济转型中获得先机、拥有低碳竞争力,就必须从现在开始重新审视企业定位和发展战略。此外,碳约束对企业而言是长期的、全方位的、立体式的,只有将碳资产管理纳入企业运营管理战略,企业才能有效降低气候变化问题带来的风险,最终实现企业的可持续发展。

碳预算管理是将环境战略引入碳资产管理的重要切入点,它是体现企业环境战略目标的关键部分。碳预算是碳资产战略管理的重要实施途径,它是在企业层面发展可规划和控制碳排放活动的管理工具和管理制度,可以引导企业理性地进行碳减排活动。预算管理的具体内容如下。

(1)碳减排量预算。企业碳减排方式有经营性减排与资本性减排两种。经营性减排是指对原材料中高能耗、高污染的成分以清洁资源代替,从而在根源上有效减少碳排放。不过,需要特别关注的是成本收益问题,因为通常传统的原料价格普遍低于清洁能源价格。而资本性减排是指通过资产的构建,提高燃料使用效率,如购买节能设备等。进行资本性减排也应注意资本性支出与收益是否配比。

---

① 张彩平,吴莉.碳资产管理框架构建及应用研究[J].财务与金融,2019(3):60-64,44.

（2）碳排放量预算。进行碳减排量预算后,企业可以前期的排放数据为标准,预算本期的排放量。

（3）碳交易量预算。通常企业的碳交易有两种情形:一是管理部门给予的配额高于企业的排放额时,企业可以通过市场将富余的配额进行交易;二是管理部门给予的配额无法覆盖企业的排放量时,企业需要在交易市场中购进当量的碳资产,以满足清缴任务的要求。根据企业碳交易量预算的结果,企业可以确定自己是否具有减排压力,以及能否在碳交易中获利。碳交易量的预算能够引导企业实施碳交易管理,企业碳配额有盈余,若市场走势好,企业可以出售碳配额;如果企业配额超支,在市场碳价较低时,则可以购入需要履约的碳配额。企业的碳战略规划与碳监控评价以碳资产预算工作为基础,需要从产品的开发设计、能源选择、物资采购等各个环节探索企业的碳价值,把握好企业减排能力,协调好配额盈缺、碳收益和成本之间的关系,使企业日常经营具备合理规范与高回报的优势。

2. 企业碳资产的运营管理

碳资产的运营管理是指以碳资产增值最大化为根本目的,以价值管理为特征,通过对企业碳资产的优化配置和动态调整,对企业的碳资产进行有效运营的一种管理方式,旨在提高碳资产的运营效率和效益,实现企业的财务目标。运营管理是以价值创造为导向的企业碳资产管理的关键部分,与传统的政策规制导向的碳管理相比,其重要区别就是要以有利于企业价值最大化而对碳资产的交易做出相应的决策,而不是简单地以达到政府规定的排放限额为目的。一方面,企业应该依据碳市场的价格信号和成本效益原则,做出购买碳资产或是内部减排的选择;另一方面,要合理利用市场机制,让盈余碳资产能够通过交易和融资而获得价值增值。企业的碳交易与内部碳减排并不冲突,企业可以选择购买碳资产,也可以同时进行内部碳减排。

在环境政策背景下,企业碳资产的价值呈现出了不同于传统经济环境下的重要特征。一是碳资产价值创造的关键资源不再是传统的有形资源,而是具有资产属性和价值属性的碳排放权,具有时代特征和意义。二是碳资产具有稀缺性,在碳约束环境下,碳资产的稀缺性价值能为企业创造利润。碳资产管理是企业的一种资本运作行为,因此,从理论上说,碳资产的市场价值是投资者对企业碳资产内在价值的预期,当政府对企业进行碳硬性约束时,碳资产的价值便会凸显。此时,碳资产的价格与证券等其他资产一样,其价格主要由供求关系决定。企业碳资产管理的核心是配额碳资产或减排碳资产的价格,因为它直接影响了企业买或者卖的现金流。因此在碳交易市场和碳金融市场上的资产价格会作为成本或利润向企业的净利润传递,碳资产才能实现其价值创造。在碳交易框架下,企业的碳资产必然要求在碳交易市场上和碳金融市场上保值和增值。

因此,企业碳资产的运营管理主要通过对企业碳资产的运营进行管理和决策,运营管理环节是碳资产主要价值的实现和增值环节。企业通过成本效益原则对碳资产的使用、融资等活动进行决策,实现碳资产的高效利用和管理。

3. 企业碳资产的核算管理

核算管理是碳资产管理的经济核算和价值计量环节,即用经济的语言来解释企业碳资产的价值实现与增值。价值计量作为碳资产管理的一种核算手段,从微观层面要对企业的碳投入、碳治理、碳损失和碳效益等方面进行确认和计量;从宏观层面要为国家政策和法规提供经济、管理和会计方面的支持,为政府的宏观政策和措施提供依据,为公众提供环境信息和环境绩效,为相关法律的完善和健全提供信息支持。因此,价值计量服务于碳资产管理,在企业发展乃至社会发展中发挥了积极的基础性作用。具体而言,从碳资产的价值计量的基本内涵来看,碳资产的确认和计量与碳成本管理和控制等内容相辅相成,不但有助于改善企业碳信息质量和生态效率,提高碳资产管理的精细化和系统化水平,也能优化碳资源配置,成为国家低碳发展和企业可持续发展的重要推动力;从价值计量的拓展功能来看,以价值核算为基础的环境会计是企业环境保护工作中日益重要的环节,这些内容的充分整合和协调发展,将在生态文明建设中发挥重要作用。

碳资产价值计量包括实物计量和经济计量两部分,企业碳资产管理的实施需要有可测量和可核查的基础数据,没有这些数据,就无法知道企业碳资产的数量和情况,管理也就无从谈起。企业开展碳资产的实物计量是进行价值计量的首要步骤,为后续的工作奠定了基础。

(1)碳资产的实物计量即追踪碳足迹。碳足迹评估是企业碳资产管理的重要基础,也称为碳指纹和碳排放量,是衡量组织活动中释放的或是在产品或服务的整个生命周期中累计排放的二氧化碳和其他温室气体的总量。通过碳盘查获得碳资产的实物数量后,需要恰当地计量碳资产的价值与耗费,为相关主体提供必需的信息,进而起到保护和治理环境的作用。如何科学地计量碳资产的价值、评估合理地配置环境资源,已经成为当前形势下的重要问题。而合理地配置碳资产的依据之一,就是价值计量提供的环境、资源及变化信息。

(2)碳资产的经济计量。目前碳资产的经济计量根据计量目的不同可以分为碳会计和碳资产评估。碳会计即碳排放权会计,20世纪80年代由挪威国家统计局和挪威财政部共同提出,是当今环境会计体系的重要组成部分。碳会计是能够计量和分配与碳相关的资产和负债的一系列方法和程序,能用来解释气候变化相关的会计问题。碳资产评估是通过对碳资产的功能、使用权、市场状况及其定价机理等方面的综合分析,挖掘碳资产的内在价值,以及实现价值发现、价值管理功能。碳资产评估是根据与碳资产相关的标准和方法,对企业、行业、地区现有的碳资产和未来的碳资产进行量化,实现碳减排量的可监测、可报告和可核查。碳资产的经济计量为战略管理提供了数据依据,为碳资产的价值创造准备了计量基础,同时也是碳信息披露的重要内容。

碳会计的计量是为企业管理、会计核算和会计信息披露服务,而碳资产评估的计量是为碳资产交易和产权变动服务。二者既有联系又有区别,碳会计是以提供事实判断为主要内容的服务,核算和监督是会计的基本职能;而碳资产评估是以提供价值判断为主要内容的服务,基本职能是评估和咨询。同时,二者在碳资产价值计量中因专业的分工而产生内在的联系,碳会计计价在许多情况下要利用碳资产评估的结论,而碳资产评估需要广泛利用企业相关的财务报表、财务指标及财务预测数据等,才能对企业现有的碳价值做出正确的计量,对企业所处碳市场的潜在价值及发展趋势做出合理的判断和预测,从而有效地完成碳资产评估。

4. 企业碳资产的绩效管理

绩效管理是碳资产管理框架中的最后一步。绩效管理的目的是评价碳核算管理、运营等管理的结果,并对其进行反馈。此阶段最重要的是确定评价指标,如何从多个维度对管理结果进行准确、科学的评价与反馈,这是碳资产绩效管理需要研究的问题。评价指标的选取要能够综合评价碳资产管理能力。根据碳资产管理目标,对管理结果的评价本质为评价某一时期企业进行碳资产管理是否为企业带来更多的经济收益。综上,针对碳资产管理的评价管理要客观、全面地进行,选取指标的合理性是保证评价准确的关键。碳资产绩效管理用来量化目前企业碳资产管理取得的实效以及达到的水平,有利于资产管理体系的常态运转和持续提升。根据碳资产管理过程中产生的成本及收益,设定以下两个指标来量化目前碳资产管理的效果。

(1) 单位碳资产配额收益率。指企业在特定的时期内所实现的碳交易收入与碳配额交易量的比值。该比值反映碳资产产出效益的能力大小,该比值越大则说明碳资产的产出效益越好,企业对碳交易市场的把握能力越强,碳资产管理效果越好,反之亦然。用公式表示如下:

$$单位碳资产配额收益率 = \frac{碳交易收入}{碳配额交易量} \times 100\%$$

(2) 单位碳配额减排成本率。指碳减排成本与碳配额总量的比值。其中碳减排成本包括企业投资减排设备、开发节能技术、改良生产工艺、进行低碳能源替代所产生的成本。该比值反映企业减排能力的大小,该比值越小说明企业碳减排能力越强,在碳交易市场中企业的主动性越强,反之亦然。用公式表示如下:

$$单位碳配额减排成本率 = \frac{减排成本}{碳配额总量} \times 100\%$$

9.1.4　企业碳资产管理体系

企业内部的管理肯定离不开制度,优秀的碳资产管理体系在满足企业合规履约的同时,还要能够帮助企业参与碳交易体系,降低成本或者实现盈利。一套优秀的碳资产管理体系应该包括以下七部分。

1. 企业低碳工作领导小组

成立由公司高层领导挂帅,下属部门联动,职责明确的工作小组是企业碳资产发展战略得以有效实施的重要保障。大公司的运营部一般都比较繁忙有序,只有公司高层足够重视,在减排需要内外支持时提供强有力的话语和支持,才能够确保碳资产管理工作的有效开展。同时,碳资产管理涉及战略、科技、运营、财务多个方面,只有各部门高度重视且分工明确,才能各司其职,确保效果。

2. 企业的碳排放核算机制

碳资产管理是科学性的体系,必须具有可测量、可核查的基础数据作为底层支撑。因此,企业必须建立碳排放核算机制。企业进行碳排放计算时需要建立内控制度,以确保能耗数据的正确性。当二氧化碳被赋予了价格变成商品时,每一吨排放都有实际意义的经济价值和商业价值。在这种情况下,准确对碳排放量进行测算是很重要的。目前国内外的盘查标准非常多,如 ISO14064、GHG protocol 和国家发改委发布的 24 个行业温室气体核算指南等,综合来看,这些盘查标准的核心步骤可以概括为以下几点。

(1) 确定组织边界和运营边界。确定好要计算的范围,整个公司还是某部分。

(2) 识别温室气体源和汇。这部分温室气体从什么途径排出来的,有哪些可以减少温室气体排放的方法。

（3）选择量化方法，收集活动数据和排放因子。挑选几个符合企业情况的主流方法，把企业记录的数据汇总起来，选择 IPCC 数据库中对应企业生产原材料的数值。

（4）计算温室气体排放量。根据适合的方法与计算公式计算企业温室气体数据。

（5）制作温室气体盘查清单及报告。将计算的数据编撰成报告，报告中明确罗列出排放源与数据、温室气体种类、外购热力电等信息。

（6）选择第三方核查机构进行核查。重点排放单位必须进行核查，非重点排放单位盘查频率为每年至少一次，以确保数据质量。可以按照月份或者季度进行盘查，以便根据实际情况了解减排项目的实施情况，便于企业及时调整交易策略。

3. 碳减排潜力及成本分析

企业必须研究减排的潜力及成本，以便识别出最符合经济效益的减排方式。减排潜力的分析包括以下六个步骤。

（1）了解企业能源管理现状，从能源管理机构和能源管理负责人的素质能力、职能配置到能源计量器具的配置、能耗统计和能管制度的建立及执行情况。

（2）分析企业能源消耗结构、品种和外供消耗指标的变化情况，分析单位产品能耗的变化情况。

（3）对企业能源成本与能源利用效果进行综合评定，进行能源成本与生产成本的比例分析等。

（4）根据前三步找出企业在能源管理、制度建设执行、能源输入与消耗管理、计量统计、设备运行检测、能源消耗水平、在用淘汰设备、用能技术改造、重点用能设备操作培训及废弃能回收等方面存在的问题，做出综合分析。

（5）根据企业工艺装备的设计能力、能耗参数和实际运行水平、产品能耗指标的分析对比及历史最好水平等方面的情况，做出综合性的定量分析。

（6）分析节能技改项目的成本效益，针对存在的问题和节能潜力，提出今后将要开展的节能技改项目及技术，并分析其成本效益。

4. 企业内部节能减排项目

常见的项目包括更换节能灯泡、安装太阳能发电面板、工艺系统升级、余热回收、安装墙体隔热材料、加大可持续再生能源的使用、优化企业自身产业链运输的物流等。

5. 碳资产投资管理

企业制定碳资产投资管理流程及管理办法，规范企业内部碳资产投资策略。成立碳资产投资小组，由其负责具体实施碳资产投资管理流程及管理办法。小组设立一名组长、一名投资决策分析员、一名交易员。小组职责：建立健全碳资产投资流程办法，并监督执行。管理企业碳资产，监督碳资产财务情况。设计碳资产投资方案，包括投融资方式、投融资规模、结构及风险预测。采购、处理小额碳资产，对大额碳资产的处置提出建议方案，上报高层批准后组织实施。

6. 碳资产交易管理

碳资产交易管理包括以下五个步骤。

（1）确定交易需求。投资决策分析员搜集企业历年碳排放及工业成本信息等数据，根据信息数据,结合政府给予的履约强度,判断本年度的配额情况,根据情况实行不同的交易策略。

（2）编写投资方案。根据第一步的分析结果,编写碳资产投资方案,方案中应包括交易需求分析、预期收益分析、预期投资策略及采购成本分析、交易风险分析等。

（3）根据配额管理的操作权限,审批投资方案。组长根据投资方案中碳资产的比例进行不同操作,如果比例少,组长直接审批;如果比例多,组长需上报高层审批。

（4）碳资产交易。根据审批通过后的投资方案及时完成各项交易操作。

（5）工作总结。在时间周期内（年月季度）进行工作总结,及时汇报。复盘整理,优化流程与结果。

7. 碳资产管理风险控制体系

一套完整的风险控制体系要包含以下三个部分。

（1）风险控制环境。公司原有的风险控制小组为碳资产投资风险的最高领导机构,同时负责碳资产投资风险的评估和控制,其中授权管理是最重要的环节,授权管理的目的是在防范、化解风险的前提下最大限度地提高决策效率。对碳资产投资小组实行有限授权,碳资产投资小组可以处置一定比例的碳资产。授权采取书面形式,经授权人和被授权人盖章签字后生效。根据碳资产投资小组的管理业绩、风险状况、制度执行等情况适度调整授权。

（2）风险评估。包括对碳市场风险的评估和操作风险的评估,碳市场风险主要是市场风险与政策风险,积极关注碳市场的价格浮动情况,掌握履约期内高频交易与蛰伏交易周期,根据周期变化实行不同的风险控制策略。同时积极关注碳市场相关主管部门的动态,及时解读最新的政策信息,研判市场走向,及时做出策略上的调整。

操作风险主要是交易流程中交易对手的确定,多维度、全方位地收集交易对手的信息,确保交易信息来源可靠。线上交易过程中要确定好元素报价的输入数值、标的物品类,避免出现操作类失误,引起重大的损失风险。

（3）法律风险。法律风险在碳资产交易中途或者交易后产生,碳资产交易途中需要签署相关协议合同,合同中要明确甲乙双方的责任、权利、义务,特别是违约条款的保证,明确标的物的数量及价格,避免出现协商类的纠纷。

9.2　企业温室气体报送系统的建立

2017 年全国碳排放权交易市场开始启动,根据《“十三五”控制温室气体排放工作方案》的要求[①],除了要建立起全国碳排放权交易体系、加快《碳排放权交易管理条例》的落地,还要“建设全国碳排放权交易注册登记系统及灾备,建立长效、稳定的注册登记系统管理机制。构建国家、地方和企业三级温室气体排放核算、报告与核查工作体系,建设重点企业温室气体排放数据报送系统”。

重点排放企业的温室气体排放数据报送系统（以下简称“企业直报系统”）,与碳排放权交易注册登记系统（以下简称“注册登记系统”）、碳排放权交易系统以及碳排放权交易结算

---

① 国务院关于印发“十三五”控制温室气体排放工作方案的通知（国发〔2016〕61 号）［EB/OL］.（2016-11-04）［2023-04-04］. http://www.gov.cn/zhengce/content/2016-11/04/content_5128619.htm.

系统共同构成了我国碳交易市场的支撑要素。企业直报系统对于碳排放数据而言,如同建筑的地基,发挥着奠定基础的重要作用。

与企业直报系统密切关联的系统主要包括三类:一是各个地方已建成的省级温室气体排放数据报送系统(简称"地方报送系统")。企业直报系统和地方报送系统之间存在较多的基础数据交流。二是国家在武汉建设的碳排放权注册登记结算系统。该系统需要企业直报系统提供可计算企业配额的碳排放基础数据,以便注册登记系统开展账户注册等相关服务。三是由排放企业自检的企业碳资产管理系统。这类系统可以为企业直报系统提供企业碳排放原始数据。温室气体相关系统之间的关系如图9-1所示。

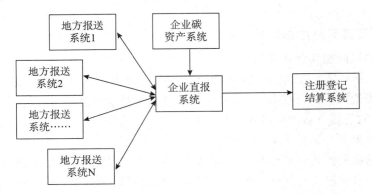

图 9-1　温室气体相关系统之间的关系

9.2.1　系统特点及功能简介

企业温室气体排放数据直报系统由综合管理,数据报告与监测,核算方法与规则管理,数据质量控制与审核,数据分析与发布五大子系统构成,是集重点排放单位温室气体排放数据报告与审核,国家、省(市)级生态环境主管部门温室气体排放报告管理,温室气体排放方法学管理,排放数据综合分析与发布等需求于一体的综合性温室气体管控工具,服务用户包括国家及地方主管部门、重点企业、技术支撑机构及社会公众等。系统配套制度有系统元数据标准、数据交换技术规范等规范性文件,可与其他系统开展数据交换服务。系统遵从网络安全等级(三级)建设标准,布控多重安全策略,为企业温室气体排放数据直报系统的稳定、安全运行保驾护航。

在五大子系统的具体功能方面,综合管理子系统可支持国家、地方生态环境主管部门或技术支撑机构实现企业和核查机构名单管理、核查关系委托管理、元数据管理等业务。数据报告与监测子系统可支持重点排放单位温室气体排放数据填报、核算、生成排放报告和补充数据表、备案监测计划等业务,支持重点排放单位利用线上线下等多种方式填报,并广泛使用对话框等可视化技术引导填报。核算方法与规则管理子系统可支持政府主管部门或支撑机构对重点行业企业层面或设施层面的温室气体排放核算方法或规则进行管理或更新(升级)。数据质量控制与审核子系统可支持政府主管部门或支撑机构依托系统内置的数据质量评估模型多层级、多条件的对报告数据进行审核管理及核查机构核查管理与控制。数据分析与发布子系统可支持政府主管部门或支撑机构进行排放数据挖掘分析,为配额分配、标准制定、形势分析等提供数据,支持选择性发布业务。

9.2.2　主要业务流程

企业温室气体排放数据直报系统的业务流程包括确定名单(确定报告主体名单和核查机构名单)、确定行业核算方法及规则管理、上报与备案基本信息及监测计划、数据报送、数据核查、分析汇总、数据发布七个阶段。

其中确定报告主体名单和核查机构名单、确定行业核算方法及规则属于数据报送前的工作准备;上报与备案企业基本信息与监测计划、数据报送、数据核查属于企业用户的核心业务阶段;分析汇总、数据发布两个环节属于报送后的数据分析与利用阶段。

1. 确定名单

(1)确定报告主体名单。由省级(省、市两级)生态环境主管部门上报报告主体名单,并由国家生态环境主管部门审核报告主体名单,形成正式报告主体名单。

(2)确定核查机构名单。由国家生态环境主管部门管理核查机构名单或由省级生态环境主管部门进行管理,交由国家生态环境主管部门备案。

2. 确定行业核算方法及规则管理

由技术支撑机构根据最新的国家行业核算指南或标准对本年度拟采用的行业核算方法、校验规则以及报告内容等进行准备。

3. 监测计划上报与备案

在下一报告年度开始前,报告主体需制订监测计划并向省级主管部门备案。

4. 数据报送

报告主体执行监测计划,采集活动水平和排放因子相关数据,并做好数据质量管理和存档工作。在国家生态环境主管部门规定的时间内报告主体上报企业温室气体排放相关数据及排放报告。

当报告主体未在规定时间内提交温室气体排放报告时,国家生态环境主管部门可以对报告主体进行催报,并要求省级生态环境主管部门对这些报告主体进行催报。省级生态环境主管部门接到催报任务后,催促报告主体尽快提交排放报告。

5. 数据核查

对报告主体提交的温室气体排放报告进行核查,核查阶段包括以下五个步骤。

(1)第三方核查或主管部门审核。

对于纳入国家碳排放权交易制度的企业,可采取第三方核查。未纳入国家碳排放权交易制度的报告主体,由省级主管部门进行审核,根据地方实际情况,可将审核的权限下放到市级。

(2)建立第三方核查中报告主体和核查机构的委托关系。

委托方式可能有两种:省级生态环境主管部门指派,报告主体和核查机构自由委托。

(3)核查机构的核查小组对报告主体提交的温室气体排放报告进行核查,报告主体需配合核查的实施。

当报告主体提交的排放报告不合规时,核查机构出具修改意见,报告主体进行修改或补充信息说明;核查结束时,核查机构的核查小组为报告主体出具机构核查报告。

报告主体需向国家生态环境主管部门提交通过机构核查的温室气体排放报告以及机构出具的核查报告。

（4）国家生态环境主管部门可在核查过程中查阅核查进度，并视情况督促报告主体和核查机构加快核查进度，并督促省级生态环境主管部门尽快催查。省级生态环境主管部门可查阅辖区内报告主体的核查进度，并视情况督促报告主体和核查机构加快核查。

（5）省级生态环境主管部门组织对报告主体的温室气体排放报告以及核查报告进行复查，并将复查结果报国家主管部门。

6. 分析汇总

技术支撑机构和生态环境主管部门对报告主体的温室气体排放数据进行汇总分析、趋势分析、对比分析以及关键性能指标分析，生成国家、地区、行业、企业、排放源、气体类型等不同维度的分析报告，并存档。

7. 数据发布

国家生态环境主管部门将可公开的数据和报告进行发布，供其他利益相关方查阅。

9.2.3 主要用户权责

企业直报系统的主要用户如下。

1. 国家生态环境主管部门

国家生态环境主管部门在系统中的主要角色和权限如下。

（1）国家名单管理员。权限有全国报告主体名单的确认，全国核查机构名单的备案和确认。

（2）国家直报管理员。权限有确定全国温室气体报送的直报计划，查阅全国报告主体报送进度，实施全国报告主体报送过程中的催报，查看温室气体排放报告和补充数据报告并核查委托关系，对全国温室气体排放数据进行分析汇总。

（3）国家审核管理员。对全国范围的温室气体排放报告进行抽查、复查。

（4）国家超级管理员。可查阅系统登录日志和用户创建情况，可跟踪数据修改轨迹，可定制完成数据备份，可查阅不同用户的分析数据，发布数据的下载记录。

2. 省级生态环境主管部门

省级生态环境主管部门在系统中的主要角色及权限如下。

（1）省级名单管理员。确定辖区内名单上报模式，辖区内报告主体名单的上报，辖区内核查机构信息，资质的维护，辖区内核查机构名单的确认。

（2）省级直报管理员。查阅辖区内报告主体报送进度，对辖区内报告主体报送过程实施催报，对全省范围的温室气体排放数据进行分析汇总。

（3）省级审核员。确定对一般报告主体排放报告的审核模式（本级审核或两级审核），辖区内一般报告主体排放报告的审核，提交审核结果至国家主管部门，碳排放权交易主体的委托关系管理。

（4）省级超级管理员。查阅系统登录日志，查阅用户创建情况，跟踪数据修改轨迹，查阅辖区内不同用户的分析数据，发布数据的下载记录。

3．市级生态环境主管部门

市级生态环境主管部门在系统中的主要角色及权限如下。

（1）市级名单管理员。报告主体名单的上报。

（2）市级直报管理员。查阅辖区内报告主体报送进度，并负责辖区内报告主体报送过程中的催报，对全市范围的温室气体排放数据进行分析汇总。

（3）市级审核员。对辖区内一般报告主体排放报告进行审核，必要时需做补充说明，并负责向省级主管部门提交一般报告主体排放报告审核结果。

4．技术支撑机构

技术支撑机构在系统中的主要角色及权限如下。

（1）核算方法管理员。负责维护基础数据，负责维护行业核算方法，负责维护排放因子缺省值。

（2）规则管理员。维护报送过程中校验规则的管理，维护审核过程中全国范围审核规则的管理，评估模型权重的管理。

（3）数据分析员。对全国范围温室气体排放数据进行概览，对全国范围温室气体排放数据进行数据分析。

5．报告主体

报告主体相关角色有两类，分别为报告主体填报员和报告主体上报员，上报员为填报员填报信息的确认者和报告的最终提交者，权限如下。

（1）报告主体填报员。企业基本信息的维护，企业核算边界和排放源的识别，监测计划备案，温室气体排放相关数据的填报，查看温室气体排放报告及碳排放权交易补充数据报告。当委托方式为企业委托时，负责委托关系管理。

（2）报告主体上报员。温室气体排放报告及碳排放权交易补充数据报告的确认和提交，核查报告的确认和提交，查看历年温室气体排放，查看行业相关指标以及排放构成等指标。

6．核查机构

核查机构核查工作主要为线下执行，在线上主要权限包括：查看所核查报告主体的排放报告、补充数据表及监测计划，记录核查要点，填写评审意见，生成、导出和查看核查报告。

7．其他利益相关方

其他利益相关方在系统中主要可实现的功能为按照权限查询可公开的数据。

9.3　碳交易项目的开展及企业履约

9.3.1　碳配额交易项目的开展和企业履约

1．交易前准备

排放企业在参加市场碳交易之前需先判断获得的碳排放配额是否够用。如果存在排放缺口，则企业需通过参加碳市场交易购买所需碳配额完成履约要求。而有碳配额盈余的企业可将其在碳交易市场出售或是自己留存。

如果企业决定参与碳配额交易，需提前准备好交易所需账户，即完成配额注册登记账户、交易账户、资金存管账户均已开立且能够正常运行。

在以上这些基本准备工作都完成以后，企业若需要买入碳配额，还要准备好所需资金。

2．交易中操作

碳排放权交易市场的碳配额交易包括挂牌交易和协议交易两种类型，二者主要区别体现在交易双方、交易规模等方面。其中，协议转让是指企业提前通过询价、招投标等场外协商的方式选择碳交易机构或者企业并达成交易，提前签好交易合同后经碳排放交易所确认完成交易的方式。挂牌交易则是碳配额出售在场内通过系统直接报价，等待配额购买方购入，二者在场内实时完成交易。挂牌交易虽然流程和操作比较简单，但交易价格和交易量取决于市场上的买卖单数量，对市场流动性要求较高，交易量和交易价格都存在一定的不确定性。协议转让虽然需要线下谈判、筛选对手方，但交易量和交易价格均不存在不确定性。

无论是挂牌交易还是协议交易，碳配额的交割都需要通过国家主管部门指定的碳配额交易所进行，交易期间必须使用专门的资金存管账户进行资金结算。

3．交易后处理

根据碳交易试点市场的实践经历来看，为了尽可能降低风险，碳排放交易所通常会采用 $T+n$ 的交易结算周期，完成交易后资金和配额都要等待 n 个工作日才能解冻（配额解冻是指能够重新用于交易）。若企业买入配额是为了履约，还需要将配额划转至配额注册登记账户才能进行履约操作。

另外，碳交易完成之后，企业还应根据财政部印发的《碳排放权交易有关会计处理暂行规定》开展会计处理、财务报表列示和披露等工作。

9.3.2　CCER 项目的开展和企业履约

1．CCER 项目开发流程[①]

根据国内外的通行做法和相关政策规定，下面以我国比较常见的 CCER 林业碳汇项目开发流程为例来说明开发流程。这类项目的开发包括以下七个步骤。

（1）项目设计。由林业碳汇技术支持机构（咨询机构）按照国家有关规定，开展基准线识别、造林作业设计调查和编制造林作业设计（造林类项目），或森林经营方案（森林经营类项目），并报地方林业主管部门审批，获取批复。随后请地方环保部门出具环保证明文件（免环评证明）。

按照国家《温室气体自愿减排交易管理暂行办法》（发改气候〔2012〕1668号）、《温室气体自愿减排项目审定与核证指南》（发改气候〔2012〕2862号）和林业碳汇项目方法学的相关要求，由项目业主或技术支持机构开展调研和开发工作，识别项目的基准线，论证额外性[②]，

---

① 易碳家．CCER 开发流程［EB/OL］．(2019-08-02)［2023-04-04］．http://m.tanpaifang.com/article/64978.html.

② 额外性是指 CDM 项目活动所带来的减排量相对于基准线是额外的，即这种项目及其减排量在没有外来 CDM 支持的情况下，存在具体财务效益指标、融资渠道、技术风险、市场普及和资源条件方面的障碍因素，靠国内条件难以实现。

预估减排量,编制减排量计算表、编写项目设计文件并准备项目审定和申报备案所有必需的一整套证明材料和支持性文件。

(2)项目审定。由林业碳汇项目的所有者或其咨询机构,委托国家发展改革委员会批准备案的审核机构,依照《温室气体自愿减排项目审定与核证指南》《温室气体自愿减排交易管理暂行办法》和选用的林业碳汇项目方法学,按照规定程序和要求开展独立审定。项目审定程序具体可细分为七个环节:合同签订、审定准备、项目设计文件公示、文件评审、现场访问、审定报告的编写及内部评审、审定报告的交付。

由林业碳汇项目业主或技术咨询机构跟踪项目审定工作,并及时反馈审定机构就项目提出的问题和澄清项,修改、完善项目设计文件。审定合格的项目,由审定机构出具正面的审定报告。

截至目前,我国具有审核资质的 CCER 林业碳汇项目的第三方审核机构有六家:中环联合(北京)认证中心有限公司、中国质量认证中心、广州赛宝认证中心服务有限公司、北京中创碳投科技有限公司、中国林业科学研究院林业科技信息研究所和中国农业科学院。

(3)项目备案。林业碳汇项目经过审定后,必须向国家发展改革委员会申请备案。项目的所有者企业(央企除外)必须经过省一级的发展改革委初审后上报给国家发展改革委,同时需要省级林业主管部门出具项目真实性的证明,主要证明土地合格性及项目活动的真实性。国家发展改革委收到项目上报材料后将委托专家进行项目评估,并根据专家出具的评估意见审核该备案申请,对符合条件的林业碳汇项目予以备案。

(4)项目实施。根据林业碳汇项目设计相关文件、林业碳汇项目方法学和造林(或森林经营)项目作业设计等要求,开展造林项目活动,进行 CCER 林业碳汇项目的开发。

(5)项目监测。按照备案林业碳汇项目的设计文件、监测计划、监测手册对该项目进行监测,测量造林项目实际碳汇量,并编写项目监测报告,准备核证所需要的支持文件,用于申请减排量和备案。

(6)项目核证。由业主或咨询机构委托国家发展改革委备案的核证机构进行独立核证。核证程序又细分为七个环节,详见《温室气体自愿减排项目审定与核证指南》。由项目业主或技术咨询机构陪同、跟踪项目核证工作,并及时反馈核证机构就项目提出的问题,修改、完善项目监测报告。审核合格的项目,由核证机构出具项目减排量核证报告。

(7)减排量备案签发。由项目业主直接向国家发展改革委提交减排量备案申请材料。由国家发展改革委委托专家进行评估,并依据专家评估意见对自愿减排项目减排量备案申请材料进行联合审查,对符合要求的项目给予减排量备案签发。

2. CCER 林业碳汇交易流程

根据通行做法,CCER 林业碳汇交易有以下两种方式[①]。

(1)项目林业碳汇 CCER 获得国家发展改革委备案签发后,在国家发展改革委备案的碳交易所交易,用于重点排放单位(控排单位)履约或者有关组织机构开展碳中和、碳补偿等自愿减排、履行社会责任。这是主要交易方式。

(2)项目备注注册后,项目业主与买家签署订购协议,支付定金或预付款,每次获得国

① 腾讯网. CCER 林业碳汇项目开发与交易流程、前景分析及案例[EB/OL]. (2022-02-18)[2023-04-04]. https://new.qq.com/rain/a/20220218A01QJ600.

家主管部门签发减排量后交付买家林业碳汇 CCER。

9.4 企业碳资产综合管理现状

通过介绍企业碳资产管理的实施体系,对于企业开展碳资产管理的流程和模式有了一定的认识。下面将通过案例来介绍企业碳资产综合管理现状。

9.4.1 国外控排企业碳资产管理案例分析

欧洲碳排放权交易体系(EU ETS)是目前世界上企业进行碳资产管理实践最多的碳交易体系,在世界碳交易市场中具有典型示范作用[①]。该体系覆盖了欧洲 31 个国家和地区约 11 000 个发电站、制造工厂等主要能源消费和碳排放行业的设施,涵盖电力、钢铁、水泥等高能耗高排放行业,包括欧盟 50% 以上的二氧化碳排放量。

欧洲控排企业一般依据以下因素选择完成履约的路径。第一,考虑减排成本。企业通常会选择履约成本最低的路径。欧盟的罚款为每吨碳排放 100 欧元,而碳交易市场的配额定价最高在 20 欧元左右,所以控排企业更愿意购买价格相对较低的碳配额来完成履约。第二,考虑风险因素。这里的风险主要包括经济风险和技术风险。例如,欧盟某控排企业本来打算通过内部减排来完成履约,但通过一段时间的实践后发现自己最终无望达到减排预期目标,此时该企业只能去碳交易市场花费较高的费用购买自己所需的碳配额,这种情况很可能导致履约周期的减排成本畸高,带来经济损失。技术风险则可以理解为当控排企业选择通过自身减排技术的改造来实现内部减排,但实施过程中可能发现技术存在一定的缺陷,无法达到预期减排目标而导致的风险损失。第三,考虑企业声誉风险。知名企业如果在控排履约期未能完成减排目标,将不利于公司声誉,甚至导致企业的声誉资产减值。

下面以欧洲碳排放权交易体系的成员国德国某大型火电厂(下文简称"电厂 A")的碳资产管理案例为例展开分析[②]。

电厂 A 拥有五台燃煤发电机组,总装机容量为 1 700MW,每年可提供超过 60 亿度的售电量,为 11 万户家庭提供电力,年销售收入可达 4.5 亿欧元。电厂 A 每年经核查的碳排放量约为 650 万~700 万吨,每年获得约 600 万吨的免费配额,因此该公司每年配额或减排信用额度不足以抵消自身的排放,需要进行碳资产管理完成履约,主要包括以下四个要点。

(1) 该公司负责 EU ETS 框架下的监测、报告和核查,但不负责碳配额交易,配额由向其订货的电力公司在订购电力时提供,而电力公司会将配额成本加到销售电价中。因此,电厂 A 会对配额价格长期追踪并做出收益预测,因为配额价格会像其他原材料的价格一样影响公司的销售收入。

(2) 积极部署低碳技术储备。电厂与欧盟政府、大学、企业等机构联合开展低碳技术储备工作,包括对现有热电联供机组工艺的优化、碳捕获与封存、碳循环等技术。

(3) 燃料转换。由黑煤转化为动力煤,可以在一定程度上降低碳排放,但这种情况要考虑燃料成本和销售电价之间的性价比。

————————————

① 李婉君,张运东,郭艳青,等.欧洲主要石油公司碳排放交易管理策略及启示[J].国际石油经济,2021,29(11):9.
② 吴宏杰.碳资产管理[M].北京:清华大学出版社,2018.

（4）相比对碳价格的关注，电厂 A 更关注国内能源政策的调整和欧盟气候政策的变化。因为德国电力市场是完全开放的，比如德国选择禁用核电，则核电原先占有的市场份额会被其他电力发电形式瓜分。另外，如果欧盟采取更为严厉的气候政策，则配额的成本有可能在电力生产成本中占比极高，影响售电收入。

总体来说，企业进行碳资产管理的最终目的是在有效锁定净利润的同时完成履约。而电厂 A 的碳资产管理代表了大部分企业的碳资产管理。①有效履约，包括监测、报告和核查；②低碳技术调研与开发，包括工艺流程的优化、碳捕获与封存、碳循环；③对国内能源政策和欧盟气候政策的长期追踪；④价格预测和净利润测算，包括燃料价格和配额价格预测，不同燃料情境下净利润测算，等等。

9.4.2　国内控排企业碳资产管理案例分析

2011 年 10 月以来，在北京市、天津市、上海市、重庆市、湖北省、广东省及深圳市开展了碳排放权交易地方试点，从 2013 年 6 月先后启动了交易。几个试点市场覆盖了电力、钢铁、有色金属、建材、石化、化工、水泥、民航等 20 多个行业近 3 000 家重点排放单位，到 2021 年 6 月，试点省市碳交易市场累计配额成交量 4.8 亿吨二氧化碳当量，成交额达 114 亿元。

自 2021 年 7 月 16 日启动至 12 月 31 日，全国碳排放权交易市场共运行 114 个交易日，碳排放配额（CEA）累计成交量 1.79 亿吨，累计成交额 76.61 亿元。其中，挂牌协议交易累计成交量 3 077.46 万吨，累计成交额 14.51 亿元；大宗协议交易累计成交量 14 801.48 万吨，累计成交额 62.10 亿元。下面将以中国石油化工集团公司（简称中国石化）为案例来分析国内控排企业进行碳资产管理的实践。

根据公开信息，中国石化旗下 21 家企业参与碳交易试点，累计碳交易额超过 4 亿元。其中下属的 17 家自备电厂已经被纳入全国碳交易市场，其中胜利油田、茂名石化、上海石化和中天合创 4 家企业参与了首日全国碳排放权交易。2014 年 5 月，中国石化发布了《中国石化碳资产管理办法（试行）》（简称《管理办法》），这是中国企业首次为碳资产设定了管理办法。《管理办法》为各部门各岗位明确了工作职责，为碳资产管理确立了组织框架[①]。

科学有效的制度框架保障了中国石化碳资产管理工作得以顺利进行。当前中国石化的碳资产管理工作已经涵盖了前面提到的企业碳资产管理工作的四个要点。在碳盘查方面，中国石化是国内石化行业最早开展碳盘查的企业，早在 2013 年初中国石化就已经部署了全系统的碳盘查工作。在节能减排方面，中国石化启动了"能效倍增"计划[②]，该计划将分三步走：一是到 2015 年，中石化的能效将提高 20%；二是到 2020 年，能效提高 65%，实现增产不增能；三是到 2025 年，能效提高 100%，实现能效倍增。在碳交易方面，根据中国石化发布的《2021 年社会责任报告》，2021 年中国石化碳交易量为 970 万吨，交易金额达到 4.14 亿元。中石化旗下 104 家企业完成绿色企业创建，全年实现节能 96.7 万吨标准煤，减少二氧化碳排放 238 万吨。中国石化努力增加油气储量和产量，稳步发展清洁能源，不断为保障国

---

①　总财.碳交易开市"满月"，碳交易的财富密码才刚刚解锁［EB/OL］.（2021-08-19）［2023-04-04］. https://baijiahao.baidu.com/s? id＝1708482064770329454&wfr＝spider&for＝pc.

②　中国网财经频道.中石化启动能效倍增计划 2015 年投资近百亿元［EB/OL］.（2014-06-30）［2023-04-04］. https://news.bjx.com.cn/html/20140630/522954.shtml.

家能源安全做出贡献。报告显示,2021 年,公司新增探明石油储量 1.67 亿吨,探明天然气储量 2 681 亿立方米,国内原油产量 3 515 万吨,国内天然气产量 339 亿立方米,年制氢能力超过 350 万吨,地热供热能力达到 8 000 多万平方米。

当前多数控排企业已经在组织机构层面完成了碳资产管理的配套,但是大多数控排企业尚在碳市场能力建设、碳资产管理人才储备以及企业的碳资产管理策略方面有较大的提升空间。

9.4.3　国内非控排企业碳资产管理面临的机遇和挑战

为了活跃市场,深圳、湖北、重庆和天津等试点已经逐步放开了非控排企业参与碳交易的门槛。目前参与碳试点交易的非控排企业大多为专业碳资产管理公司和投资机构,很少有非试点地区的电力、钢铁、有色金属、建材、化工、石化、玻璃、电解铝、陶瓷、民航等企业来参与碳交易。下面重点讨论非试点地区上述重点行业企业面临的机遇和挑战。

对于非试点地区能源消耗量在同等规模以上的企业,碳交易既是机遇也是挑战。电力、钢铁、石油都属于用能大户,目前已纷纷参与到各地碳市场中。与电力和石油行业相比,钢铁行业有非常显著的特点:各试点钢铁行业配额分配大多采用历史法,同时钢铁行业大多属于地方企业,企业内部各下属公司之间基本没有关于碳交易的交流,属于单打独斗的状态。而这两个特点基本上代表了其他有可能被碳交易体系覆盖的潜在控排企业的基础情景。本节以 SWOT 方法分析钢铁行业非控排企业的优势、劣势、机会和威胁,如图 9-2 所示。

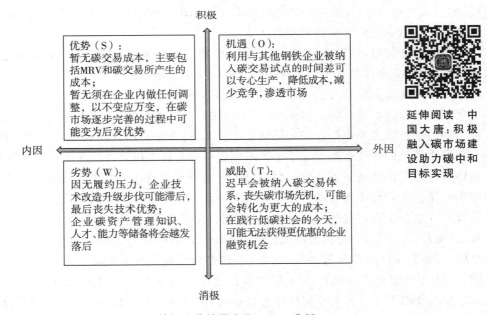

图 9-2　钢铁行业非控排企业 SWOT 分析

从上述 SWOT 分析中我们可以看到,钢铁行业非控排企业参与碳交易的优劣势都很明显,根据企业的现状来制定适合企业的碳资产管理综合方案变得十分重要,非试点地区上述重点行业企业有必要对碳资产管理进行专项分析,发现机遇,迎接挑战。

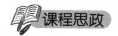课程思政

微观企业构建并实施碳资产管理体系对"双碳"目标的实现有何重要意义？

习　题

1. 控排企业可以通过什么方式完成履约？
2. 企业碳资产管理的模式主要包括哪几种？
3. 谈谈你对非控排企业碳资产管理面临的机遇和挑战的认识。

第 10 章

碳资产管理实践案例

【内容提要】

　　介绍八大高排放行业的碳资产管理典型案例。

【教学目的】

　　要求学生了解我国主要高排放行业的构成,这些行业的碳资产管理面临的主要痛点以及各行业典型企业的碳资产管理模式。

【教学重点】

　　高排放行业的构成;八大高排放行业碳资产管理的痛点。

【教学难点】

　　高排放行业实施碳资产管理的模式。

　　随着我国区域性和全国性碳交易市场的先后建立和运行,典型高能耗高排放行业逐步被纳入交易体系,越来越多的行业和企业开始重视碳资产的管理。通过研究电力、化工、钢铁等八大典型行业的碳资产管理案例,发现不同行业的碳资产管理模式各具特色。由此,在实践中企业需要根据行业特点,扎实做好碳资产管理。

10.1 典型行业的碳资产管理

10.1.1 电力行业的碳资产管理

1. 电力行业的脱碳路径

　　数据显示,在我国的碳排放中,能源燃烧是主要的二氧化碳排放源,占全部二氧化碳排放的 88% 左右。而能源燃烧的用途主要是发电。日常生活中有无处不在的电源插头,插上电源线,拨动开关,空调、冰箱、计算机等电器就开始运转;在工厂中自动化的机器运转也离不开电力的支持,小小的开关背后是庞大精密复杂的电力系统。电力行业背后的电力系统,是由发电、变电、输电、配电和用电等环节组成的电能生产与消费系统。电力行业的脱碳之路主要围绕着这些关键的环节展开[①]。

(1) 在发电环节,火力发电是主要的电力来源。国家统计局数据显示,以燃煤发电为主的火力发电量,占全国发电量比例的71.19%。其次是水力发电,占比达到16.37%,然后是风力发电、核能。最后是太阳能发电,比重仅为1.92%。存量的火力发电行业中,运用各类净煤技术来改造火力发电的燃烧效率,减少碳排,比如运用AI(人工智能)离线强化学习技术,用数据驱动优化火电厂燃烧系统环节,通过AI技术对火力发电机组的燃烧过程进行优化,提升机组燃烧的效率。除了火电能源供应,风电、光伏发电规模不断扩大。西南地区水力资源丰富,大型水电基地建设正在有序推进。西北则以风力发电、光伏发电为主。国家能源局数据显示,截至2021年,国内光伏累计装机规模达305.99GW,同比增长21.86%,太阳能发电在全部电源装机规模中占比为12.90%,2021年国内新增光伏装机规模54.88GW,2016—2021年,国内光伏装机规模的年复合增长率为32.31%,呈快速增长态势。

(2) 在变电环节,变电站被誉为电力系统的神经中枢,起变换、分配、控制、监测电能等作用。变电站在工作阶段也会消耗电能,据估计,我国变压器的总损耗占发电量的10%左右。这部分的碳排放也不可忽视。变电站会嵌入一些智能设备来感知控制设备运行的状态,科学优化运营策略,提升变电站整体的能效水平,促进节能减排。

(3) 在输电配电等环节,依赖电网的调度系统,保持发电与负荷的系统平衡。通过建设先进智能配电网,提高资源优化配置能力。智能电网已经推进近十年,各环节的自动化水平已经位居前列,数字化、智能化技术与措施正在推进,以推动源网荷高效协同,提高系统调节能力,提升电力需求侧响应水平。在电力行业的脱碳道路上,数字技术与传统的电力电子技术相结合,通过智能化的协调或优化各环节,驱动电力行业的碳排之路加速实现碳中和。电力行业的数字化转型,典型应用是在新型的电网系统中。

【知识拓展一】　什么是水光互补发电模式?"光伏电站只能在白天发电,晚上完全没电;阳光充足时发电多,阴天发电少,具有波动性、间歇性。"其发电曲线是锯齿状的,如果直接把这样的电给群众用,可能会回到20年前——电压不稳、电灯忽明忽暗。为了消除这些锯齿状的波动,水光互补是很好的方案。所谓水光互补发电,就是当太阳光照射时,用光伏发电,此时水电停发或者少发。当天气变化或夜晚的时候,就可以通过电网调度系统自动调节水力发电,以减少天气变化对光伏电站发电的影响,提高光伏发电电能的质量,从而获得稳定可靠的电源。目前,全球已建成的最大水光互补电站是位于我国青海省的龙羊峡水光互补光伏电站,光伏装机为85万千瓦。光伏子阵内平均风速降低41.2%、20厘米深度土壤增湿32%,并实现了板上发电、板下牧羊。电站年均发电量14.94亿千瓦时,相当于节约标准煤46.46万吨,减少二氧化碳排放122.66万吨,减少二氧化硫排放3 944.16吨,生态环境效益显著。(摘自《工人日报》2022年6月26日)

【知识拓展二】　日前,张北柔性直流电网试验示范工程正式投运。这是世界首个输送大规模风电、光伏、抽水蓄能等多种能源的四端柔性直流电网。该工程采用我国原创、领先

---

① 赵禹程,李新创,李冰.构建中国钢铁行业六维碳资产管理体系[J].冶金经济与管理,2022(1).

世界的柔性直流电网新技术,创造了 12 项世界第一,攻克了组网技术空白、输电能力受限、运行可靠性低三大世界性难题。柔性直流是新一代直流技术,相当于常规直流的 pro 版本。柔性直流电网技术(flexible distribution network technology,FDNT)是破解清洁能源大规模并网消纳难题的"金钥匙",是能源有效驾驭和高效转换关键的技术之一。它在电网中相当于一个完全可控的水泵,能够精准地控制水流的方向、速度和流量。以前,受制于技术发展,直流输电的特点就是"点"对"点"。有了直流电网以后就不一样了,它能够实现直流输电网络直接的互联。张北柔直工程总投资 125 亿元,额定电压±500 千伏,额定输电能力 450 万千瓦,输电线路长度 666 千米。每年可向北京地区输送 225 亿千瓦时的清洁能源,相当于节约标煤 780 万吨,减排二氧化碳 2 040 万吨。(选自《澎湃新闻》2022 年 7 月 5 日)

2. 电力企业碳资产的识别与开发

为达成"双碳"目标,能源央企纷纷成立碳资产管理公司,以应对正在落地执行的碳交易,抢占市场先机。因为行业被纳入碳交易,电力行业密集成立碳资产管理公司。2021 年 7 月 16 日,全国碳交易市场启动,首批 2 000 多家发电企业被纳入全国配额碳交易市场。而此前在欧洲碳交易市场火热时期,发电企业已经参与,有些企业当时就成立了碳资产相关公司,开展业务,积累了经验。火电是我国碳排放的主要来源,2019 年我国火电行业排放二氧化碳达 43.28 亿吨,占全国碳排放总量的比例超过 40%。碳交易既是挑战也是机遇。

(1)电力企业碳资产识别。电力行业包括生产与供应两大产业,其中电力生产产业对国家节能减排的影响更为显著。假设一国的电力生产主要集中于几个大型发电集团,地方民营发电企业处于补充地位。以大型发电集团 A 电力为例,该企业是集电力、煤炭、港口、铁路、航运、化工和其他能源科技于一体的大型能源企业,核心业务是电力。电力业务蕴藏着巨大的碳资产价值,为便于分析,下面我们将错综复杂的发电业务活动简化为 12 个关键环节,如表 10-1 所示。

表 10-1 A电力企业电力业务活动描述

业务名称	描　　述
生产	电力业务中为发电提供原料或者发电条件的环节,比如燃料(煤、天然气等)的生产,发电设备的生产或者采购,火电厂、水电站、风电场、光伏场和分布式能源的建设
加工	燃料的加工,其他发电设备因建设、发电需要的加工
物流	燃料的运输,发电所需各种设备的运输
设计	发电整体设计,包括设备、流程、运营等设计,是研发的基础,也是发电的前提
研发	在设计的基础上进行发电技术、管理技术、生产流程优化等产品实现性研发,研发成果决定了集团电力业务发展的方向
火力发电	各个火电厂发电,并与水电、风电、光伏发电和分布式能源相互协调
水力发电	各个水电站发电,并与火电、风电、光伏发电和分布式能源相互协调
风力发电	各个风电场发电,并与火电、水电、光伏发电和分布式能源相互协调
光伏发电	各个光伏场发电,并与火电、水电、风电和分布式能源相互协调
分布式能源	各个分布式能源站发电,并与火电、水电、风电和光伏发电相互协调

续表

业务名称	描　　述
售电服务	售电给电网公司、大型企业等
宣传推广	企业通过多渠道宣传企业的低碳化实践,塑造品牌形象,比如开展森林碳汇项目等

　　下面基于业务关系进行分析。假设 A 电力企业自主研发成功了具有行业领先地位的碳捕获与碳封存(CCS)技术,理论上该技术具有很高的碳减排价值,但要转化成可利用的碳资产,需要对该技术进行方案设计,实现 CCS 技术在发电过程的落地应用,形成 CCS 技术碳资产。由于 CCS 技术是 A 电力企业自主研发的,企业对碳减排量的技术参数和减排工艺都非常清楚,可以计算出该技术带来的实际碳减排量,再结合国家碳减排标准,可将其用于冲抵企业碳排放量或者到碳交易市场进行出售,实现碳减排技术到碳资产的有效转化。同理,基于业务活动关系可以识别出更多碳资产,比如基于业务关系的设计、研发、生产和水力发电项目都可以识别出碳资产,如图 10-1 所示。

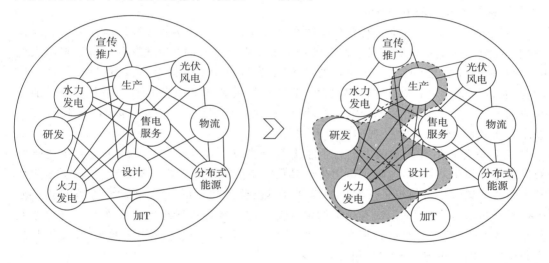

图 10-1　电力企业的碳资产识别

　　(2)电力企业碳资产的开发途径。电力企业是国内碳资产管理实践的先行者。实现电力行业的节能减排是国家发展低碳经济的必然要求。积累碳资产以及开发碳资产的能力是电力企业在低碳经济新形势下寻求发展的内在驱动力。碳资产的开发是指基于碳资产形成的条件,综合考虑企业内部碳减排能力的发展情况与外部政策、市场等环境条件的变化情况,以企业碳资产架构为基础,用碳资产的识别方法来剖析企业碳资产的形成机理,从而使已有的碳资产增值或者识别出新的碳资产的过程。实践中电力企业可以通过以下多个途径开发碳资产。

　　① 创新驱动低碳技术。电力企业是能耗大户,碳减排技术是其碳减排能力的关键。虽然国内产煤技术和发电技术取得了突破,但是与世界上其他较发达国家依然存在很大差距。我国正在实施淘汰产能落后的发电厂,根本原因在于其落后的节能减排技术。在面临国家政策和能源低碳技术壁垒的双重压力下,电力企业应当转变思路,积极响应国家的创新驱动

战略。如果条件成熟，就引进先进的低碳技术；如果遭遇壁垒，就进行自主研发或者与科研院所、高校合作，以抢占低碳技术上的领先地位。

② 业务活动践行低碳化。如果低碳技术是开发碳资产的硬实力，那么企业上下业务活动践行低碳化就是最具竞争力的软实力。电力企业的业务活动中流淌着巨大的碳减排价值，是否精细化管理决定了这些价值是被流失还是被有效开发。具体而言，电力企业可以从加强低碳化经营与管理、多渠道提高员工低碳素养、优化工艺流程等方面进行改善。随着低碳化经营的深入，电力企业中一种更具低碳价值的低碳文化逐渐形成，让电力企业的低碳化实现了质的飞跃。

③ 改善能源结构。中国严重不平衡的能源结构决定了电力企业很难扭转用能结构，在如此能源结构的压力下，电力企业实现具有碳减排价值的能源结构改善而获得的碳减排量必然是一种稀缺资源。虽然目前我国的电力企业改善能源结构举步维艰，但是实践中其改善能源结构的可行性依然存在。比如，采用化石能源发电的电力企业普遍存在设备落后的情况，通过淘汰陈旧的发电设备、用能设备等，进行设备升级，提高发电生产效率，增加清洁发电投入，逐步提高清洁电力比重。

④ 宣传推广碳减排实践。电力企业是电力供应的源头，消费者最终用电还需要经过输电、配电、变电和送电等环节。目前消费者用电似乎无须经历选择的过程，但是随着国家电力改革的深入，将来电力成为一种竞价的商品，消费者不但要选择，还要进行价格比选。另外，电力企业还经营着许多非电力供应的能源业务或者相关业务，所有的业务共同推进了企业的发展。作为能耗大户的电力企业，进行战略性宣传，推广其节能减排实践，塑造低碳品牌形象，将获得非常可观的碳资产溢价。

⑤ 完善碳足迹管理。实践中电力企业进行节能减排管理时往往只注重电力企业碳资产的识别与开发生产环节，忽略了电力生产其他环节的碳减排效应。基于碳足迹，对电力生产各个环节的碳减排价值可采用相应的识别、测量、统计和分析方法，进行全过程管理。显然全过程分析不是目的，识别出有价值的碳减排量才是碳足迹管理的意义所在。电力企业涉及的业务面广，开展碳足迹管理并非易事，需要企业不断加快完善管理体系，开发出与自身业务相契合的碳足迹管理方法和工具。

▶案例1

"卖碳"有多赚钱？看看电力企业的"入账单"

据2021年一季度财报，大唐发电、华能国际、华电国际的碳排放权交易收入分别达到3.02亿元、2.69亿元和1.4亿元。碳排放权简单说就是在碳市场体系中控排企业持有温室气体可排放量的配额。就过去的认识来说，企业减碳往往被看作是一件花钱的事。但现在观念转变了，很多企业认识到只要管理得好，碳配额也可以作为一笔资产，除了拿来买卖，还能用于发债、托管、碳基金等。那么，碳资产保值增值是如何实现的？

相较过去的被动减排，电力企业越来越关注碳资产价值，重视碳资产管理。以率先纳入全国碳交易市场的电力企业为例，在主管部门统一下发初始配额的基础上，企业通过各种手段减少排放，盈余的碳配额用好了即可产生价值。尤其是大型发电集团，很早便着手推进节能降碳工作，对减排政策、交易规则等要求比较熟悉，管理更为规范，大多还有自己的碳资产管理公司。收益背后离不开专业化。低碳公司可提供低碳履约、碳资产开发及营销、绿色体系咨询等服务。

"充分发挥碳资产绿色资产属性价值,我们协助大唐七台河电厂,先后完成国内首单在全国碳排放权注册登记结算系统参与下的碳排放权担保业务,以及采用人民银行征信系统和排放权交易所系统'双质押登记'的质押贷款业务,打通控排企业利用碳资产融资新渠道。"该大唐发电负责人举例说。

"卖碳"有多火,从管理公司的表现也能看出一二。据国网英大披露,其全资子公司英大碳资产公司2021年完成营业收入2 577.67万元、同比增长18.41倍,净利润达217.68万元,成立以来首次实现经营性盈利。"碳管理业务的重要性逐步显现,越来越多大型能源央企开始布局碳管理业务,传统民营碳公司也纷纷入局。"

有了专业的管理者,碳怎么"卖"出去? 企业又如何获取收益?

碳资产管理的核心内涵在于,确立企业生产周期中的"碳引领"作用,将碳资产从惰性配额履约工作中激活,进而融入企业投资、营销、生产、财管、社会责任等各个环节,再分别有针对性地开展业务。"帮助电力企业开展碳资产管理,首先要做好顶层设计与基础管理,也就是构建制度体系、打牢数据基础。在此基础上,着重关注现代营销观下的配额资产交易与减排量开发利用,有条件的企业可进一步基于财务管理实施金融领域创新。"

碳资产公司具有专业化的交易团队,完备的碳交易管理体系和风险控制措施,以及科学的市场分析手段,可为托管企业适时制定置换交易等灵活多变的交易策略,还能联合其他金融机构,利用融资工具发挥碳资产的最大价值。在盘活企业碳资产、实现低成本履约的同时,为企业建立风险管理制度和碳资产管理体系,可以优化组织决策流程,定制交易优化策略和风险对冲管理策略,实现碳资产保值与增值。

碳资产公司对排放及配额量的核算过程、数据链条更加专业,对政策及行业动态的跟进也更及时,由此可帮助企业避免因认识不到位、技术处理不当造成的损失。碳价实时波动,手握配额什么时候卖出最合适? 市场允许一部分国家核证自愿减排量抵消超额排量,怎么使用最合适? 有些企业履约数据质量差,有可能面临被使用高限值排放因子计算排放量的窘境,非但没有收益,反过来还要多花钱买配额,如何避免? 这些难题都可以交由管理公司解决。

（资料来源:《中国能源报》2022年5月6日）

点评: 短期内大量新成立的碳资产管理公司涌现。低碳行业需要深厚底蕴,从业者既要具备所处细分行业的知识背景,也需要专业的交易能力、突出的研发实力,短期速成难以掌握解决复杂实际问题的本领。

建议建立碳资产公司准入制度,设置企业资本、从业能力、从业人员、专业背景、历史业绩等指标条件,对合规准入的碳资产管理公司进行备案。或者实行业务许可制,进行积分评级管理,相关企业达到一定评级标准后方可开展某类碳资产管理业务。

真正挖掘资产的价值还需形成多方合力。控排企业要提升低碳发展意识、碳市场参与意识,严格遵守碳市场法律法规,积极主动开展碳资产管理,用活用好碳资产。各类咨询服务机构要树立提供优质服务的意识,建立行业自律体系,提升服务能力和服务水平。从资产角度来看,需进一步研究开展碳的资产属性发掘工作,提升市场各方对其作为资产的接受度和认知程度。在打好数据质量的基础上,开展碳资产管理运作工作,让碳资产真正成为绿色投融资的引导媒介。

10.1.2　化工行业的碳资产管理

化工行业是我国支柱产业之一,涉及石油化工、煤化工、盐化工、精细化工等多个领域,在国民经济中占有重要地位。其中,煤化工为化工行业碳排放的主要来源。从煤化工产品全流程碳排放来看,工艺过程排放占比往往能达到50%以上,而化工行业其他领域的工艺过程碳排放占比则不足20%。

在火电行业碳排放配额分配上,煤化工行业将在全国碳交易市场中居于主导地位,未来无论是碳配额的经营还是履约都将对市场的稳定健康发展起到决定性作用。该行业也常常发展光伏、光热等可再生能源,在前期7个地方试点碳交易市场和未来统一的全国碳交易市场中将拥有巨大的核定减排量,这也将成为煤化工行业抵消排放量和参与碳市场交易的重要资产。

▶案例2

"双碳"目标下包头煤化工公司的减排之路

我国是一个"富煤、贫油、少气"的国家,大力发展煤化工产业,对于补充国内油气资源不足、满足化工产品需求、降低石油对外依存度、保障能源安全具有重要的战略意义。国家能源集团包头煤化工公司管理和运行的世界首套煤制烯烃示范装置,是我国现代煤化工企业中第一个进入商业化运行的项目,开辟了以煤炭为原料生产聚乙烯和聚丙烯的先河,属于国家煤化工示范企业,在产业发展过程中发挥着示范引领作用。该公司主要生产装置采用了国内外先进的生产工艺,能耗、物耗、环保设施工艺技术都达到国际先进水平,产品广泛用于膜料、注塑料、纤维料等生产。

自2011年商业化运营以来,包头煤化工公司持续开展技术优化和改造,逐步消除生产瓶颈问题,将示范装置改造优化成为高标准运行的成熟的煤制烯烃装置,特别是在废水治理和减排方面,开展多项技术升级改造,实现了烟气"超低排放",废水"零排放",水耗、能耗都有较大降幅,生产运行的工厂非常安全、稳定、清洁。公司把"低碳、节能、高效、环保、循环、安全"的绿色发展新理念融入生产经营全过程,努力挖掘清洁生产潜能,实施20项节能减碳措施并取得实际成效;进一步加强碳资产管理,探索开展二氧化碳捕集、封存、综合利用新路径,加快探索二氧化碳作为"气肥"在农业生产中的应用,为大规模农业应用做好铺垫。通过以上措施的落实,包头煤化工公司打造了真正意义上的"清洁工厂"。

2022年,包头煤化工公司全面开展碳减排工作,严格执行年度碳排放监测计划,主动适应能耗"双控"向碳排放总量和强度"双控"转变,加强碳资产管理,积极参与碳交易,加快推动公司向高端化、多元化、低碳化的方向发展,加快建设清洁工厂。

此外,公司将进一步强化生产操作、工艺技术与设备维护管理,保持装置高负荷稳定运行状态,持续做好装置运行优化工作,提高在运装置一体化协同水平,重点做好气化、净化、合成装置与消瓶颈项目的负荷匹配,充分发挥甲醇消瓶颈项目的优势,提高甲醇产量。同时稳步提高戊烯回炼量,提高乙烯丙烯收率,降低吨烯烃物耗能耗。通过优化工艺参数和设备运行,全面推进节能降耗工作,推动甲醇消耗、聚烯烃耗甲醇和三剂消耗等重要指标持续下降,努力打造能效高、水耗低、碳排少、效益好的现代煤化工企业。

点评:近年来,传统煤炭企业向煤化工转型,中国煤化工产业规模稳步增长。鉴于中国特色的能源结构以及经济考量,煤炭在化工领域短期内很难被完全取代,所以煤炭清洁高效利用就成了重中之重。煤化工行业要实现高碳能源的低碳化利用,优化并减少下游产品需求,降低能耗煤耗,提高能源电气化水平,发展洁净能源技术,抢占低碳技术战略制高点,以科技进步推动工业结构全面转型升级。

10.1.3　石化行业的碳资产管理

近年来,碳资产管理受到我国石化行业的高度重视,并被纳入行业发展规划。以中国石化、中国石油、中国海油为代表的国有企业纷纷提出绿色、低碳、可持续等发展战略,成立相应的碳资产管理机构和团队,借鉴国内外经验,开展了大量工作。根据生态环境部相关部署,石化行业有可能在"十四五"中期被纳入全国碳交易市场。全国碳排放权交易市场会逐步成为强制减排约束型市场,将给我国石化企业的生产运营带来新的压力。因此,石化企业未来需深刻理解碳资产管理对实现"双碳"目标与低碳转型的重要意义,成立碳资产管理公司、推进专业化管理,提升碳资产管理能力;结合企业实际,在碳资产项目开发、碳资产融资业务等领域先行先试,抢占碳市场先机,实现碳资产保值与增值。

石化行业的碳排放贯穿上中下游全产业链。油田开采过程中需要加压、加热、注水、注剂,这些措施本身就是碳排放的过程。炼化企业从供能、供热到油气产品终端使用都会产生碳排放。油品销售企业的碳排放主要来自电力消耗,占比很小[①]。

英国石油公司、壳牌石油公司等走在了碳资产管理的前列,在欧盟碳排放交易开展之前,均提前在内部进行了碳资产管理研究和模拟交易,为正式交易做好准备。在实践中,他们除了满足集团内履约需求,还将碳交易作为新的市场机遇,通过碳资产专业化运作获得额外收益。

▶**案例3**

壳牌石油公司的碳资产管理

壳牌是目前世界第一大石油公司。壳牌石油公司于1998年开展气候变化及其对壳牌公司全球业务潜在影响的研究。壳牌就2050年净零排放目标给出了具体定义,其提出的"净零排放"包含了范围一至范围三的全部碳排放,其中,范围一是企业地理边界内生产经营活动向大气排放的温室气体;范围二是指企业外购的电力和热力(蒸汽/热水)产生的排放;范围三是指除范围二以外的其他所有间接排放。2018年壳牌碳排放量达到17亿吨的峰值;短期至2030年,其碳排放强度将降低20%;中期至2035年,碳排放强度将降低45%;直至2050年,实现完全净零排放。

壳牌确定的减排方式包括三类:一是避免新增碳排放;二是降低现有经营活动的碳排放;三是"基于自然的解决方案",抵消前两类方式无法解决的排放量,这三类减排方式按优

---

① 王燕.石化行业碳资产管理系统设计及应用[J].石化技术,2018,25(2):3.

先级从高到低排列。为此,壳牌预计到 2035 年,将每年增加 2 500 万吨的碳捕集和存储 (CCS)能力,并已经参与加拿大奎斯特、挪威北极光及荷兰的波尔托斯三个碳捕集和存储项目。按计划,到 2030 年,壳牌通过自然方式降低范围三的碳排放量将达到 1.2 亿吨/年。

作为全球最大的碳排放交易商,壳牌自 2003 年开始碳交易,在全球碳排放交易市场上已有多年的交易经验。2015 年壳牌首次进入中国市场参与碳排放权交易。壳牌在欧盟排放权交易市场、新西兰排放权交易市场、加利福尼亚州排放权交易市场、区域温室气体减排行动交易市场,以及中国上海和广州的排放权交易试点中都有交易。壳牌公司成立了一个由高级主管领导的新的二氧化碳部门,该部门的任务主要包括参与制定壳牌公司的二氧化碳战略并开发支撑该战略的相关技术。在实践中除满足各自集团内的履约需求,该部门还将碳交易作为新的市场机遇,通过专业化碳资产运作获得额外的收益。

2022 年 7 月,壳牌向巴西一家专注于环境保护的碳信用开发商 Carbonext 投资 2 亿雷亚尔(3 807 万美元)。该公司在亚马孙森林的 200 多万公顷范围内开展保护项目。Carbonext 随后生成可以出售的碳信用。壳牌现在可以优先购买该公司的碳信用,再将这些碳信用额度出售给购买其汽油和天然气产品的客户,或者将这些信用额度用于降低自身生产的碳足迹。事实上,壳牌并非唯一的投资碳汇的石油集团。此前意大利石油集团在非洲种树开发碳汇项目,英国 BP 石油公司则投资了美国和中国的碳汇项目。2018 年英国 BP 石油公司采购了中国最大的 CCER 碳汇项目的部分减排量,用以抵消生产运营中的碳排放。

壳牌石油公司 2020 年基于项目的碳信用开发和购买情况如表 10-2 所示。

表 10-2　壳牌石油公司 2020 年基于项目的碳信用开发和购买情况

碳信用开发和购买	项目类型	项目名称	核准标准	碳信用量(吨二氧化碳当量)	目　的
碳信用开发	碳捕集与封存	壳牌加拿大公司 Quest 碳捕集与封存项目	加拿大碳补偿机制	679 072	合规
碳信用购买	森林	秘鲁科迪勒拉阿祖尔国家公园 REDD[①] 项目	核证减排标准	1 535 316	自愿抵消
	森林	印度尼西亚 Katingan 泥炭地恢复和保护项目	核证减排标准	942 478	自愿抵消
	森林	中国富罕坝机械林碳汇造林项目	中国核证减排量	36 859	自愿抵消
	森林	中国江西丰林碳汇造林项目	中国核证减排量	10 606	自愿抵消
	森林	中国青海造林项目	核证减排标准	40 848	自愿抵消
	森林	加纳退化森林保护区的重新造林项目	核证减排标准	42 211	自愿抵消
	森林	中国新疆麦盖提县植树造林固碳项目	核证减排标准	263 819	自愿抵消

续表

碳信用 开发和 购买	项目类型	项目名称	核准标准	碳信用量 （吨二氧 化碳当量）	目 的
碳信用购买	森林	秘鲁乌卡亚利地区 Shipibo Conibo 和 Cacataibo 原住民社区减少森林砍伐和退化的森林管理项目	核证减排标准	131 997	自愿抵消
	森林	秘鲁 Madre de Dios 地区 Tambopata 国家保护区和 Bahuaja-Sonene 国家公园减少森林砍伐和退化的项目	核证减排标准	299 451	自愿抵消
	森林	加勒比危地马拉保护海岸的 REDD+② 项目	核证减排标准	379 692	自愿抵消
	森林	GreenTrees 高级碳恢复生态系统（ACRE）项目	美国碳注册登记处	9 882	自愿抵消
	森林	Darkwoods 森林碳汇项目	核证减排标准	1 636	自愿抵消
	森林	中国青海省海东造林项目	核证减排标准	7 535	自愿抵消
	森林	中国贵州省铺镇造林项目	核证减排标准	70 715	自愿抵消
	森林	中国贵州省西关造林项目	核证减排标准	87 432	自愿抵消
	森林	中国西宁市植树造林项目	核证减排标准	43 792	自愿抵消

注：① REDD，即 Reducing Emissions from Deforestation and Forest Degradation，来自减少森林砍伐和森林退化的减排；② REDD+ 是指除包括 REDD，还包括森林保护、森林可持续经营和增加碳汇机制的活动。

资料来源：壳牌石油公司 2021 年提交给碳排放披露项目（CDP）的问卷调查。

点评：欧洲是应对气候变化的领导者，EU ETS 起源于 2005 年，是世界上参与国家最多、最成熟的碳排放权交易体系，涵盖 31 个国家，包括壳牌石油公司在内的 6 家欧洲主要石油公司均参与欧盟碳排放权交易体系，除了欧盟碳排放权交易体系，壳牌还受加拿大艾伯塔省碳竞争力激励条例（CCIR）的监管。

自然碳汇作为最经济且副作用最少的方法，是未来我国应对气候变化，实现碳达峰、碳中和最有效的途径之一。石油公司购买碳信用的减排项目类型主要包括森林项目、生物质能项目、水电项目、提高能效项目、太阳能项目、风能项目等。其中，壳牌主要购买森林碳汇项目中核准的碳信用。但是森林碳汇有一定的局限性,比如处于生长阶段的森林具有较强的二氧化碳吸附才能,而较老的森林仅有作为碳池碳存储的功用。也就是说,当森林中的树木逐渐生长为老龄树后,将不再适用于造林碳汇项目。此外,碳汇具有可逆性,若不慎发生火灾,反而会释放二氧化碳。

10.1.4 钢铁行业的碳资产管理

钢铁行业作为我国碳交易体系的重点管制行业,是除电力行业外最大的一个行业,其75%的钢铁能源直接或间接来自煤炭,钢铁碳排放占全球能源系统排放量的7%。中国钢铁行业年碳排放量18亿吨,占工业碳排放的20%、全国碳排放总量的15%。

2021年,我国钢铁行业在波澜壮阔的价格行情中出现40多年来罕见的粗钢产量下降。这一信号被业内人士认定为钢铁行业已经由工业化与城镇化推动的、做"大蛋糕"的增量发展周期,快速转换到碳达峰、碳中和"双碳"硬约束的、"分蛋糕"的存量博弈周期,"双碳"倒逼下的国内外钢铁行业将在未来数十年发生巨变。2021年以来,汽车等下游行业主导推动低碳绿色转型,上游行业挑战与机遇并存。钢铁企业需尽早拥抱变革,迅速行动。宝马公司2022年开始采购低碳钢材,奔驰公司将向SSAB(Swedish Steel AB)采购零化石能源生产的"氢钢",沃尔沃于2021年8月向SSAB采购了第一批零碳钢材。

未来的钢铁产品虽然品质和功能与原来相差无几,但生产成本昂贵,"双碳"技术研发、设备改造、材料更迭等费用都要计入产品价格,从利润中收回。近期是以产量控制为核心的高价格、低成本、高利润,中期是以技术投用为核心的高价格、高成本、中利润,远期是以技术成熟为核心的中价格、低成本、低利润。2021年,全球共有安赛乐米塔尔、蒂森克虏伯、SSAB以及中国宝武集团、河钢集团等14家钢铁企业公布了明确的碳中和目标,年份多为2050年。巴西ABS钢铁公司2021年4月宣布成为世界上第一家实现碳中和的钢铁企业。

钢铁、建材、有色金属行业的碳配额分配方法,或与此前电力行业有所不同。具体而言,电力行业主要采取基准线方法,但此次相关部门对上述三大行业的碳配额分配方法,既会通过总量控制以促进这些行业企业加大节能减排力度,又会兼顾当前这些行业因原材料价格上涨等因素所带来的经营压力。相比建材与有色金属,钢铁行业的碳配额分配方法则要更加复杂。具体而言,建材领域的水泥行业可以通过企业的不同供热量与供电量进行碳配额分配,但钢铁行业涉及焦化、提炼、钢铁加工等多道工序,每道工序的钢铁产品又比较多,导致针对不同规模钢铁企业的碳配额分配计算方法各有差别。

▶案例4

欧盟碳边境调节机制对我国钢铁工业影响几何?[①]

(1)我国钢铁行业现状及趋势

从发展地位来看,钢铁是我国工业的重要"粮食"、建设的重要保障、经济的重要支撑。其主要具有五大发展特征:第一,强大的中国钢铁支撑国家经济快速发展;第二,中国钢铁是

① 陈瑜,赵楠.欧盟碳边境调节机制对我国钢铁行业影响几何?[EB/OL].(2021-12-17)[2023-04-04].http://www.csteelnews.com/xwzx/djbd/202112/t20211217_57884.html.

典型的技术密集型产业;第三,中国钢铁可以让世界更美好;第四,中国钢铁已经发展成为国内最具全球竞争力的产业;第五,中国钢铁将长期引领世界钢铁工业发展。

从发展阶段来看,我国钢铁工业已经处于加速重组、强化环保、低碳发展三期叠加的历史阶段,正在往高质量低碳阶段演进,将以数字驱动、技术革命、绿色协同为三大趋势,以金融支持、税收优惠、碳市促进、国际合作、标准引领为五大支撑,以低碳为统领,重塑发展新格局。

从钢铁市场来看,目前中国人均历史累计产钢量与发达国家仍存在较大差距。中国钢铁产品始终坚持以满足国内经济建设需求为主,少量出口钢材产品可以通过参与全球竞争,促进国内钢材产品质量的提升。

"十三五"以来,中国钢材消费保持高位,钢铁生产效率进一步提升,行业效益显著提高。当前,中国钢铁工业正在形成新的供需平衡,支撑国内经济快速发展,为人民生活质量的改善提供重要的基础结构材料和功能材料。

从发展趋势来看,《关于促进钢铁工业高质量发展的指导意见》的发布为中国钢铁工业的发展指明了道路,从创新能力、产业结构、绿色低碳、资源保障、供给质量五方面提出发展目标,并具体部署了以增强创新发展能力为首的十二项主要任务。中国钢铁行业高质量发展将以良好的市场生产经营秩序为基础,牢牢把握资源保障和产品质量两大产业链关键环节,以绿色化、低碳化、智能化为导向,通过技术创新、兼并重组、资源能源循环利用以及标准认证,全面提升中国钢铁行业的发展水平。

(2)欧盟碳边境调节机制(俗称"碳关税")对我国钢铁工业的影响

欧盟碳边境调节机制对中国钢铁工业产生的影响,主要体现在以下六个方面。

① 贸易方面。中国以长流程炼钢为主的钢铁企业,将面临对欧盟钢铁出口成本上升、价格优势缩小、产品竞争力下降等挑战。短期来看,欧盟碳边境调节机制可能导致中国对欧盟钢铁出口量下降;长期来看,欧盟碳边境调节机制能够促进中国钢铁产业和产品结构优化,重塑产品出口低碳竞争力。

② 竞争力方面。中国钢铁工业以满足内需为主,而且基础雄厚、市场广阔,欧盟碳边境调节机制对中国钢铁整体影响有限。但是,其对中国出口欧洲的钢材产品竞争力会造成一定影响,将在一定程度上形成贸易壁垒,削弱中国钢材产品的竞争优势,影响下游市场需求。

③ 低碳发展方面。欧盟碳边境调节机制将推动中国钢铁行业夯实基础能力建设,开展碳配额分配方案研究,加快纳入全国碳交易市场步伐;有助于全行业摸清碳排放家底,提升碳排放统计和管理能力;将助推中国钢铁通过市场化机制进行全方位、宽领域、深层次的低碳革命,加快实现"双碳"目标。

④ 产业结构方面。欧盟碳边境调节机制将促进中国钢铁产业技术的绿色低碳升级,尤其是在高碳排放的炼铁环节,行业和企业将更加注重绿色低碳炼铁技术的研发与应用,氢冶金技术将成为行业深度降碳的重要路径。此外,还将有效推动中国钢铁炼钢工艺流程结构调整,促进电炉炼钢比例进一步提升。

⑤ 标准及认证方面。欧盟碳边境调节机制将使中国钢铁企业对钢铁产品的碳足迹核算以及低碳产品评价方面的标准需求不断提高。目前中国尚未发布实施相关标准,一些相关标准正在制定中。此外,中国钢铁的下游行业也愈加关注钢材产品的碳排放量,对开展钢铁产品碳排放认证工作的需求不断扩大。

⑥ 下游产业链方面。受能源消费结构、生产技术、产品贸易结构等影响,中欧间贸易的隐含碳排放高度不对称。欧盟"碳关税"政策将在一定程度上增加中国钢铁下游产业链的成本、削弱其外贸竞争力。

点评:全国碳市场尚处于起步阶段,为应对交易产品单一、活跃度不足、交易周期性明显、金融化程度低等挑战,生态环境部正通过完善碳市场制度体系、稳步推进全国碳市场扩容、推动重启国家核证自愿减排项目等方式,激发市场活力、增强市场流动性。当前,全国碳市场第二个履约期已经启动,钢铁行业纳入全国碳市场为期不远,钢铁企业应高度重视,充分抓住碳市场机遇,主动作为,将碳市场相关工作纳入企业发展规划,并重点做好以下工作。

① 开展能效提升。能效提升是"十四五"时期钢铁行业绿色低碳发展的重要基础。一方面,按照国家有关政策要求,到2025年所有钢铁企业必须有序有效、限期分批实施改造升级和淘汰,提升能效水平至少达到国家基准水平以上,全国至少30%以上的钢铁企业要达到国家标杆水平以上,做好能效评估和提升是必然要求。另一方面,钢铁行业被纳入全国碳市场大概率会采用行业基准线法核定配额,企业能效越高,单位产品碳排放强度越低,配额盈余越多;反之,能效偏低的企业获得的配额不足,需购买配额完成履约,增加了企业履约成本。

② 开展碳资产评估管理。企业应从战略层面开展碳资产管理工作,有序开展碳资产评估、管理与运营,做到"四个全面"(全面摸清碳资产底数、全面评估碳资产现状、全面挖潜碳资产潜力、全面跟踪碳市场运行走势)、"四个提前"(提前平衡碳配额、提前储备碳财富、提前布局碳金融、提前规划碳资产),持续调优碳资产结构,最终实现碳资产的保值与增值,让"碳"从压力转变为活力。同时,持续开展碳市场能力建设,培养碳资产管理相关人才,熟悉碳市场政策、交易规则;做好碳排放数据的监测、报告与核查管理,并结合企业特点逐步建立碳资产管理体系。

③ 积极参与碳标准的制定。标准是规范行业碳排放核算方法、数据管理、技术推广等低碳发展工作的重要依据,其水平的高低将一定程度上影响行业低碳发展的质量。钢铁企业应积极参与绿色低碳发展标准体系的建立,研制核算核查、监测评估、技术装备、管理服务等相关标准,在标准制修订过程中建言献策,提升标准的适用性和可用性,引领行业企业低碳发展工作落实落细,也为企业自身在全国碳市场竞争中赢得先机。

10.1.5 有色金属行业的碳资产管理

有色金属工业是国民经济的重要基础产业,是实现制造强国的重要支撑。随着节能降碳技术的推广应用,有色金属行业的清洁生产水平和能源利用效率不断提高,但仍存在不少问题,比如,企业间单位产品的综合能耗差距较大,通用设备能效水平差距明显,能源管控水平参差不齐,行业节能降碳改造升级潜力较大,等等。有色金属属于能源密集型产业,成本是核心因素,其定价结构需考虑生产、运输等各个环节对应的成本。在碳市场约束下,碳配额将作为新的"原材料"影响有色金属行业的成本曲线,碳定价通过碳成本导致的溢价效应传导至有色金属现货价格上,对有色金属价格形成支撑。一般而言,有色金属行业上游相对下游有着更强的议价权,碳价的抬升,引起生产成本的抬升,将通过推动价格上涨的形式向下游转移,全产业链消化碳价上涨成本①。

---

① 胡新鑫,蒋海辉.碳定价机制对有色金属的传导机理和影响[J].能源,2022(7):4.

▶ **案例 5**

中铝集团碳资产管理①

中国电解铝产量占据世界总产量的 55%。目前我国电解铝能源以火电为主,2020 年电解铝行业二氧化碳总排放量达 4.26 亿吨,占全社会二氧化碳净排放量的 5%。每吨电解铝平均碳排放中的电力排放为 10.7 吨,占 64.8%,碳足迹较大。其中以火电为能源的电解铝二氧化碳排放量为 11.2 吨/吨铝,使用电生产一吨电解铝所排放的二氧化碳量几乎为零,因此,火电生产是电解铝碳排放高的主因。近年来,中铝集团开展联合降碳行动,建立降碳模型,从理念、生产、管理、科技等维度持续发力。截至 2020 年,中铝集团新建项目中环保投入 15.6 亿元,尾矿库、脱硫脱硝等环保技改项目投入 17.2 亿元。中铝集团绿色能源电解铝占比 49.98%,万元产值综合能耗同比降低 1.23%,工业产值节能量 1 112.29 万吨标准煤,用新水量 3.56 亿吨,重复用水量 46.79 亿吨,重复用水率 92.92%,主要污染物二氧化硫、氮氧化物累计排放量分别同比下降 10.92%、67.06%。

碳资产主要分为配额碳资产和减排碳资产。要做好减排工作,首先要识别和发现碳资产,把企业持有的碳资产精准地找出来、计算出来,并精确地披露和反映,因此,合理计算企业的碳足迹是至关重要的。碳足迹是企业在生产经营中排放温室气体的总量。碳足迹可以通过物联网、云计算和大数据计算来核算企业碳排放指标。2018 年中铝集团启动碳排放信息管理系统建设工作。该平台包括碳排放信息、碳资产、碳交易、CCER 项目、预警、综合信息管理以及政策资讯七大模块。2020 年,中铝集团下属银星能源麻黄山风电厂 20MW 风电项目和银仪大水坑风电场 20MW 风电项目年净上网电量为 400 000 兆瓦时,减排量估算值为 31.2 万吨二氧化碳,可进行 CCER 开发。

点评:目前碳排放权价格随着交易的变动而产生波动,从而衍生出碳排放权金融产品,使得控排企业通过碳资产管理获利,同时碳排放权交易是推动绿色低碳发展的一项政策创新,也可以视作资源税的一种金融产品。作为有色金属行业的龙头企业,降碳工作不仅是中铝集团服务于国家战略的体现,也是把社会责任理念融入企业管理和实践的重大举措。中铝应积极跟进中国有色金属工业协会关于有色金属行业碳排放权交易相关研究工作,如电解铝碳排放的资产配额发放标准和交易规则的制定,在政策的顶层设计中发声,维护中铝集团利益,发挥集团行业排头兵作用。同时作为铝行业头部企业,中铝集团要率先制定绿色铝生产的相关标准,加速企业标准向行业标准的转化,提高行业的影响力。

10.1.6　造纸行业的碳资产管理

造纸行业是包装、印刷和信息产业等提供商品材料为主的加工工业,与国民经济和社会发展密切相关。造纸的生产程序复杂,涉及木材制备、纸浆生产、化学回收、漂白和造纸等工艺步骤,因而造纸行业的碳排放来源主要包括煤炭、天然气等化石燃料燃烧、生产过程、净购入的电力和热力产生的排放以及废水厌氧处理等,造纸企业的煤炭几乎全部用于小型自备电厂和供热锅炉,发电/供热规模小,能源利用效率低,碳排放量大,行业能源结构亟待改善。

① 李婧怡.碳资产管理会计核算探讨——基于中铝集团降碳行动方案[J].国际商务财会,2022(2):9-11.

目前投入运行的七个省市碳排放权交易试点及福建省基本都将造纸行业纳入控排范围。我国造纸行业最早是以开发 CDM 项目的形式参与碳交易，全球制浆造纸行业 CDM 项目主要集中在印度和中国。造纸所使用的燃料中化石能源占比达 80% 以上，产生的碳排放总量大，造纸行业因此成为我国首批纳入碳交易的八大行业之一，且将于 2025 年纳入全国碳排放权交易市场。

▶案例 6

岳阳林纸的碳资产经营模式①

诚通凯胜与森海碳汇是岳阳林纸"造纸＋生态"双轮驱动中生态一轮上的两家公司。诚通凯胜在城市绿地的规划设计、建设运营上具有核心优势，森海碳汇则具有丰富的林业碳汇开发和运营管理经验，两家兄弟企业的协同，有利于公司在行业市场上形成从技术到开发、运营、管理的全链条优势，为行业发展贡献央企力量。在林业碳汇业务上，岳阳林纸多有布局，此前公司陆续发布多项公告，对旗下森海碳汇的业务进展进行了公布。例如，7 月 4 日，岳阳林纸的公告显示，全资子公司森海碳汇与甘肃会宁通宁建设发展有限公司签署了"温室气体自愿减排项目林业碳汇资源开发合作合同"，合同标的为甘肃省白银市会宁县林业碳汇开发项目，若合同能顺利实施，按目前国内碳交易价格测算，预计合同实施年度将至少产生净利润 2 000 万元，将对公司实施项目年度的经营业绩产生积极的影响。7 月 15 日的公告则显示，森海碳汇与西藏自治区日喀则市人民政府、西藏国有资产管理有限公司签署了"温室气体自愿减排项目林业碳汇开发合作合同"。该合同属于森海碳汇日常经营合同，若合同能顺利实施，按目前国内碳交易价格测算，预计合同期限内将至少产生净利润 1 亿元，位于西藏自治区日喀则市的森林/林地约 2 750 万亩，合作期限 22 年。

岳阳林纸所属森海碳汇在光大银行岳阳分行启用 2 亿元贷款，用于 CCER 等减排机制下的碳汇项目拓展及开发、碳资产管理及交易等，贷款利率低于一般贷款利率。这是湖南金融机构为专业碳汇开发企业发放的首笔碳中和贷款，标志着森海碳汇在绿色信贷及碳金融方面取得重大突破。

2022 年 7 月 18 日，据《证券日报》披露，国内首个《城市绿地碳汇项目方法学》通过专家评审。当前城市绿地碳汇面临着一些亟须解决的难题，比如，不同性质绿地之间的评价标准和方法如何细化，如何能让不同的参与方感受到切实的经济效益等。方法学的评审通过，就为这些难题的解决提供了方案，让城市绿地发挥减排增汇作用成为可能。此次通过评审的方法学由岳阳林纸旗下的诚通凯胜生态建设有限公司（以下简称"诚通凯胜"）、湖南森海碳汇开发有限责任公司（以下简称"森海碳汇"）与北京林业大学共同开发。业内人士预测，如果全国 50% 的城市绿地建设、管养可以按此方法学开发，预计到 2025 年，每年可实现减排和增汇总量约 4 500 万吨，有可能形成数十亿元的经济规模。该方法学"贯穿、统筹了城市绿地景观从方案设计到工程建设、建后管养的'三位一体'全生命周期的减排增汇"。依据该方法学，可以实现设计端即碳汇端在减排增汇上实现一张"碳"图绘到底。在进行方法学开

① 桂小笋.盘活城市绿地存量资产岳阳林纸牵头打通园林资产新"碳"路[EB/OL].（2022-07-19）[2023-04-04]. https://new.qq.com/rain/a/20220719A030SR00.

发的同时,技术团队也正针对国内常用的绿化树种,搭建"城市绿化树种的固碳数据库"。

　　点评:我国绿地存量巨大,但要想把城市绿地纳入碳交易系统,还需要统一的方法学来测度,若将来有公认的方法学运用于实践,城市绿地碳汇产品的价值得以开发,将对发展绿色经济、保护生物多样性、缓解城市部分绿地维护和运营压力起到积极作用。

　　目前国内林业碳汇机制较多,除了已经在 2017 年暂停审定的 CCER,还有地方试点的林业碳汇机制,包括北京碳市场林业碳汇、福建碳市场林业碳汇和广东碳市场碳普惠制度,不同制度下碳汇开发的方法学、抵消范围等均存在差异。当前的碳交易管理办法明确排放企业每年配额履约中可使用不超 5% 的 CCER 来抵消。林业碳汇是 CCER 项目类型之一,涉及具体项目的 CCER 属性需考察林地的若干具体指标,不可一概而论。森林等作为碳资产评估指标,置换的价值不能被过分高估,毕竟碳中和实现的路径不是无限制地植树造林,而是要发展可再生能源,实现低碳循环经济与工业资源消耗动态平衡状态下的可持续发展。

10.1.7　航空业的碳资产管理

　　航空业减排是全球范围内面临的低碳转型难题。国际能源署的报告显示,航空业还没有走上净零排放之路。从 2013 年到 2019 年,全球民航运输业的碳排放量已超过国际民航组织预测数值的 70%。气候行动追踪组织(Climate Action Tracker,CAT)将航空业的碳中和发展目标进展评为"严重不足"。CAT 公布的数据显示,2019 年国际航空业总计排放了超过 6 亿吨的二氧化碳,占全球温室气体排放量的 1.2%。

　　航空运输业的碳排放有三大主要来源,其中飞机航空燃油燃烧约占总排放量的 79%。燃油造成的排放是航空业排放最大的来源,也是减排潜力最高的部分。虽然可以通过研发新材料帮助飞机减重,提升发动机燃油效率,乘机无纸化,为飞行员提供节油奖金等方式促进航空活动过程中的减排,但这些方式能够做出的减排贡献依旧有限。目前能源方面广泛研究的替代方案有电动化、氢能化、太阳能及可持续航空燃料(SAF)等。但从技术层面来看,实际上电动化、氢能化、太阳能等方式难以在近几十年的全球应对气候变化关键期内取得重大进展并提供有效帮助。包括欧盟在内的国家和地区都将 SAF 看作航空业能否实现行业减排突破的关键。欧盟曾进行预测,到 2050 年 SAF 的使用和抵消对减排的贡献将达到 75%。SAF 具有与常规喷气发动机所用燃料煤油几乎相同的特性,主要分为可持续航空生物燃料和可持续航空合成燃料。目前可持续航空生物燃料商业化生产的唯一途径就是加入氢酯和脂肪酸,也就是使用食用油、废油和脂肪提炼成可持续航空燃料。

　　2005 年 1 月 1 日,欧盟正式启动碳排放交易体系。2008 年欧盟立法生效,规定从 2012 年 1 月 1 日起把航空业纳入碳排放交易体系[①]。

▶**案例7**

卡塔尔航空公司加入国际航空运输协会

　　2021 年 12 月,卡塔尔航空公司宣布成为首家通过国际航空运输协会(IATA)清算所航

---

① 张思敏,李琪.碳排放交易体系下航空公司应对策略[J].物流技术,2021,40(12):10.

空碳交换系统进行碳交易的航空公司。IATA 碳交换系统是一个集中式交易市场,航空公司和其他航空利益相关者均可通过该系统进行碳减排量的交易,无论是出于履行减碳承诺还是自愿进行碳抵消,凭借安全便利的交易环境,IATA 碳交换系统在价格和碳减排量的供应方面提供了极高的透明度,同时也简化了航空公司为达成脱碳目标而进入碳交易市场的流程,是一个碳信用交易平台,由 XCHG 公司旗下的 CBL Markets 提供支持。

卡塔尔航空公司的率先加入为业界树立了一个醒目的里程碑,将促进碳交易市场积极响应航空业的需求,同时有助于简化流程,确保国际民用航空组织(ICAO)顺利实施国际航空碳抵消和碳减排计划(CORSIA),并加快卡塔尔航空自身的旅客自愿性碳补偿计划的成功执行。通过国际航协清算所(ICH)进行碳交易后,卡塔尔航空将从 IATA 清算所及其结算系统中大获裨益,确保无缝、安全的资金结算,此举也将进一步巩固卡塔尔航空致力于推动创新、创造社会、环境或经济效益并实现环保目标。

卡塔尔航空集团首席执行官阿克巴尔·阿尔·贝克尔(Akbar Al Baker)表示:"卡塔尔自愿参加 ICAO 国际航空碳抵消和碳减排计划试验。作为航空业的领航者,卡塔尔航空在环境的可持续发展方面拥有远大的愿景。我们致力于通过保持与全球计划的一致性,为卡塔尔的国际性碳减排计划提供支持。我们很高兴能够利用 IATA 碳交易系统展开交易,这一系统能够使航空公司投入符合 CORSIA 标准的减排量,并推动卡塔尔航空进一步履行投资低碳未来的承诺,同时也有助于降低我们的财务风险。"

IATA 总监 Willie Walsh 表示:"国际航空碳抵消和碳减排计划是帮助航空业实现碳中和发展的一个关键举措,也是我们实现在 2050 年前达到净零碳排放的长期目标中的关键一步。航空碳交易系统能让航空公司以最高的透明度和最简化的流程来购买碳抵消信用。卡塔尔航空是首家通过我们的碳交换系统展开交易的航司,他们以业界先行者的角色展现出对 IATA 清算所的支持。这种前瞻性的高效交易方式,将为所有航空公司提供更优质、更便捷的碳抵消购买借鉴经验。"

近期 IATA 通过了一项决议,要求全球航空运输业在 2050 年前实现净零碳排放。根据管理航空气候变化影响的长期方法指导,该决议还呼吁各国政府支持国际航空碳抵消和碳减排计划,并协同实施相关政策措施,以避免区域、国家或地方差异。未来卡塔尔航空将联手 IATA 以及更多行业伙伴,共同致力于实现航空业的脱碳目标。

点评:在全球以排放交易为减排手段的大趋势下,航空排放将是一笔巨大的资产。IATA 年报显示,2008 年全球航空业共消耗 2.15 亿吨燃油,共排放 6.77 亿吨二氧化碳当量,按目前国际碳市场价格每吨 15 欧元计算,航空业碳资产存量价值超过 100 亿欧元。与电力行业相比,民航业算不上碳排放超级大户,受关注度不高。但要论降碳难度,民航业是名副其实的"困难户",必须重点关注。2012 年欧盟已将碳减排交易机制覆盖范围扩展到航空业。我国航空业将于 2025 年纳入碳交易体系,这将对中国航空企业形成较大挑战,对企业营收产生很大影响。

在碳市场短暂的历史上,有很多企业在获得这笔碳资产的同时就将其在市场上抛售,变现后用于企业的经营生产,再在一年过程中根据企业实际排放情况逐步购买相应配额。这一点非常类似航空公司对飞机的售后回租,目的在于补充企业的现金流。当各航空公司获得不同额度的免费配额并兑现后,这笔资金足以对公司的运营产生一定影响,加之不同公司获得的配额差距甚远,进一步导致市场竞争能力的不平衡。航空企业首要考虑的是在交易年度到期时,账户上应保证有与企业实际排放量相等的排放额度。同时可在适当时机购买超额额度进行储备,供未来年度使用,当然也可以低买高卖,赚取差价,以冲减交易成本。

10.1.8　建材行业的碳资产管理

建材行业偏加工制造行业,该行业的碳排放主要分为三个阶段:过程排放(原料分解)、燃料排放(化石能源)和间接排放(电力为主)。有些建材行业的原材料在化学反应过程中会产生一定的碳排放,比如水泥和玻纤的生产过程中碳酸钙分解会产生较多二氧化碳,这是过程排放。像玻璃、瓷砖、玻纤等建材行业需要消耗大量燃料来维持生产过程中所需的温度条件,其间会产生大量的二氧化碳,这属于燃料排放。此外,建材的生产过程还会消耗一定的电力,其中也含有一定量的碳排放,但相对占比较少。据2021年数据,建材行业能源消耗量占全国能源消耗总量的8.5%,能源消费构成依次为煤和煤制品、电力、天然气、余热余压利用、石油制品、易燃的可再生能源和废弃物。水泥、建筑陶瓷、平板玻璃是建材工业主要耗能行业,能源消耗占76%。建材产业的二氧化碳排放占全国二氧化碳排放的14%。其中,燃料排放占39.2%,过程排放占60.8%。集中在以窑炉生产为主的水泥、石灰石膏、建筑卫生陶瓷、建筑技术玻璃等行业,分别占83.0%、8.3%、2.5%、1.9%。

建材行业需围绕"双碳"工作,积极为政府主管部门和企业提供支撑和服务,并为加入全国碳交易市场做好准备工作。

(1) 组织开展水泥等建材重点行业配额分配方案研究、基准值测算、二氧化碳排放连续监测技术研究和碳市场运行测试,以及进入全国碳市场相关能力建设的培训、各类咨询、诊断服务活动等工作。

(2) 组织研讨交流水泥、玻璃、陶瓷、玻纤、石灰等主要产业的碳减排技术路径,并研究提出以碳减排为核心内容的建筑材料行业重点技术攻关项目,集中行业优势力量进行科技攻关,努力发挥科技创新对碳减排的支撑作用。

(3) 聚焦标准化工作对建材行业低碳发展的促进作用,积极组织开展建材行业碳达峰、碳中和相关国家、行业、社团标准计划的征集和制定与修订工作。

(4) 积极联合建材有关单位申请设立"碳排放管理员"新岗位,编制相关培训教材,统筹开展人才培育和等级评价工作,为推进建筑材料行业"双碳"工作提供人才支撑。

▶案例8

绿色"碳"索,海螺水泥在行动![①]

水泥工业是国民经济重要的基础产业,也是碳排放大户。水泥等行业即将纳入全国碳排放权交易市场,将对我国水泥工业及其运行产生重大而深远的影响。相关数据显示,2020年,我国水泥产量23.77亿吨,约占全球产量的55%,排放$CO_2$14.66亿吨,占全国碳排放总量的14.3%,在工业行业中仅次于钢铁(钢铁碳排放量占全国总量的15%)。因此水泥行业必

---

① 中国水泥网. 绿色"碳"索,海螺水泥在行动[EB/OL]. (2021-12-10)[2023-04-04]. https://baijiahao.baidu.com/s?id=1718724034249464928&wfr=spider&for=pc.

将是 2030 年碳达峰、2060 年碳中和目标的重点碳减排行业。

在全国减碳的大背景下,水泥行业即将面临一场严峻的环保考验。庆幸的是,不少企业已意识到了节能减碳的重要性,并早已开始行动。以海螺水泥为例。海螺水泥作为行业标杆企业,"十三五"期间在碳减排上就进行了积极探索。众所周知,海螺在芜湖白马山水泥厂建成世界首个水泥窑碳捕捉示范项目和干冰生产线,开创了水泥工业捕集二氧化碳的先河,对推进我国乃至世界水泥工业碳减排具有重要意义。

进入"十四五"开局之年,海螺水泥积极响应国家"碳达峰、碳中和"号召,制定海螺碳达峰碳中和行动方案和路线图,研发应用节能环保低碳新技术、新工艺、新材料、新装备,节约资源能源,降低各类消耗,大力研发碳科技,拓展环保产业,全面加快绿色低碳循环发展。

早在 2018 年,海螺水泥就开始进军碳捕集领域,在白马山水泥厂建成世界水泥行业首套 5 万吨级水泥窑尾二氧化碳捕捉收集纯化示范项目,可以生产纯度为 99.9% 以上的工业级和纯度为 99.99% 以上的食品级二氧化碳,开创了世界水泥行业碳捕集技术利用的先河,也为公司后续全面进入二氧化碳市场做好了技术储备。

白马山项目示范线的成功建成,帮助海螺集团完成了从"被动碳减排"到"主动碳捕集"的转变,为行业企业树立了标杆,标志着海螺水泥填补了世界水泥工业低碳技术的空白,标志着中国水泥工业环保技术取得新突破,在全国乃至全球水泥行业都具有强大的引领和示范作用。

海螺水泥之所以能够成为碳捕集的行业领先者,除了公司大手笔的资金投入,和各大高校开展战略合作、寻求技术支持,也是海螺水泥的重点投入。例如,与中国科学技术大学碳中和研究院签约、与武汉理工大学成立碳中和技术创新中心、和南开大学共建"二氧化碳资源化综合利用联合实验室"……

海螺水泥曾多次表示,公司将持续大力发展综合节能技术改造,探索推进碳捕捉技术应用。2011 年 8 月,海螺水泥与上海环境能源交易所在上海签订了碳交易市场能力建设和碳管理体系建设合作协议,携手全国碳交易市场配套体系建设,共同推动碳资产的高效、专业化管理,促进水泥行业企业"双碳"目标的实现和我国绿色低碳产业和循环经济的发展。

2021 年 11 月 3 日,海螺集团三碳(安徽)科技研究院成立,以致力于水泥行业碳减排技术的研究和开发,同时设立了碳科技公司、碳资产管理公司等新型绿色产业,联合高校、企业、政府等多方资源,协同发力,助力推动社会发展全面绿色转型,用实际行动积极践行"双碳"战略。

除了海螺水泥先行一步,中建材、冀东、华新等水泥龙头集团也相继进入碳减排领域。

青州中联年产 20 万吨二氧化碳捕集提纯绿色减排示范项目是中国建材集团第一个二氧化碳捕集项目。项目以青州中联现有的两条 6 000t/d 熟料生产线窑尾烟道气为原料,建设一条窑尾年产 20 万吨二氧化碳自富集系统和一条废气处理处置生产线,采用二氧化碳捕集储存利用技术,经烟气预处理、二氧化碳回收、压缩、净化、液化,产品质量满足工业级及食品级二氧化碳标准。

点评:2022 年 6 月 1 日,国家发改委联合九部门印发《"十四五"可再生能源发展规划》,要求探索生物质发电与碳捕集、利用与封存相结合的发展潜力和示范研究。水泥大省山东省也在《全省"两高"行业能效改造升级实施方案》中,鼓励和支持开展水泥低碳化制造耦合水泥烟气捕集纯化规模化提升技术、二氧化碳捕集利用和封存技术。

目前我国正从能耗"双控"向碳排放总量和强度"双控"转变。在这样的大背景下开展二氧化碳捕集、运输、利用与地质封存全流程等重大技术创新,可为碳减排目标的实现提供重要支撑,对服务国家战略和经济社会绿色发展意义重大。国家也对开展碳捕集利用与封存科技项目的企业实施所得税税收优惠,使绿色产品、绿色技术、绿色工艺获得更大更好的市场空间。

水泥企业既要从源头上(生产熟料过程中)减少二氧化碳的排放,又要加大对最终产生的二氧化碳的捕集纯化和资源转化再利用工作,从末端治理上实现控排、减排。同时持续投入资金和技术,培养高科技人才,加强绿色低碳重大关键技术攻关,加快推动水泥行业绿色低碳转型发展。

10.2　碳资产管理策略

既然"双碳"目标约束下碳资产管理对八大高排放行业如此重要,那么这些重点行业的相关企业该如何开展碳资产管理呢?本节将从重点行业的角度提出碳资产管理策略的七个具体建议。

10.2.1　做好碳盘查

重点行业相关企业做好碳资产管理需具有可测度、可核查的基础数据,摸清自身的"碳家底"。缺乏这些数据,就难以为企业量身打造碳资产管理策略,也难以实现"双碳"目标。

碳盘查是指在给定的空间和时间界限内,以政府和企业为单位计算其在社会和生产活动各环节所产生的直接或者间接排放的温室气体,也可称作编制温室气体排放清单。简单而言,碳盘查就是量化企业碳足迹的过程。目前国际通用的碳盘查标准主要有三个:由英国标准协会制定的 PAS 2050 标准、由国际标准化组织颁布的 ISO 14064 系列标准以及由世界资源研究院与世界可持续发展商会共同颁布的温室气体核算标准(GHG protocol)(见表 10-3)。

表 10-3　国际现行产品碳盘查主要标准及规范

颁布时间	国家/组织/机构	名　　称	方法论
2008 年	英国标准协会(BSI)	PAS 2050:2008 商品和服务在生命周期内的温室气体排放评价规范(Specification for the assessment of the life cycle greenhouse gas emissions of goods and services)	生命周期评价
2011 年	国际标准化组织(ISO)	ISO 14067 温室气体—产品的碳排放量—量化和信息交流的要求与指南(Greenhouse gases-Carbon footprint of products-Requirements and guidelines for quantification and communication)	生命周期评价
2011 年	世界企业可持续发展协会(WBCSD)、世界资源研究院(WRI)	GHG Protocol(温室气体核算标准)	生命周期评价

　　企业必须对两类温室气体进行排放量盘查计算、追踪和减排,即内部排放和外部排放。其中,内部排放是由企业活动所产生的排放量,包括直接排放(范围一),如来自企业自有厂房设施和运输工具的排放;间接排放(范围二),如企业外购能源用于生产经营所导致的排放。外部排放为企业价值链上其他环节产生的排放(范围三),包括上游活动,如来自外购产品和运输服务的排放;下游活动,如产品运输、配送、售出产品的使用、产品报销处理所产生的排放。许多企业的碳排放计算和减碳能力仍有长足的进步空间,大多数企业还做不到盘查计算所有范围的排放量,难点就在于计算方法。

　　碳盘查主要包括以下内容。

1. 设立组织边界与运营边界

　　组织边界和运营边界是建立组织温室气体盘查边界整体规划的参考依据,根据边界辨识与营运有关的排放,鉴别温室气体直接排放源、能源间接与其他间接排放源。组织边界与营运边界共同组成了公司的盘查边界。

2. 确定排放源

　　不同行业和企业的排放源差别很大,需要专业碳盘查机构帮助企业鉴别碳排放源。主要的排放源分为四大类:固定燃烧排放、移动燃烧排放、制程排放以及逸散排放。

3. 量化碳排放

　　量化碳排放的主要方法有以下三类。

　　(1)直接测量法。直接检测排气浓度和流率来测量温室气体排放量,准确度较高但非常少见。

　　(2)质量平衡法。某些制程排放可用质量平衡法,即对制程中物质质量及能量的进出、产生及消耗、转换进行平衡计算。

　　(3)排放系数法(应用最广泛)。其公式如下

$$温室气体排放量＝活动数据×排放系数$$

　　其中,活动数据,如燃油使用量、产品产量等,又如交通运输的燃油使用量、车行里程或货物运输量等。

　　排放系数,指根据现有活动数据计算温室气体排放量的系数。

4. 创建碳盘查清单报告

　　根据上述3个标准的要求,生成企业碳排放清单电子和书面报告。

5. 内外部核查

　　内部核查,即由公司内部组织碳盘查的核查工作,对数据收集、计算方法、计算过程以及报告文档等进行核查。

　　外部核查,即由第三方机构进行核查。市场上许多企业进行外部核查主要是由于国外客户的要求,需要第三方出具碳排放核查报告。

10.2.2　碳披露和碳标签

　　完成了碳盘查之后,企业可以对自身的碳足迹数量进行公开,或者以产品或服务为单位公布碳足迹数量。前者属于碳披露,后者属于碳标签。

1. 碳披露

碳披露是指在碳盘查的基础上,企业将自身的碳排放情况、碳减排计划、碳减排方案、执行情况等适时适度地向公众披露的行为。碳披露的内容,既包括企业社会责任报告中的内容,还包括公司策略、碳排放数据、管理方案、风险与机遇分析等。碳披露可以督促公司加强对自身碳排放情况的掌控,同时表达企业主动承担社会责任的态度。

碳披露通常需要在给定的框架下展开。当前国际上较具代表性的碳披露框架包括碳披露(carbon disclosure project,CDP)项目的调查问卷、加拿大特许会计师协会的《改进管理层讨论与分析:关于气候变化的披露》、气候风险披露倡议组织的《气候风险披露的全球框架》、气候披露准则委员会的《气候变化报告框架草案》和美国证券交易委员会的《与气候变化有关的信息披露指南》。其中,CDP是国内外最著名的碳披露项目,被看作碳披露项目的里程碑,下面着重介绍参照 CDP 框架的企业碳披露做法。

CDP 调查报告主要包括应对气候变化管理与策略,风险与机遇以及排放情况披露三部分,其内容如图 10-2 所示。

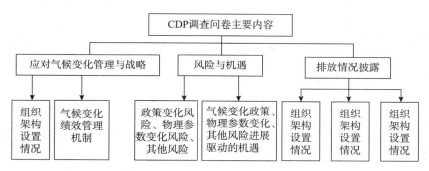

图 10-2　CDP 调查问卷主要内容

2021 年,全球超过 1.3 万家企业通过 CDP 披露了环境数据,创下新的纪录。但仍有近1.7 万家总市值达 21 万亿美元的企业未参与碳披露。全球总值 12 万亿美元的 272 家企业因其在环境管理领域展现出的领导力而备受瞩目。这些企业向 CDP 披露气候变化、森林和水安全方面的环境信息。基于其披露环境信息的透明度和环境管理表现,CDP 对其进行从D 到 A(由低到高)的评估。入选 CDP 年度 A 名单的企业有一些是公众耳熟能详的品牌,如帝亚吉欧(Diageo)、印孚瑟斯(Infosys)、百事可乐(PepsiCo)、利乐(TETRA PAK)、阿斯利康(AstraZeneca)、高露洁棕榄(Colgate-Palmolive)等。中国的两家企业,中国移动(China Mobile)和联想集团(Lenovo Group)也榜上有名。其中,中国移动成为唯一入选CDP"应对气候变化最高评级 A 名单"的中国内地企业,也是该企业自 2016 年以来第四次入选该名单,这标志着中国移动在环境可持续发展领域继续处于国际领先地位。

2. 碳标签

碳标签制度最早始于英国。2007 年 3 月,英国 Carbon Trust 公司试行推出全球第一批标示碳标签的产品,包括洋薯片、奶昔、洗发水等消费类产品。2008 年 2 月,Carbon Trust公司加大了碳标签的应用推广,对象包括 Tesco(英国最大连锁百货)、可口可乐、Boots 等20 家厂商的 75 项商品。目前各国在努力推行碳标签制度,各国实行碳标签制度初期主要涉及农产品、日化用品、电子产品。

我国建立碳标签制度较晚,直到 2018 年初才开始推动"碳足迹标签"计划,目前碳标签制度正在制定和逐步完善中。产品碳标签评价标准由国家低碳认证技术委员会、中国电子节能技术协会、中国质量认证中心在国家市场监督管理总局指导下联合开展工作。

目前全国成立了不到 100 家碳标签授权评价机构,它们可以对商品进行碳足迹评估认证并发放碳标签标识。企业进行产品碳标签认证的流程为:企业自愿提出申请,机构作出受理决定→对照产品碳足迹评价通则,认证机构进行评价→开展认证→发放碳标签证书、低碳产品供应商证书、碳标签使用授权书→发放碳标识→认证机构负责监督工作。值得一提的是,产品/服务通过受理认证机构认证后,产品碳标签评价证书由中国电子节能技术协会、中国碳标签产业创新联盟与认证机构共同颁发。

一旦碳标签像其他标签一样普遍应用于国际贸易商品中,就很有可能形成新的绿色贸易壁垒。我国对发达经济体贸易的产品有很大比重为纺织品、农产品、日化用品,出口贸易受碳标签影响较为明显。所以,国家越早布局碳标签制度,企业越早控制产品生命周期的碳排放,绿色贸易制约对我们的影响也会越小。企业为产品贴上碳标签,在更有力度地承担碳减排责任的同时,还能对产品各环节的排放有更清晰地了解,有利于企业发现各环节的排放潜力,采取更有针对性、时延小的减排措施,帮助企业尽快完成自身碳中和的目标。

10.2.3 企业内部减排

完成碳盘查之后,除了做好相关信息披露工作,企业还可以对盘查识别出的主要排放源加以管控,有针对性地制订和实施减排计划,比如提高能源使用效率、革新减排技术、采用新能源替代等。

1. 提高能源使用效率

当前许多国家尤其是大型的能源生产国和大型的能源消费国,都明确了各自的能源技术优先发展领域,同时出于加强气候治理的客观需要,这些国家还对此前制定的能源战略做出了调整。鉴于能源技术的发展存在诸多不确定性,不同版本的预测中对未来最具前景能源技术的认识各有侧重,加之燃料动力综合体对不同国家经济的贡献程度有所差异,各国纷纷针对自身特点制定出了独具本国特色的技术优先发展战略。这些战略既反映了各国不同的经济发展水平(发达国家和发展中国家),又反映了各国不同的能源自给程度(能源进口国和能源出口国)。跟踪和分析主要能源生产消费国的能源技术发展趋势对于评估未来的国际能源合作具有十分重要的意义。高能耗企业需要根据所属行业的能耗特点找准方向,寻求能源效率提升路径。

2. 革新减排技术

企业可以从以下八个方面进行减排技术的革新[①]。

(1)减少燃料燃烧碳排放的技术。企业所用燃料包括煤炭、焦炭、兰炭、燃料油、汽柴油、液化气、天然气、焦炉气、煤层气等。影响燃料消耗及碳排放的主要因素是工艺过程,但在燃料的购入储存、加工转换、终端利用等环节仍有很多减少碳排放的技术。如减少燃料中

---

① 吴宏杰.碳资产管理[M].北京:清华大学出版社,2018.

有机成分的无谓损失,使用的燃料应符合锅炉等燃烧设备的设计要求,减少燃烧过程中的能量浪费等。

(2) 工艺过程碳减排技术。工艺过程中可能有二氧化碳等温室气体的直接排放,或二氧化碳的再利用,可以采取技术措施,减少碳排放。

在核查碳排放过程中,工艺过程的碳排放不包括燃料燃烧、外购电力热力产生的碳排放。但工艺过程对整个企业(或产品)的碳排放起着关键性作用,通过工艺过程的改进,可以实现大幅降低外购燃料量。

(3) 碳酸盐使用二氧化碳减排技术。碳酸盐(石灰石、方解石等)在生产过程发生化学反应后将排出二氧化碳,可考虑采取技术措施减少碳酸盐的使用。如果碳酸盐不发生化学反应,则不涉及碳排放。

(4) 减少外购热力的减排技术。相关技术包括保温技术、热能梯级利用技术、余热回收技术等。

(5) 减少外购电力的减排技术。外购电力引起的碳排放占企业碳排放的比例是比较大的,碳减排的潜力也比较大。降低电力消耗有很多技术,包括降低企业配电变压器的损耗,降低企业配电网的损耗,选用高效电机,提高风机水泵等重点用电设备的效率,减少空压机用电量等。重点用电设备的优化控制是效果很好的节电技术,目前企业对这一技术的认识不足,节电潜力很大。

(6) 二氧化碳回收利用技术。二氧化碳回收利用量即碳减排量。二氧化碳回收利用技术包括四种。一是将二氧化碳回收进行化学反应固化到产品中,如利用二氧化碳气体生产化工产品,从而减少碳排放;二是二氧化碳回收作为产品,直接销售,代替原来由燃料燃烧制备二氧化碳;三是二氧化碳回收、压缩,用于石油天然气开采;四是二氧化碳回收、埋藏地下。目前二氧化碳的回收利用量还很有限,减排效果不够显著。二氧化碳回收深埋地下的现有技术成本较高,如果能大幅降低成本,二氧化碳回收深埋将可能成为最重要的碳减排措施。

(7) 低碳能源技术。低碳能源是指为人类提供能量的同时不产生或很少产生碳排放的能源,如太阳能、风能、核能、生物质能等。"十二五"期间我国太阳能、风能的应用得到快速发展,但发电成本仍然很高,且受到电力稳定性的影响。核能应用主要受到安全性能的影响,尤其是日本核电站造成核污染后给人们造成的心理影响,将是影响核能发展的重要因素。目前低碳能源技术不断取得进展,"十四五"将是低碳能源快速发展的时期。

(8) 碳汇技术。碳汇是指通过植树造林、森林管理、植被恢复等措施,利用植物光合作用吸收大气中的二氧化碳,并将其固定在植被和土壤中,从而减少温室气体在大气中浓度的过程、活动或机制。我国仍有大量沙漠,在荒漠地区造林、种草,既能改善空气质量,又能从空气中吸收大量二氧化碳。尤其是我国碳交易市场,允许将碳汇产生的碳减排量用于交易,可以对碳汇项目的经济效益产生有益的补充。企业可以充分利用碳汇产生的碳减排量实现低碳目标。

3. 采用新能源替代

新能源又称非常规能源,是指传统能源之外的各种能源形式,指刚开始开发利用或正在积极研究、有待推广的能源,如太阳能、地热能、风能、海洋能、生物质能和核聚变能等。

光伏发电系统的能量来源于取之不尽、用之不竭的太阳能,是一种清洁、安全和可再生的能源。光伏发电系统是利用半导体材料的光伏效应,将太阳辐射能转化为电能的一种发电系统,发电过程不污染环境,不破坏生态。光伏发电系统是由太阳能电池方阵、蓄电池组、充放电控制器、逆变器、交流配电柜、太阳跟踪控制系统等设备组成。我国的太阳能资源非常丰富,理论储量达每年 17 000 亿吨标准煤。太阳能资源开发利用的潜力非常广阔。与同纬度的其他国家相比,我国与美国相近,接收的太阳辐射能相当于上万个"三峡工程"的发电量,有巨大的开发潜力。内蒙古拥有得天独厚的阳光资源,太阳年日照时数为 2 600～3 400 小时,年太阳辐射总量为 4 800～6 400 兆焦耳/平方米,加上紧邻京津唐的特殊地理位置,内蒙古成为我国建造太阳能发电基地的最佳区域。内蒙古正在打造 400 万千瓦的光伏电站。

地球上可用来发电的风力资源约有 100 亿千瓦,几乎是全世界水力发电量的 10 倍。全世界每年燃烧煤所获得的能量,只有风力在一年内所提供能量的三分之一。因此,国内外都很重视利用风力来发电,开发新能源。我国的风能资源非常丰富:陆上风力资源有 2.5 亿千瓦,海上风力资源有 7.5 亿千瓦,合计风能达 10 亿千瓦。另外,我国在 10 米高度的风能总量是 32 亿千瓦。酒泉风电基地是我国第一个开始投建的千万级风电工程,是继西气东输、西电东送和青藏铁路之后,西部又一个标志性的国家重点工程。当前内蒙古蒙东、蒙西两地风电装机规模超过了 2 200 万千瓦,超过了三峡水电站的规模,内蒙古风电蓝图基本完成。随后国家又将目光锁定在了苏北海上,计划建设海上风电基地。

我国核电站的建造时间比较短,自 1985 年开始建造核电站以来,至今近四十年的历史,在目前中国的发电总量里煤炭火力发电占到了整个能源结构的 55%,核能发电占到了 5%,总的来说并不算高,所以仍有很大的上升发展空间。

值得注意的是,虽然新能源的开发和利用有利于减少碳排放,但是现阶段新能源的利用存在不稳定和供应量不足的问题,在短期内还难以实现对石化能源的大规模替代。考虑到生产生活对能源的刚需,"双碳"目标的实现需要科学的推进,不可急躁冒进。

10.2.4 积极参与顶层设计

各国碳交易市场的构建和交易制度的设计采取的是自上而下的模式,其中不仅需要政府及其智囊机构的宏观设计,也需要微观组织特别是控排企业的集思广益。只有通过政府、政府智囊机构、微观控排组织三个层面的交流探讨才能形成切实可行的碳交易市场和制度,更好地服务于"双碳"目标。因此,基层控排企业或机构有必要积极参与顶层设计。与此同时,我国的碳交易市场体量巨大,将来会达到欧洲碳交易市场规模的两倍以上,成为全球最大的碳交易体系,加之全国各地差异显著,这都给微观企业或机构参与顶层设计提供了丰富的实践机会。目前各重点控排行业的代表性企业已经通过参与控排标准测算和制定的方式投身于碳交易市场的顶层设计,取得了一定进展。

例如,在碳排放标准的制定问题上,有些控排企业开始积极探索 CCER 项目的开发方法学。我们知道,CCER 项目开发方法学源自 CDM 方法学,过去多有国外机构负责开发,用于抵消或者吸收已有碳排放。这些方法学不是十分符合中国的国情,也比较晦涩难懂,无法有效地帮助企业将拥有的潜在碳资产转化为现实的碳资产,或者生产新的碳资产。因此,让国内的控排企业参与开发与所属行业密切相关的碳资产生产和认定的方法学很有必要。

业界流传的这句话值得深思:"一流企业做标准,二流企业做品牌,三流企业做产品。"重点控排企业应积极抓住顶层设计的机遇,做碳交易行业的开拓者,而初始配额分配、MRV系统和碳交易制度等关键问题的方法学的开发将是企业参与顶层设计的切入通道。

10.2.5　参与碳交易

根据企业参与碳交易的碳资产内容的不同,碳交易可以分为基于碳配额的碳交易和基于减排项目的碳交易。许多碳交易市场会开展多种类型的碳交易产品,比如中国各碳交易市场的碳配额交易产品和中国经核准的自愿减排交易品种,欧盟碳排放权交易体系的欧盟碳排放配额(EUA)和欧盟航空碳排放配额(EUAA),联合国清洁发展机制下的核证减排量,减排单位(ERU,Emission Reduction Unit)[①]以及自愿碳减排交易(VER,voluntary emission reduction),后三种项目减排量可以被控排主体用于抵消一定比例的EUA。

【知识拓展三】

VER与CER有什么区别？VER市场有什么作用?

VER与CER的主要区别在于二者的执行标准不同。

CER是基于CDM机制的国际合作产生的碳当量,用于强制性减排交易;VER则是经过联合国制定的第三方认证机构核证的温室气体减排量,属于自愿减排市场交易的碳信用额。一般而言,CER的执行标准更高,相对更加严格,需要联合国CDM执行理事会的认可,而VER的执行标准就更加灵活。这也就是为什么一般来说CER可以转化成VER来交易,而VER不能作为CER来交易。

VER市场起源于一些团体或个人为自愿抵消其温室气体排放,而向碳减排项目的所有方(项目业主)购买减排指标的行为。对于项目业主而言,VER市场为那些前期开发成本过高,或因其他原因而无法进入CDM开发的碳减排项目提供了途径。对于买家而言,VER市场为其消除碳足迹,实现自身的碳中和提供了方便且经济的途径。

VER项目与CDM项目相比,减少了部分审批环节,节省了部分费用、时间和精力,提高了开发的成功率,降低了开发的风险。同时,减排量的交易价格也比CDM项目要低,开发周期也要短得多。

已纳入和拟纳入全国碳排放权交易市场的八大行业如表10-4所示。

表10-4　已纳入和拟纳入全国碳排放权交易市场的八大行业

行业	行业子类	纳入时间
电力	纯发电、热电联产、电网	2021年7月16日
有色金属	电解铝、铜冶炼	2022年(电解铝)
建材	水泥熟料、平板玻璃	2022年(水泥)
钢铁	粗钢	2023年
石化	原油加工、乙烯	2024年
化工	电石、合成氨、甲醇	2025年
造纸	纸浆制造、机制纸和纸板	2025年
航空	航空旅客运输、航空货物运输、机场	2025年

---

①　减排单位是基于联合履约机制所签发的碳减排单位,每单位核证减排量相当于减排一吨二氧化碳当量。

2011 年 10 月以来，我国陆续在深圳、上海、北京、广东、天津、湖北、重庆、福建开设了碳排放权交易地方试点，2021 年 7 月在上海成立了覆盖全国的碳交易市场，首批将发电行业的 2 000 余家控排企业纳入其中，涉及 45 亿吨二氧化碳排放量①。后续还会把有色金属、建材、钢铁、石化、化工、造纸和航空业逐步纳入该市场。

以上 8 个碳交易市场试点的碳排放交易体系的设计和定位各有不同，但交易原理大致可用图 10-3 表示，其中箭头表示碳交易中配额和 CCER 的流向。

如图 10-3 所示，首先是各级政府免费发放或者拍卖配额给控排企业，控排企业需要考虑获得的配额是否足够抵消履约年度以内的排放量，如果发现配额量有剩余则可选择合适的时期到市场出售，若发现配额量不足则需要到碳交易市场购买配额或者抵消机制下的 CCER。对于碳排放交易投资企业，则可以通过投资配额交易和 CCER 项目参与碳交易市场的投资交易。

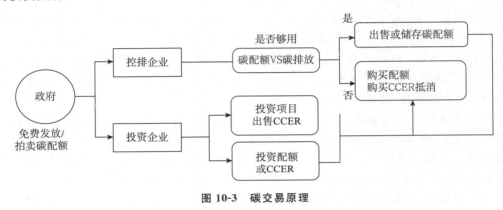

图 10-3　碳交易原理

10.2.6　发展碳金融

在各类交易市场中，金融都发挥着促进市场资金流通的重要作用，碳交易市场也不例外。广义的碳金融是指所有服务于减少温室气体排放的各种金融制度安排和金融交易活动，包括绿色信贷、绿色保险、低碳项目投融资、碳排放权及其衍生品的交易和投资，以及其他相关的金融中介活动。狭义上，碳金融是指以碳排放权为标的物进行交易的金融活动，包括碳现货、碳期货以及碳期权等产品交易。在碳市场受到广泛关注的背景下，金融市场对于碳金融更多关注其狭义的定义。

碳金融的发展起源于国际社会为应对气候问题所签署的一系列国际框架协议。1992 年，《联合国气候变化框架公约》(UNFCCC)的签订形成了世界上第一个为全面控制温室气体排放所设立的国际公约。与此同时，排放权交易体系作为控制污染的政策性工具在应用中日益盛行。1997 年，作为 UNFCCC 的补充条款，《京都议定书》设置了国际排放贸易机制、联合履约机制以及清洁发展机制三个灵活履约的市场机制，允许发达国家和发展中国家通过碳交易履行减排义务或获得减排支持，由此构成了国际碳市场特别是跨国碳排放贸易的基础。

---

① 李禾.上线一年,全国碳市场成绩亮眼[N].科技日报,2022-08-16(8).

在"双碳"目标下,一方面,发展碳金融市场可以通过碳排放总量设定的方式限制企业温室气体的排放,激励企业提高生产效率,督促企业采取减排措施,从而助力"碳达峰、碳中和"目标的实现;另一方面,碳金融市场的发展为碳排放权提供了资产定价平台,从而更好地引导金融市场理解自然生态资源的稀缺性,并积极参与到有效利用和合理分配自然资源的过程中,对经济社会的可持续发展有着至关重要的作用。

碳金融市场的主要参与主体包括政府、金融机构和企业。当前中国的碳金融还处于初步探索阶段,交易主体集中于控排履约企业,金融业对于碳金融产品的创新和交易尚显不足,这与中国碳市场尚未完善机制设计和市场建设密切相关。在产品的创新开发方面,部分试点已进行了融资工具的尝试,试行了包括配额回购融资、碳资产质押、碳债券、碳掉期、碳远期等产品,但产品数量不多,金额也不大,大多为探索性的尝试,难以对碳金融市场产生本质性的影响。在产品交易方面,由于交易集中于控排企业对碳现货的买卖,各试点碳市场的碳价潮汐现象仍然显著,碳市场的金融属性也尚未充分显现出来。

为推动碳金融体系的层次性发展,在稳步前行的基础上,政府可出台激励措施,适当鼓励碳金融产品创新试点。金融机构应丰富产品类型,鼓励创新形式,探索贴合企业和机构实际需求,具备可操作性、简便性、流通能力强的碳金融产品。对于风险较高的碳金融衍生品,近期可以推动场外产品,如远期、掉期产品,再逐步推动场内金融产品,如期货、期权等,并注意有效监管,防范风险。此外,相比市场需求,碳金融方面的专业人才缺口较大。需要设计完整的碳金融课程体系,引进权威的师资力量,对政府、企业、金融机构等相关方开展定期培训,提高从业人员的专业理论知识水平和技术水平。

10.2.7　提升碳资产管理的科技含量

当前我国的碳排放权交易市场已初步形成,但仍有许多交易问题需要解决,如八个试点市场之间的协同效应较低、碳资产的核查难度较大等。随着科技金融的发展,大数据、人工智能、区块链等前沿科技手段在碳资产管理上的应用逐渐引发业界的思考,技术的赋能或许为解决碳资产交易的困境带来新的思路。以区块链技术为例,依托区块链可追踪、可溯源、不可篡改的特性可以实现各碳交易市场之间的互联互通,提升交易效率。作为一个原生的去中心化系统,理论上非货币交易、智能合约等都是区块链可以大显身手的领域。碳交易的金融属性恰好可以对应上述两个特点。原则上,区块链技术能够解决当前碳交易市场货币化不足、金融应用不深入的短板和难点,其分布式系统以及独特的激励机制对解决碳交易主体分散化、产品设计和定价难,以及合约执行力等问题有一定的帮助。

目前各国的碳排放权交易市场规则存在差异,同时我国也存在多个地方性碳排放权交易试点市场。客观上这些市场需要走向互联互通,由此形成全球统一的碳排放权交易市场,并使碳资产交易更高效、定价更合理。可以尝试构建区块链交易网络来解决上述难点,具体包括"确权—交易—维权—处罚"全流程碳交易管理与保护机制。比如,在碳交易区块链网络中,用户根据自身节点类型提交碳配额等信息进行注册,权威第三方证书授权机构核验后为用户颁发数字证书,作为网络中代表身份的统一标识。如此一来,不同国家和地区的碳排放权交易市场都可以对应为一个碳排放权注册登记系统,承担碳排放权的确权登记、交易结算和分配履约等功能。依托区块链自身的特性,也有助于明确用户或资产的身份信息。碳排放权注册登记系统一方面与排放报送系统对接,获取辖区内企业排放以及核查数据,为碳配额分配、履约提供支持;另一方面,与碳排放权交易系统及清算银行对接,提供碳资产的交易变更确权及资金的清结算服务。

例如,我们可以运用大数据、人工智能等技术构建基于"碳账本"的个人金融服务。具体而言,使用客户的碳减排行为数据,构建碳减排计量模型,建立个人"碳账本",为客户量身打造基于"碳账本"的个人金融服务,包括信用卡额度升级、分期福利、支付优惠、积分商城权益兑换等。具体看各项技术,采用联邦学习技术,可以在客户授权前提下,将内部数据如(手机银行生活缴费、ETC 缴费等)、外部碳减排行为数据(如乘车次数、线上办理政务业务次数等)进行可信共享,在原始数据不出域的情况下,为计量客户碳减排贡献度提供多维度数据支撑。利用大数据技术,可以依托绿色交易所的碳减排计算因子,基于多源碳减排行为数据,构建碳减排计量模型,提升银行对客户碳减排贡献度计量的准确性。再有,机器学习技术可以优化完善碳减排计算模型参数,持续提升模型的性能和精准度。综合来看,这一金融科技创新应用,利用多种前沿技术,将不同维度的碳减排行为数据结合起来,构建相应的计算模型。随后,基于模型数据量化的客户碳减排行为"得分",为客户提供信用卡额度升级、分期福利、支付优惠等方面的个人金融"激励"。在这种模式下,分散的碳减排行为整合为可量化的数据,从而为客户的碳减排行为提供更加直观的"激励",也将个人客户的碳减排行为和支付、信用卡、积分权益等业务场景联动,提供对个人客户的深度运营[①]。

📖 **课程思政**

理解八大高排放行业实施碳资产管理对于"双碳"目标达成的重要性。

❓ **习 题**

1. 碳资产管理策略主要包括哪几种?
2. 企业减少碳排放的主要技术措施有哪些?
3. 全国碳排放权交易市场包括哪些行业?为何纳入这些行业?

---

① 中国经济网."碳"寻个人账户银行业碳金融创新提速[EB/OL]. (2022-03-25) [2023-04-04]. http://finance. ce. cn/bank12/scroll/202203/25/t20220325_37432960. shtml.

第 11 章

碳资产与企业融资案例

【内容提要】

　　介绍碳排放权质押融资,碳配额与 CCER 组合质押融资及相关案例,碳排放权质押叠加保险融资及相关案例,碳资产管理对企业融资的影响。

【教学目的】

　　要求学生掌握碳排放权质押融资的概念与流程,理解碳配额与 CCER 组合质押融资的意义,了解碳排放权质押叠加保险融资的内涵与业务要素,理解碳资产质押融资的制约因素及其带来的发展机遇。

【教学重点】

　　碳配额与 CCER 组合质押融资的含义与流程,碳排放权质押叠加保险融资的内涵。

【教学难点】

　　碳配额与 CCER 组合质押融资案例分析。

　　我国碳交易已经从最初的准备阶段逐步进入全面启动阶段,已经在运用市场机制推动绿色经济和低碳发展方面迈出了坚实的一步,为缓解气候变化做出了积极有益的探索和制度创新。2021 年 7 月 16 日,全球规模最大的碳市场——全国碳排放权交易市场开市首日,成交量 410.40 万吨,成交额 21 023.01 万元,成交均价 51.23 元/吨。全国碳排放权交易市场的开市,使能源企业碳排放权的市场属性和金融属性再次被激发。截至 2022 年 7 月 15 日,全国碳市场配额累计成交量达 1.94 亿吨,累计成交额近 85 亿元。与此同时,由于银行等金融机构不能直接参与碳市场交易,银行将碳排放权融资等碳金融产品作为支持企业实现"双碳"目标的新突破点。

11.1　碳排放权质押融资

11.1.1　碳排放权质押融资概述

"碳排放权"是指企业依法取得向大气排放温室气体的权利,是一种特殊的、稀缺的有价经济资源。碳排放权作为一种新型的权利,其实质是对大气的使用权,是基于地球大气环境容量资源的分配而形成的一种环境财产权。以碳排放权进行质押融资是近些年顺应碳交易机制的产生而兴起的碳金融服务模式。

1. 碳排放权抵质押融资的概念

抵押和质押是我国《民法典》体系下两种常见的担保方式,具体运作方式为:债务人或者第三人在特定财产上为债权人设立抵押权或质权,当债务人不履行债务时,债权人可依法将担保财产折价或者以拍卖、变卖该担保财产所得的价款优先受偿。

抵押和质押的区别主要体现在以下三个方面。

第一,抵押物的占有权是否转移。抵押不转移抵押物的占有,而质押必须转移占有的质押物(股权、知识产权财产权等除外)。抵押只有单纯的担保效力,而质押中质权人既支配质物,又能体现留置效力。

第二,抵押标的物一般为动产与不动产,而质押的标的物为动产与权利。例如,房产是不动产,只能进行抵押而无法进行质押。

第三,抵押要登记才生效,而质押只需占有就可以生效;抵押权的实现主要通过向法院申请拍卖,而质押多数可以直接变卖。

在碳金融的背景下,中国证监会发布的《碳金融产品》对碳资产抵质押融资给出下述定义:碳资产的持有者(借方)将其拥有的碳资产作为质押/抵押物,向资金提供方(贷方)进行抵质押以获得贷款,到期再通过还本付息解押的融资合约。以能源企业为例,碳排放权抵押融资是指能源企业将碳排放的配额即核证减排量或者核证自愿减排量作为抵押物,向银行申请融资,并承诺在预定期限内还本付息。由于抵押、质押基础交易架构已经较为成熟,碳抵押、质押是我国推行力度最大的碳金融产品。同时,由于抵押质押融资能够帮助企业盘活碳配额资产,降低能源企业授信门槛,解决部分企业担保难、融资难的问题,从而使得碳抵押融资成为最受市场欢迎的碳金融产品。

需要指出的是,无论是配额碳资产还是减排碳资产,都是可以在碳交易市场上流通的无形资产,其最终转让的是温室气体排放的权利。因此,从这一角度来分析,碳资产更适合成为质押贷款的标的物。当债务人无法偿还债权人贷款时,债权人对被质押的碳资产拥有自由处置的权利。因此,本章聚焦碳资产质押融资。

2. 碳资产质押融资的基本内容与要点

本部分以江苏省碳资产质押融资实践为例,介绍碳质押融资的基本内容与要点。2022年7月,江苏省正式发布《江苏省碳资产质押融资操作指引(暂行)》,对碳资产质押融资的融资期限、额度和利率以及碳资产做了相关规定①。

（1）期限。碳资产质押融资的期限应在碳资产使用期限之内，碳资产质押融资的到期日不得超过碳资产使用期限的届满日。

（2）额度。碳资产质押融资的额度基于碳资产价值和质押率来确定。其中碳资产价值的评估参考碳资产取得成本、市场价格等因素，由贷款人辅助组织进行评估。质押率参考碳资产总量、剩余期限、碳资产市场价格波动情况等因素，由贷款人和借款人协商确定。鼓励贷款人根据借款人资信状况、环保信用评价、节能减排技术水平等情况差异化设置质押率。

（3）利率。贷款人应参考中国人民银行授权全国银行间同业拆借中心公布的同期限同档次 LPR，结合借款人信用情况合理确定融资利率。

（4）作为质押品的碳资产应满足基本条件。出质人依法所有或有权处分，可以办理质押登记；权属清晰，能证明其合法有效；确保不影响当期履约周期内配额的清缴履约；可以流通，不存在因司法查封、冻结、强制执行等导致权利受到限制的情形；贷款人要求的其他条件。

（5）以碳资产质押申请融资的借款人应具备基本条件。依法设立，相关证照齐备、合法、有效；所属行业或产业符合国家产业政策，安全生产和环保管理良好；借款人信誉良好，无重大不良信用记录；贷款人要求的其他条件。

3. 碳资产质押融资的分类

在实践中，全球碳排放权交易体系基本遵循限额与交易规则，即在履约期初始，政府通常会设定一个地区的排放总量，随后根据控排企业的实际排放情况加以分配，最终分配给企业的就是碳交易中的"通货"——配额。对实体企业而言，碳配额实质便成为一种特殊的碳资产。研究中，有学者将碳排放权配额直接等效于碳资产，并研究碳资产与能源商品市场联动、碳资产风险管理等。此外，有学者将碳减排项目纳入碳资产的概念框架中。2022 年4 月 12 日，中国证监会发布《碳金融产品》行业标准，其中将碳资产定义为：由碳排放权交易机制产生的新型资产。具体分类上，政府发放的各类碳排放权配额以及可能获得碳信用的碳减排项目等，都是碳资产的范畴②。

按照质押融资的资产类型划分，碳排放权质押融资可分为碳配额抵质押融资、减排信用额质押融资以及碳配额与减排信用额组合质押融资。

碳排放权配额是指主管部门基于国家控制温室气体排放目标的要求，向被纳入温室气体减排管控范围的重点排放单位分配的规定时期内的碳排放额度，它是在"总量控制—交易机制"下产生的。相应地，碳配额质押融资指市场主体（以下称"借款人"）以自身持有或第三方拥有的碳配额为质押，在遵守国家有关法律、法规和信贷政策前提下，由金融机构（以下称"贷款人"）向符合条件的借款人提供的在约定期限内还本付息的融资。

减排信用额是指通过企业自身主动地进行温室气体减排行动，得到政府认可的碳资产，或是通过碳交易市场进行信用额交易获得的碳资产，它是在"信用交易机制"下产生的。具

---

① 江苏省生态环境厅. 江苏省碳资产质押融资操作指引（暂行）［EB/OL］.（2022-07-25）［2023-04-04］. http://sthjt. jiangsu. gov. cn/art/2022/7/25/art_84025_10551258. html.

② 巴曙松，郑伟一，陈英祺. 当前中国碳资产管理发展趋势评估［J］. 清华金融评论，2022(7):73-76.

有代表性的减排信用额有清洁发展机制下的 CER 及 CCER[①]。其中 CCER 是指对我国境内可再生能源、林业碳汇、甲烷利用等项目的温室气体减排效果进行量化核证,并在国家温室气体自愿减排交易注册登记系统中登记的温室气体减排量。因此,减排信用额质押融资指贷款人以 CCER 为代表的减排信用额为质押,在遵守国家有关法律、法规和信贷政策前提下,由贷款人向符合条件的借款人提供的在约定期限内还本付息的融资。

碳配额与减排信用额组合质押融资指质押物为碳配额与减排信用额组合资产的融资活动。在质押融资过程中,将两种碳资产组合运用,既可充分挖掘企业碳配额的资产价值,又可有效释放减排信用额对于节能减排的社会价值,从而充分发挥碳交易在金融资本与实体经济之间的联通作用。

以碳排放权设立融资质押,不仅能为企业提供资金来源,活跃经济,而且有利于鼓励更多的社会主体积极探索节能技术,开发节能减排项目,从而有助于加快经济发展转变和产业结构升级,改善中国的气候环境状况,促进中国节能减排项目的实现,实现可持续发展。

11.1.2　碳排放权质押融资的可行性

碳排放交易理论的基础是碳排放权。当碳排放权与财务、金融挂钩后,这种权利就被视为一种有权产权,进而演变为一种特殊形态的资产,即碳资产。碳排放权具备资产的所有要素,表现在以下四点。其一,企业排放权是由企业在过去的交易或者事项中形成的;其二,通过政府授予或者交易方式,企业对碳排放权获得了相应的所有权或者控制权;其三,企业可以通过履约、转让或出售等方式直接或者间接获得经济收益;其四,在进行履约转让或出售等活动中所发生的相关支出或成本是可计量的。因此,碳排放权可以成为持有方作为质物或抵押物的重要资产。具体而言,碳排放权质押融资的可行性体现在以下三个方面[②]。

1. 碳排放权具有财产权属性

作为质权标的的权利,必须是可用货币进行估价的财产权利。财产权,是指受法律保护的对有价值资源使用的排他性收益权。碳排放权是对稀缺的大气资源的使用权,是基于地球大气环境容量资源的分配而形成的一种环境产权,具有财产权属性,可用货币评估。当国家以有偿方式分配碳配额的时候,碳配额的获取要支付相应的货币;当实际碳排放超过分配的碳配额的时候,为避免承担罚款等法律责任,控排单位可购买相应数额的碳配额或者 CCER 以履行清缴义务。而当实际碳排放低于分配的碳配额的时候,富余的碳配额可以留存至下一年,或者出让,碳配额或 CCER 的交易价格直接体现了碳排放权的财产价值。为此,无论是体现为碳配额的碳排放权,还是体现为 CCER 的碳排放权,均有使用价值与交换价值,具有商品属性,可以用货币衡量。

2. 碳排放权具有可交易性

设定权利质押的最终目的是使质权人在被担保的债权未受清偿时能够取得出质权利的交换价值,故其标的物必须具有变价的可能性。如果出质权利不能转让,不能变现,就不能为债权提供担保。碳配额以及 CCER 交换机制使得碳排放权具有可转让性,可以成为质押

① 吴宏杰.碳资产管理[M].北京:清华大学出版社,2018.
② 邓敏贞.我国碳排放权质押融资法律制度研究[J].政治与法律,2015(6):98-107.

的标的。因为根据碳排放权交易机制,纳入配额管理的控排单位在履约期届满时,要依据审定结果,足额提交碳排放配额,履行清缴义务。配额有结余的,可以在后续年度使用,也可以通过配额交易予以转让;配额不足以履行清缴义务的,为避免对超额排放部分的罚款,可以通过交易,购买碳配额或者经过核证的碳减排量 CCER 用于清缴。

3. 碳排放权具有适质性

所谓碳排放权的适质性,是指该权利并非不能设立质权,且不被法律禁止不能设立质权,其实施质押必须有商业性权利凭证或由特定机构来管理。碳排放权的财产价值与交换价值使得碳排放权具有设立担保物权的基本条件,而碳排放权的权利表征主要体现为政府部门分配的碳配额以及经核准的中国自愿减排量 CCER,其背后也有相关的主管部门进行管理,不存在不适应设立质押的情形。不过,碳排放权是设立抵押权还是质押权更合适一点呢?一般认为,抵押与质押最大的差别在于是否转移担保物的占有。对于权利人来说,其使用方式直接体现为用来清缴以抵消实际的碳排放量。换言之,在清缴期之前这些权利表征一直处于未使用的状态,而一旦清缴,这些碳排放权就被注销,失去交换价值。如果以碳配额与 CCER 设立抵押,在履约期之前即便不转移占有,对于权利人来说也是无法进行使用的。而以传统的不动产与动产设立抵押时,由于不转移占有,对权利人来说仍能发挥物之效用,而对于抵押权人来说设立抵押权并非为了物的使用价值,而是着眼于物的交换价值,以物转让的货币来担保债权的优先受偿。为此,如果以碳配额或者 CCER 设立抵押,不转移占有,对占有人来说是无法发挥其使用价值的。因为一旦这些权利表征被使用,就会失去交换价值,无法发挥担保的作用,也就失去抵押制度应有的意义。因此,碳排放权不适宜设立为抵押,相对而言,设立质押更契合碳排放权的特点。

11.1.3　碳排放权质押融资相关的交易机制与政策

在碳排放权质押融资相关立法尚不健全、相关研究尚不深入的情况下,促使我国碳排放权质押融资实践开展的契机是我国碳排放权交易机制的产生[①]。

1. 国内外碳排放权交易机制

国际层面交易机制的典型代表是 CDM。《京都议定书》建立了旨在减排温室气体的三个灵活合作机制——国际排放贸易机制(IET)、联合履行机制(JI)和清洁发展机制(CDM)。其中前两个机制是发达国家之间的合作机制,CDM 是发展中国家与发达国家之间的合作机制。在清洁发展机制下,国家政府或企业可以在自己的领土上实施能够减少温室气体排放,或者通过碳封存或碳汇作用从大气中消除温室气体的项目,该项目经过第三方独立机构的审定和核证,所产生的减排量通过联合国气候变化框架公约 CDM 执行理事会批准的,成为 CER。提供技术和资金的政府和企业可通过购买这些 CER,来抵减其在本国相应的温室气体排放义务,从而获得更多的碳排放权。

国内层面碳排放权交易机制分为碳配额交易机制和项目减排机制。在碳配额交易机制方面,我国在 2011 年开始推动区域性的碳交易市场试点工作。2011 年 10 月,国家发展改革委气候司发布了《关于开展碳排放权交易试点工作的通知》,确定了北京市、天津市、上海

① 邓敏贞.我国碳排放权质押融资法律制度研究[J].政治与法律,2015(6):98-107.

市、重庆市、湖北省、广东省及深圳市作为碳排放权交易试点地区。碳排放权交易机制,实乃碳配额交易机制,包括碳排放量化、报告、核查,碳排放配额的分配和交易以及履约等一系列制度。一般来说,由主管部门根据经济增长和产业结构优化等因素设定年度碳排放配额总量,然后以有偿或无偿的方式给控排的企业发放碳配额,期限特定化以后,控排单位将依据审定的实际排放量足额提交碳排放配额,履行清缴义务。配额有结余的,可在后续年度使用,也可通过配额交易予以转让,配额不足以履行清缴义务的,可通过交易,购买碳配额或者经过核证的碳减排量用于清缴。如果企业所缴纳的碳配额低于实际碳排放量,就要缴纳相应的罚款。由于超额排放部分所要缴纳的罚款一般比相应碳排放配额的市场价要高,控排企业通过市场机制购买碳配额或者 CCER 要更加划算,自然会尽量选择购买。碳排放交易机制使控排企业可在减排或购买碳排放权之间进行选择,如果相应碳排放量的减排成本低于碳配额的市场价值,企业自然会厉行减排,反之,控排企业选择购买碳配额更加符合企业的经济目的。由于这些碳配额是在总量控制下分配的,这样对国家而言,可以达到碳排放总量控制的目标。碳交易机制通过市场机制,能以较低成本实现控制温室气体排放的目标,加快经济发展方式的转变和产业结构的升级。

在项目减排机制方面,2012 年 6 月 21 日,国家发展改革委出台了《温室气体自愿减排交易管理暂行办法》,制定了 CCER 的基本管理框架,并允许 CCER 进入国内碳配额交易市场。这是中国碳交易体系和市场建设的重要一步。经备案的自愿减排项目产生减排量后,经由国家主管部门备案的核证机构核证,并出具减排量核证报告后,可向国家主管部门申请减排量备案,国家主管部门对减排量备案申请进行审查后对符合条件的减排量予以备案,经备案的 CCER 单位以"吨二氧化碳当量"计。自愿减排项目减排量经备案后,可在国家登记簿登记并在经备案的交易机构内交易,如 CCER 用于抵消碳排放的减排量,应于交易完成后在国家登记簿中予以注销。

依托 CDM 机制进行碳排放权质押融资业务的,一般是 CDM 项目的业主,在其项目获得注册的前提下,将项目下的 CER 作为质押向融资机构申请贷款,即将 CDM 项目获得签发后进行碳交易所得的资金作为还款担保。而国内依托项目减排交易机制的质押融资方面,早在 2011 年 4 月,福州市闽侯县兴源水力发电有限公司就以转让项目拟产生的减排量的收入作为质押的标的,向兴业银行申请了碳资产质押贷款并获得批准,成为国内首笔碳排放权质押贷款项目。

2. 碳排放权质押融资相关政策

2011 年 3 月"十二五"规划纲要提出,逐步建立碳排放权交易。

2012 年 6 月,国家发展改革委出台《温室气体自愿减排交易管理暂行办法》,保障自愿减排交易有序开展,调动碳减排活动积极性。随后,国家发改委陆续出台系列政策法规,推动建立全国碳排放权交易市场,确保碳排放权交易有序开展。

2014 年 12 月,国家发展改革委出台《碳排放权交易管理暂行办法》,推动建立全国碳排放权交易市场,以发挥试点省市的示范作用,形成全国上下联动、互相配合的工作机制。

2015 年 6 月国家发展改革委进一步发布《关于落实全国碳排放权交易市场建设有关工作安排的通知》。

2016 年 1 月出台的《关于切实做好全国碳排放权交易市场启动重点工作的通知》,确定2017 年启动全国碳排放权市场交易,发挥市场机制作用。

2019年5月,生态环境部印发《关于做好全国碳排放权交易市场发电行业重点排放单位名单和相关材料报送工作的通知》,确定全国碳排放权交易市场发电行业重点排放单单,要求做好配额分配、系统开户和市场测试运行的准备工作。

2020年,生态环境部连续印发《碳排放权交易管理办法(试行)》《纳入2019—2020年全国碳排放权交易配额管理的重点排放单位名单》等文件,发电行业被率先纳入碳排放配额管理。其中,《碳排放权交易管理办法(试行)》在准入标准、配额分配、排放交易、排放核查与配额清缴等方面进行了规范。《2019—2020年全国碳排放权交易配额总量设定与分配实施方案(发电行业)》在配额分配、配额发放、配额清缴等方面做出了规定。《2021年国务院政府工作报告》再次将碳排放权交易列入年度重点工作。

2021年2月生态环境部发布了《碳排放权交易管理办法(试行)》,5月又接连发布碳市场登记、交易和结算的规则文件,全国碳排放权交易市场于2021年7月16日正式上线。2021年10月,生态环境部印发《关于做好全国碳排放权交易市场第一个履约周期碳排放配额清缴工作的通知》,确保各省市碳排放权交易市场完成第一个履约周期的配额核定和清缴工作。

2021年9月,山东印发《关于支持开展碳排放权抵质押贷款的意见》,在全国率先推动碳排放权抵质押贷款规范化、标准化、规模化发展。

2021年11月,中国人民银行创设碳减排支持工具和支持煤炭清洁高效利用专项再贷款,中国人民银行济南分行主动加强政策传导,有效凝聚各方合力,精准推动银企对接。

2022年2月,《关于推动碳减排支持工具落地见效,助力山东省绿色低碳转型的若干措施》出台,这是全国首个专门针对生态环保领域的省级金融支持政策。一系列政策的及早出台、及时落地,优化了探路转型金融的外部环境。

随着全国碳交易市场正式启动,各类政策制度不断完善,碳排放权融资的发展在全国各地迅速按下了快捷键。上海、浙江、济南、绍兴等地更是针对碳排放权质押贷款出台了相关操作指引,进一步助推碳排放权质押贷款的推广。数据显示,截至2021年10月,全国22个省市落地了碳排放权抵质押贷款,其中在有权职能部门进行确权登记的166笔,累计发放金额22亿元,不足同期人民币贷款增量的0.05%,因此碳排放权融资的市场潜力巨大[①]。

11.1.4 我国碳排放权质押融资的发展实践

碳资产抵质押在我国的实践由来已久。在碳配额质押融资方面,根据公开信息,2014年9月,兴业银行武汉分行、湖北碳排放权交易中心和湖北宜化集团有限责任公司三方签署了碳排放权质押贷款和碳金融战略合作协议。宜化集团利用自有的210.9万吨碳排放配额在碳金融市场获得兴业银行4 000万元的质押贷款。该笔业务单纯以国内碳排放权配额为质押担保,无其他抵押担保条件,成为国内首笔碳配额质押贷款业务。

2014年12月,国内首单碳排放配额抵押融资业务落地广州大学城。广州大学城华电新能源技术开发公司以广东省碳排放配额获得浦发银行500万元的碳配额抵押绿色融资。华电新能源技术开发公司以广东省碳排放配额为抵押品,广州碳排放权交易所为该笔融资

---

① 碳排放交易网.什么是碳排放权抵质押[EB/OL].(2021-09-06)[2023-04-04].http://www.tanjiaoyi.com/article-34546-6.html.

的抵押品——碳排放配额提供相关的确权服务,如配合广东省发改委出具广东省碳配额所有权证明,通过广东省碳排放配额注册登记系统办理线上抵押登记、冻结,并发布登记公告。同时广州碳排放权交易所还为浦发银行提供融资期内每周的盯市管理服务,协助银行进行风险控制。

2021年8月2日,新加坡金鹰集团与中国建设银行广东省分行在广州签署了碳金融战略合作协议及碳排放权质押贷款合同,金鹰集团以20万吨碳配额为质押,获得建设银行提供的1000万元贷款支持,成为国内首单外资碳排放权抵押业务。

在减排信用额质押融资方面,2021年12月,上海农商银行打破传统贷款思路,积极响应国家实现"双碳"目标的号召,向晶科电力科技股份有限公司发放了国内首单CCER未来收益权质押贷款。这笔贷款基于CCER在全国碳市场的交易价格,通过质押CCER项目对应的未来收益权,为晶科科技提供流动资金贷款,用于企业日常经营周转。在此之前,上海农商银行在上海环境能源交易所2021年2月修订发布的《协助办理CCER质押业务操作规程》基础上,编订了CCER未来收益权价值评估及质押操作的相关制度,将CCER未来收益权纳入银行押品范围,使其成为一种全新的担保资源。这一做法,无疑有效地盘活了企业的碳资产,为降低碳排放赋予了更多价值,也为"双碳"目标的达成起到了推动作用。

2022年3月31日,北京绿色交易所与北京银行城市副中心分行、北京天德泰科技股份有限公司正式宣布达成CCER抵质押贷款合作协议。这笔300万元的CCER抵质押贷款资金将用于支持企业持续推进林业碳汇项目开发和运营,助力碳减排行动和生态产品价值的实现。这是北京市首单CCER抵质押贷款,也是北京绿色交易所牵头起草的《环境权益融资工具》(JR/T 0228—2021)金融行业标准由中国人民银行发布实施后与北京银行在碳资产抵质押领域的再次创新合作。在此之前,2021年6月,绿色交易所与北京银行签署全面战略合作协议,在绿色项目对接、碳市场建设、绿色金融产品创新等方面展开深度合作。北京银行城市副中心分行作为支持北京城市副中心高质量发展的重要金融力量,紧抓北京城市副中心绿色发展的重要契机,深耕绿色企业和绿色项目,创新设计专属金融服务方案,总、分、支三级联动,高效完成贷款发放及CCER质押手续。2021年11月,《国务院关于支持北京城市副中心高质量发展的意见》提出,"加快发展绿色金融,创新金融产品,支持碳达峰碳中和行动及技术研发","推动北京绿色交易所在承担全国自愿减排等碳交易中心功能的基础上,升级为面向全球的国家级绿色交易所,建设绿色金融和可持续金融中心"。在此意见的指引下,北京绿色交易所积极落实国务院政策要求,基于面向全球的国家级绿色交易所定位,探索推进绿色金融产品创新,支持碳达峰、碳中和行动,服务全球绿色金融和可持续金融中心建设。2021年9月,北京绿色交易所与北京银行、北京盛通印刷股份有限公司共同合作完成了北京市首单碳配额抵质押贷款。

11.2　碳配额与CCER组合质押融资

在国家相关政策与金融机构金融创新的推动下,我国碳排放权质押融资获得快速发展,碳配额抵质押融资、减排信用额质押融资的形式不断拓展,并朝着碳配额与减排信用额组合质押融资的方式发展。2021年5月,浦发银行与上海环境能源交易所、申能碳科技有限公司共同完成全国首单碳排放权与CCER组合质押融资,为企业绿色融资拓宽了渠道,充分发挥了碳交易在金融资本与实体经济之间的联通作用。作为一种新兴的碳资产质押融资模式,碳排放权与 CCER 组合质押融资可满足更广意义上的企业融资需求,下面将详细介绍碳排放权与 CCER 组合质押融资的必要性与可能性,以及办理流程。

11.2.1 碳配额与 CCER 组合质押融资的必要性

1. 碳配额质押融资与 CCER 质押融资的联系与区别

与碳配额质押融资类似,CCER 质押融资所涉及的相关方有 CCER 持有企业、金融机构和交易所,CCER 持有企业为出质方,以 CCER 质押的方式获取贷款,并支付利息(给金融机构)和存管费用(交易所)。金融机构作为质权方,向出质方提供资金,并获取利息收入。交易所作为第三方平台,提供 CCER 登记存管服务,并向出质方收取存管费用。

CCER 质押融资与碳配额质押融资的区别根源在于质押资产的差异。碳配额是一种全球遵循"限额和交易规则"形成的碳资产。一般而言,在履约期初始,政府通常会设定一个地区的排放总量,随后根据控排企业的实际排放情况加以分配,最终分配给企业的就是碳交易中的"通货"——配额。与碳配额不同,CCER 是在"信用交易机制"下产生的,是指对我国境内可再生能源、林业碳汇、甲烷利用等项目的温室气体减排效果进行量化核证,并在国家温室气体自愿减排交易注册登记系统中登记的温室气体减排量。在碳交易市场,CCER 交易是我国试点碳交易建设的重要内容,各大试点碳市场均将 CCER 交易作为碳排放权交易的重要补充形式,用于排放权配额的抵消,并对用于配额抵消的 CCER 做出了具体的规定。因此,CCER 质押与碳配额质押的区别可归纳为以下四个方面。

(1)质押物不同。CCER 质押物是根据国家发改委颁布的《温室气体自愿减排交易管理暂行办法》开发成功的核证自愿减排项目所产生的减排量。碳配额质押融资的质押物为碳配额,由试点区域主管部门分配或全国碳市场主管部门分配。

(2)质押主体不同。CCER 质押融资的主体是 CCER 持有企业,以及碳资产公司或者 CCER 业主。碳配额质押主体是碳交易试点区域纳管企业或全国碳市场纳管企业。

(3)授信评估方式不同。CCER 质押融资的评估因素相对复杂。主要在于 CCER 市场价格尚未完全公开透明,同时各个试点区域的 CCER 抵消政策也差异较大。碳配额质押一般参考区域试点或全国碳市场配额交易价格。

(4)风险不同。CCER 质押的风险主要来自项目类型,比如风、光、水、沼气、林业碳汇等,同时 CCER 的市场价格波动较大,且容易受到试点与国家政策等多方面因素的影响。碳配额质押的风险相对单一,主要来自配额价格,其关键因素为市场供需情况。

2. CCER 碳资产是碳配额的重要补充

CCER 是基于 CDM 模式延伸得到的、具有中国特色的核证减排量,可以用于抵消碳配额,其交易及抵消机制是对碳配额交易的重要补充。

(1)CCER 可用于全国碳市场重点排放单位履约。根据生态环境部 2021 年 1 月 5 日发布的《碳排放权交易管理办法》第二十九条,重点排放单位每年可以使用国家核证自愿减排量抵消碳排放配额的清缴,抵消比例不得超过应清缴碳排放配额的 5%。相关规定由生态环境部另行制定。2021 年纳入全国碳市场的覆盖排放量约为 40 亿吨,按照 CCER 可抵消配额比例 5% 测算,CCER 的年需求约为 2 亿吨。

（2）CCER 可用于试点碳市场重点排放单位履约。生态环境部公开表态，在全国碳市场建立的情况下，不再支持地方新增试点，现有试点可以在现有基础上进一步深化，同时做好向全国碳市场过渡的相关工作。目前 CCER 还可继续用于 8 个试点碳市场的抵消。

（3）CCER 可用于企业的碳中和与大型活动的碳中和。根据 PAS2060:2014 及其他碳中和证明规范，企业在量化碳足迹、实施减排行为之后，还应通过抵消剩余温室气体排放来达到碳中和。目前国内已有多家企业通过购买 CCER 的方式抵消了自身在一定时期内的温室气体排放量。例如，2021 年 5 月，某酒店通过购买并注销经核证的 CCER 的方式，完成当年 2、3 月份温室气体排放总量（630 吨二氧化碳当量）的中和，获得了第三方机构颁发的碳中和证书。根据《大型活动碳中和实施指南（试行）》，可用于碳中和温室气体排放量的有全国或区域碳排放权交易体系的碳配额，CCER，经省级及生态环境主管部门批准、备案或者认可的碳普惠项目产生的减排量，经联合国清洁发展机制或其他减排机制确认的中国境内的中国项目产生的温室气体排放量。

（4）CCER 作为金融资产，可有效促进企业碳管理目标的达成。2021 年以来，金融机构和企业逐渐认识到了 CCER 的资产属性，围绕 CCER 的碳金融实践正逐步拓宽。

3. 碳配额与 CCER 组合质押融资的现实意义

碳配额是各大企业拥有的基础碳资产，而 CCER 是有别于碳配额且是其重要补充的碳资产，构建碳配额与 CCER 组合质押融资模式具有重要的现实意义。

一方面，在碳配额基础上增加 CCER 组合，有助于消除碳资产的地区和行业差异[①]。尽管 VER 项目来自 30 余个省区市，覆盖新能源和可再生能源等七大领域和不同行业，但是 VER 项目产生的减排量备案成 CCER 后，CCER 就不再体现地区差异性和行业差异性，即来源不同 VER 项目的 CCER 是同质的、等价的碳资产。同时，CCER 是按照国家统一的温室气体自愿减排方法学并经过了一系列严格的程序，包括项目备案、项目开发前期评估、项目监测、减排量核查和核证等。因此，将 VER 项目产生的减排量经国家发改委备案后产生的 CCER，是国家权威机构核证的碳资产，公信力强，可有效支撑质押资产信用水平。

另一方面，碳配额与 CCER 组合质押融资形式可多元化。这是由于 CCER 是多元化的碳资产。首先，CCER 来源是多元化的，产生 CCER 的 VER 项目既可以是按照温室气体自愿减排方法学开发的，也可以源于可转化为 VER 项目的三类"预 CDM 项目"。其次，CCER 用途是多元化的，CCER 既可以作为交易，也可以用于企业实现社会责任、碳中和、市场营销和品牌建设等。最后，CCER 交易方式是多元化的，CCER 交易不依赖法律的强制性，不仅可以场内交易，还可以场外交易，既可以现货交易，也可以发展为期货等金融产品交易。

除此之外，产生 CCER 的多数 VER 项目通过减少能源消耗来实现减少温室气体的排放，因此具有减排和节能的双功效，使得 CCER 本质上是减排和节能的联合载体，既是碳资产，又蕴含着节能量。构建碳配额与 CCER 组合质押融资，既可以实现企业碳配额资产价值的保值与升值，又有助于实现节能减排的社会价值。总之，开发碳配额与 CCER 组合质押融资对企业和金融机构的发展具有重要的现实意义。

---

① 张昕. CCER 交易在全国碳市场中的作用和挑战[J]. 中国经贸导刊，2015(10):57-59.

11.2.2　碳配额与CCER组合质押融资的流程

一般而言,碳排放权与CCER组合质押融资流程主要包括以下环节。

(1)融资申请受理。借款人提出碳资产质押融资申请,贷款人对符合条件的申请予以受理。

(2)尽职调查。贷款人开展尽职调查,包括但不限于以下内容:①对借款人主体资格、投融资行为、财务状况、信用状况、环保信用评价状况等开展调查核实;②碳资产质押行为是否符合法律法规和出质人公司章程有关规定;③所拥有的碳配额以及CCER是否合法有效,是否存在质押冻结或查封等情况。

(3)质押物价值评估。贷款人开展价值评估,并与借款人协商确定质押率。

(4)签署合同。签订碳资产质押融资合同及办理碳资产质押登记。融资双方签订碳资产质押融资合同。合同中应明确质押融资的碳资产种类、数量、期限、质押登记安排、质押权实现方式等要素,以及合同违约时贷款人行使质权的方式。

(5)办理质押。出质人依法合规办理碳资产质押登记,相关职能部门就碳资产质押、变更、注销等向出质人和质权人提供支持。

(6)发放贷款。碳资产办理质押登记后,贷款人按碳资产质押融资合同规定向借款人发放贷款。

(7)还款。借款人应按碳资产质押融资合同约定偿还贷款本息。借款人清偿贷款本息后,合同自行终止。

在具体实践过程中,各家银行的风控标准及风险偏好存在差异,对目标客户画像有所不同,这就造成各家银行的贷款审批流程存在一些差异。以中国建设银行为例,其官网上列出了碳金融业务的产品介绍,企业在向银行办理碳排放权抵质押融资时,需要通过建设银行对公营业机构或者对公客户经理办理,全流程可分为以下六步。

第一步,申请。企业可以向建设银行各级对公营业机构提出碳金融业务申请。

第二步,申报审批。经建设银行审查通过后,将与企业协商一致的融资方案申报审批。

第三步,签订合同。经审批同意后,建设银行与客户签订借款合同和担保合同等法律性文件。

第四步,质押登记。在政府有权部门指定的碳排放交易有权登记机构办理碳排放权质押登记手续。

第五步,发放贷款。落实贷款条件并发放贷款。

第六步,还款。按合同约定方式偿还贷款。

在上述质押融资办理流程中,特别注意的是,无论是碳配额还是CCER,其获取都需要经过主管部门的核准并予以登记。其中,碳配额的登记部门是碳配额发放的主管部门。如深圳地区的立法要求主管部门建立碳配额注册登记簿作为确定配额权利归属和内容的依据。该登记簿一般载明下列内容:①配额持有人的姓名或者名称;②配额的权属性质、签发时间和有效期限;③权利内容范围及其变化情况;④与配额以及持有人有关的其他信息。登记簿的日常管理可以委托专门机构负责。而温室气体自愿减排交易活动的主管部门是国家发展改革委,参与自愿减排交易的项目及其所产生的减排量,要在国家主管部门进行备案和登记,项目产生的减排量在国家主管部门备案和登记,并在经国家主管部门备案的交易机构内交易。无论是以碳配额还是核证自愿减排量设定质押,或者碳配额与核证自愿减排量组合质押,出质人与质权人均应当办理质押登记,并向主管部门提交质押登记申请书、申请人的身份证明、质押合同、主债权合同以及质押监管见证书等资料。一般来说,如果申请人提交的申请材料齐全、符合规定,主管部门应当当场作出书面的审查决定,并尽快完成配额或者核证自愿减排量的质押登记工作,对质押当事人、质押的配额或者核证自愿减排量及其序列号和质押的时间期限等信息予以公告。

11.2.3　碳配额与 CCER 组合质押融资案例

碳质押是可以帮助企业拓宽融资渠道,为企业碳资产创造估值和变现的途径。不同的企业拥有的碳资产类型具有一定的差异性,不同的金融机构风险偏好也具显著差异,以下列举部分近年的碳配额与 CCER 组合质押融资,以及综合碳资产质押融资的案例。

▶**案例 1**

申能碳科技有限公司获批碳配额与 CCER 组合质押融资

2021 年 5 月,浦发银行上海分行与上海环境能源交易所、申能碳科技有限公司共同完成长三角地区首单碳配额与 CCER 组合质押融资。

上海环境能源交易所于 2021 年推出《上海碳排放配额质押登记业务规则》,浦发银行上海分行在第一时间提出了基于《上海碳排放配额质押登记业务规则》与《上海环境能源交易所协助办理 CCER 质押业务规则》的碳配额与 CCER 组合质押融资方案。

上海市提出,确保在 2025 年前实现碳排放达峰,比全国时间表提前 5 年。作为上海市重大能源基础设施的投资建设主体,申能集团控股电厂发电量约占上海市总发电量的 1/3,天然气经营规模占到上海市场份额的 90% 以上,肩负上海碳达峰的重任。申能集团在 2018 年组建申能碳科技有限公司,探索市场化的碳资产管理和碳金融业务。

申能碳科技有限公司主要从事低碳科技、环保科技领域内的技术开发、技术转让、技术咨询、技术服务、环保设备的销售、商务信息咨询、合同能源管理、会展服务等业务。仅依赖碳配额质押难以满足申能碳科技有限公司的融资需求。碳配额是政府分配给企业的碳排放额度。当政府配给的额度大于企业实际需要交纳的额度,造成配额过剩时,企业可以对该部分配额进行买卖交易或进行储备。从企业的角度,这个配额约束企业碳排放总量,对企业的生产经营会形成外部压力和掣肘。而 CCER 是国家核证的自愿减排量,与国家配给的碳配额不同,减排量是碳消费企业经过技术减排之后,由国家专业认证之后产生的,CCER 可以作为碳配额予以抵消,并与碳配额一样能在市场自由交易。CCER 在一定程度上激发了企业内生减排的动力,使企业主动控制碳排放量。因此,对于很多技术创新型企业而言,通过 CCER 融资比通过碳配额融资的价值和意义更大。但 CCER 存在总量不足的现状,额度远低于碳配额。为此,浦发银行上海分行克服了两者管理制度和交易路径不同的困难,创新将两种融资方式组合运用,既释放了 CCER 对于节能减排的社会价值,也可发挥碳配额额度较充裕的优势。

（资料来源:中国清洁发展机制基金. https://www.cdmfund.org/28692.html）

▶ 案例2

福建鑫森合纤科技有限公司获批"碳e融"贷款

2022年1月，依托碳能力评估报告，福建首个与电碳数据表现挂钩的专属绿色金融产品正式落地福建鑫森合纤科技有限公司，与兴业银行尤溪支行签订"碳e融"贷款合约，首笔贷款200万元，并享受"碳e融"专属利率优惠。福建鑫森合纤科技有限公司成为福建省首批开立"碳账户"的企业之一。2022年9月，该公司获得第二笔"碳e融"贷款，两次共计1 200万元。"原来节能降碳的'碳能力'，可以让我们享受到真金白银的利率实惠！"福建鑫森合纤科技有限公司外联部经理郑秉增在采访中高兴地说，该公司获得的两笔"碳e融"贷款通过专属利率优惠，一年能减少6万元贷款利息。

2022年以来，为助力"双碳"目标如期实现，国网尤溪县供电公司在国网英大长三角金融中心和英大碳资产管理有限公司的协助下，积极推进碳积分计划，依据"用户自愿加入、数据授权调取"的原则，为企业开立碳账户、测算碳积分，基于电网产业链大数据、电碳转换方法学，以第三方视角对企业碳能力进行综合评估。

在此背景下，福建鑫森合纤科技有限公司与属地金融机构兴业银行尤溪支行沟通对接，银行对碳能力较好的优质企业给予金融支持，通过协议可享受50BP（0.5%）的专属利率优惠。依托碳能力评估报告，福建鑫森合纤科技有限公司于2022年1月与兴业银行尤溪支行签订"碳e融"贷款合约，首笔贷款200万元，并享受"碳e融"专属利率优惠。2022年8月初，国网尤溪县供电公司在走访福建鑫森合纤科技有限公司时，了解到企业有节能改造、光伏安装等绿色资金需求。国网尤溪县供电公司又与兴业银行尤溪支行沟通对接，希望再次给予金融支持。"碳能力评估报告让我们看到企业节能降碳的综合表现水平，包括同等碳排放总量下经营效率高低、同等经营水平下对环境的影响程度。"兴业银行尤溪支行负责人表示，福建鑫森合纤科技公司碳减排力度大，对环境改善贡献突出，节能降碳的综合表现水平较高，因此再放款1 000万元"碳e融"贷款，同时给予利率优惠。

以"碳e融"为代表的金融创新，激活了企业的"碳账户"，将碳足迹与金融服务挂钩，对企业是一种实实在在的激励。

（资料来源：碳排放交易网. http://www.tanpaifang.com/tanjinrong/2022/0916/90510.html）

▶ 案例3

华丰农业开发有限公司获批全国首笔基于自然的湿地生态修复蓝色碳汇贷

2022年8月30日，金额达1 000万元的全国首笔基于自然的湿地生态修复蓝色碳汇贷在盐城市大丰投放，该笔贷款有效质押品为投放主体的远期碳排放收益权，贷款用途为"退渔还湿"后的建川湿地生态修复和高碳汇作物培育。

据了解，大丰区建川湿地面积达103公顷，2020年前此处为淡水鱼养殖区。随着盐城市湿地保护力度的加大，大丰区果断对该地块实施"退渔还湿"及生态修复工程。因该工程耗时长、投资大，资金一时成为"拦路虎"。基于此，中国人民银行盐城市中心支行在竞逐绿色低碳发展新赛道中，开创性地构建盐城"黄海湿地生态银行"融资框架，梳理、调集盐城市碳汇资源,全息追踪"碳"足迹,首创"绿色金融＋湿地修复＋蓝色碳汇"模式,既为湿地生态修复项目打通质押难点、融资堵点,也为商业银行机构投放蓝色碳汇贷款拓开绿色通道。

蓝色碳汇贷款以建川湿地生态修复运营主体大丰区华丰农业开发有限公司为申贷主体,以全国碳排放权交易市场当日碳排放交易价格为依据,以该湿地修复减碳量的远期收益权为质押,客观评估贷款金额,通过人民银行动产融资统一登记公示系统进行质押权利登记和公示后,即可实时投放贷款。整个申贷、审贷、放贷过程全部在绿色通道里快速运行,流程短、审批快,充分体现了银行机构绿色金融体系的集成优势。人民银行盐城市中心支行行长吴从法表示,此举创新构建了盐城市基于市场化机制的湿地保护与修复,有效盘活了湿地"碳权",进而推动湿地修复资金由"输血式"向"造血式"转变,为盐城市竞逐绿色低碳发展新赛道按下了加速键。蓝色碳汇贷在盐城市全面铺开后,全市 53.12 万公顷的湿地资源皆可遍地生"金","金"彩纷呈。

兴业银行绿色金融专家陈亚芹表示,蓝色碳汇贷最重要的功能是为市场主体的碳资产实现保值与增值,并增加其流动性与可变现能力,从而体现控碳减排的市场价值。据估算,未来 20 年内,大丰区建川湿地累计固碳量可达 1.75 万吨,可累计减少二氧化碳排放量 6.43 万吨,具有较大的远期收益率。此外,高碳汇作物的培育也将衍生经济价值,并为鸟类提供食物及安全可靠的栖息地,有助于推动人与自然的和谐相处。

(资料来源:碳排放交易网 http://www.tanpaifang.com/tanjinrong/2022/0907/90156.html)

上述三个案例分别给出了直接的碳配额与 CCER 组合质押融资,以及间接综合了碳配额和 CCER 的综合碳资产质押融资,可为不同行业企业、不同地域金融机构提供实践参考。

11.3　碳排放权质押叠加保险融资

11.3.1　碳排放权质押叠加保险融资的内涵

碳排放配额质押贷款保证保险,指以碳排放配额质押贷款合同为基础合同,由碳排放配额所有人投保,保障质权人实现质权差额补偿的保险产品。

碳排放权质押叠加保险融资通过引入保险公司风险对冲机制,帮助企业将碳配额质押给银行,以保险为担保,增加企业贷款授信额度;帮助银行提高碳排放权配额质押业务的审批通过率,使碳排放配额质押业务能够更好地适应中小企业的经营特点。

在碳排放权质押融资中,以减排信用额为质押物时,其不确定性更高。在这一点上,碳排放权质押叠加保险融资的逻辑与碳交易信用保险类似。在早期 CDM 交易中,项目成功具有一定的不确定性,一些金融机构为项目最终交易的减排单位数量提供担保。碳交易信用保险是以碳排放权交易过程中合同约定的排放权数量为保险标的,对买方或卖方因故不能完成交易时权利人受到的损失提供经济赔偿的一种保险。该保险是一种担保性质的保险,为碳交易的双方搭建一个良好的信誉平台。这有助于提高项目开发者的收益,降低投资者或贷款人的风险。同时,一些保险或担保机构可以介入,进行必要的风险分散,针对某特定时间可能造成的损失,向项目投资人提供保险。类似地,CCER 项目所产生的减排量是一种看不见、摸不着的信用额度,其项目执行过程中也存在项目层面、市场层面以及政策层面的多重不确定性,带来资产价值的波动。因此,在碳排放权质押融资中增加保险风险对冲机制,可有效分摊意外事故造成的损失,有助于推动碳排放权质押融资的有效实施。

11.3.2 碳排放权质押叠加保险融资业务要素与方法

在各类金融机构大力践行绿色发展理念,将发展绿色金融作为长期战略的背景下,银行可以与保险深化各项合作,为各类企业融资需求创新绿色金融产品,结合不同场景推出更多定制方案,积极发挥金融力量支持企业节能减排,助力绿色低碳行业发展。

碳排放配额质押叠加保证保险融资业务涉及的业务要素主要包括三大方面。

(1)业务所述范畴。碳排放配额质押叠加保证保险融资业务在各个金融机构一般归属于综合含碳金融的绿色金融业务类,比如,交通银行将其归属于"碳普惠"业务范畴,是在"碳普惠"业务上的金融创新。

(2)机制。这里涉及的机制既有碳排放额质押相关评估交易机制,也有保险的风险对冲机制。

(3)业务模式。碳排放权质押叠加保证保险融资业务模式主要为"碳配额+质押+保险"和"减排信用额+质押+保险"模式。

11.3.3 碳排放权质押叠加保险融资案例

面对碳金融巨大的机遇,不少商业银行与保险公司已经在该领域加速布局。各类企业也积极寻求在新的业务规则下进行融资。

▶**案例4**

交通银行与申能碳科技有限公司、中国太保产险 达成"碳配额+质押+保险"合作

2021年11月,在上海环境能源交易所指导下,中国太保产险、申能集团、交通银行一起开发了全国首笔碳排放配额质押贷款保证保险业务。在这笔业务中,通过"碳配额+质押+保险"模式,申能集团下属申能碳科技公司可以质押碳排放配额从交通银行获得贷款,如果借款人到期无法偿还贷款,银行即可向保险公司索赔。这种在贷款中引入保险公司风险对冲机制的创新,为碳资产持有人提供了增信,也保障了金融机构的权益,极大提高了碳资产的流动性,提升了碳资产价值,更为后续多方合作服务碳排放配额交易提供了全新思路。

(资料来源:碳排放交易网.http://www.tanpaifang.com/tanguwen/2021/1110/80458.html)

▶**案例5**

上海华峰超纤材料股份有限公司碳配额质押贷款保证保险

2022年5月,中国太保旗下中国太保产险上海分公司联合上海环交所及中国银行上海分行向实体企业提供"碳配额+质押+保险"服务,为纳入2021年上海市纳入碳排放配额管

理单位名单的上海华峰超纤材料股份有限公司提供金融服务支持。据悉,此为国内落地的首笔温室气体控排企业碳配额质押贷款保证保险。

中国太保称,在推进"双碳"目标的过程中,建设好碳排放权交易市场,有效盘活碳资产对发挥碳市场作用十分关键,特别是今年疫情对我国经济造成一定影响的情况下,如何引导实体企业充分利用碳资产获得资金支持具有重要意义。

据媒体报道,该业务的成功落地,为重点控排企业充分挖掘碳资产金融属性,有效盘活碳资产起到了良好的示范作用。同时,这也是 2021 年 12 月份中国人民银行上海分行、上海银保监局以及上海市生态环境局联合印发《上海市碳排放权质押贷款操作指引》后落地的按照新指引操作的首笔碳配额质押贷款保证保险业务。

值得一提的是,上海环交所作为上海市人民政府批准设立的全国首家环境能源类交易平台,一直在碳金融创新业务方面进行积极尝试。自 2020 年末推出《上海碳排放配额质押登记业务规则》以来,已完成碳排放权质押登记业务 18 笔,成功协助碳市场参与企业融资超过 4 300 万元。同时,中国太保表示,中国太保产险上海分公司将持续为重点控排企业提供"碳配额＋质押＋保险"服务,在承接国家"双碳"战略,加速发展绿色金融的同时,也为有效缓解当前企业因经营活动暂停导致流动性紧张的问题,全力助力企业抗击疫情贡献太保力量。

(资料来源:碳排放交易网.http://www.tanpaifang.com/tanjinrong/2022/0601/86866.html)

▶ **案例 6**

人保财险与华信保险经纪合作,签发碳抵消保险

2022 年 9 月,人保财险签发首单自愿减排项目监测期间减排量损失保险(简称"碳抵消保险"),与华信保险经纪合作,为中国华电集团下属的某清洁能源发电企业提供碳资产风险保障。

电力行业是我国实现碳减排的重点行业。人保财险积极开展电力行业领域碳保险研发探索,响应电力行业企业绿色低碳转型发展需求,创新性地开发了"碳抵消保险",针对清洁能源发电项目在 CCER 产生过程中,对因自然灾害和意外事故导致干扰或中断造成的减排量损失提供保险保障,化解企业利用 CCER 抵消碳排放配额清缴所面临的不确定性,助力企业控制碳市场履约成本。

人保财险表示,后续将继续加大"双碳"保险业务领域的创新探索力度,为更多减排企业提供保险保障服务,助力国家"双碳"战略实施。

(资料来源:碳排放交易网.http://www.tanpaifang.com/tanjinrong/2022/0909/90232.html)

上述案例通过引入产险公司的履约保证保险,为碳配额质押提供增信,在帮助企业盘活碳资产、高效获得融资支持的同时,保障了质权人(融资方)的权益,提升企业抗风险能力,极大提高了碳资产的流动性。

11.4　碳资产管理对企业融资的影响

碳排放权抵质押融资业务随着碳排放权交易市场的发展而逐渐成熟。相较于传统的抵质押融资业务,碳排放权抵质押融资对企业和各商业银行而言都具有一定的吸引力,既是机遇也是挑战。一方面,碳排放权抵质押融资的相关风险和制约因素不可忽视,另一方面,抢

抓碳排放权质押融资的发展机遇对企业而言至关重要。

11.4.1　碳资产质押融资风险

作为一种金融资产,碳资产既具有商品属性,也具有金融属性。任何碳资产交易行为具有一定的风险,如市场风险、政策风险、项目风险等。根据上述碳排放权质押融资分类方式,以下分别对碳配额抵质押融资与减排信用额质押融资进行风险分析。

1. 碳配额抵质押融资风险分析

配额碳资产,是指通过政府机构分配或进行配额交易而获得的碳资产,是在"总量控制—交易机制"下产生的。在结合环境目标的前提下,政府会预先设定一个期间内气体排放的总量上限,即总量控制。在总量控制的基础上,将总量任务分配给各个企业,形成碳排放配额,作为企业在特定时间段内允许排放的温室气体数量。如欧盟排放交易体系下的欧盟碳配额、中国各个碳交易试点下的碳配额等。

碳配额抵质押融资主要面临的风险有市场风险、政策风险、运营风险以及信用风险等。

(1)市场风险层面。作为银行防止信用风险的重要缓释手段,抵质押品充当着第二还款来源的重要职责,即企业无法还清贷款时,银行可以在市场上处置抵质押品,以弥补自身的损失。对于碳排放抵质押融资业务,银行会在贷款出现逾期或者违约的情况时,在碳排放权交易市场上尽快出售碳排放权配额。如果碳排放权交易市场出现了大的价格波动,导致碳价格不稳定,不仅会危害到银行贷款质量的稳定,也会影响银行对于碳排放权这个非传统抵质押物的信心[①]。值得注意的是,目前我国试点市场的碳配额交易量价波动显著,交易时间较为集聚,交易量较多的时间段集中于履约期前后。截至 2022 年 7 月 31 日,全国碳市场碳排放配额(CEA)最高成交价 61.60 元/吨,最低成交价 50.54 元/吨,价格波动幅度达到21.9%。2020 年北京市场的履约期为 7 月 31 日,但成交量最多的时间段集中于 6 月前后,可见现阶段重点控排企业的出发点大多是应对履约而非交易,金融机构参与度较低,碳交易市场流动性欠佳。

(2)政策风险层面。碳排放权的初始分配及其交易机制是碳排放权融资质押顺利进行的前提条件与保障机制,政策调控与分配方法的改变将对碳排放量的实际核算产生显著影响,形成政策风险。各类调控对质押的标的资产价值产生影响,进而形成信用风险。

(3)运营风险。企业因增减设施、合并、分立及产量变化等可能造成碳排放量与年度碳排放初始配额产生重大差距,从而对碳资产价值产生显著影响,并衍生信用风险。

2. 减排信用额质押融资风险分析

减排碳资产,也称为碳减排信用额或信用碳资产,是指通过企业主动进行温室气体减排行动,得到政府认可的碳资产,或是通过碳交易市场进行信用额交易获得的碳资产,它是在"信用交易机制"下产生的。

减排信用额质押融资面临的风险主要有市场风险、政策风险与项目风险。

(1)市场风险层面。与碳配额质押融资类似,集中履约的直接碳配额现货交易导致市

---

① 碳排放交易网. 什么是碳排放权抵质押[EB/OL]. (2021-09-06)[2023-04-04]. http://www.tanjiaoyi.com/article-34546-6.html.

场流动性不足,市场活跃度不高。

（2）政策风险方面。温室气体自愿减排项目的管理方式主要为:项目国家主管部门备案和登记;减排量在国家主管部门备案和登记;减排量在经备案的交易机构内交易。目前我国 CCER 机制建设还不够完善,新项目审批时间长制约了抵消机制在这些环节中的作用。因此,减排信用额质押融资涉及多方政府职能部门以及政策约束,政策上的变动可能引发自愿减排项目未来收益来源,产生政策风险。

（3）项目风险方面。由于项目所产生的减排量是一种看不见、摸不着的信用额度,要想成为统一的可以交易的信用量,就需要建立一整套可计量的方法学。方法学是指用于确定项目基准线、论证额外性、计算减排量、制订监测计划等方法的指南。目前中国自愿减排项目的主要项目类型是可再生能源项目,包括风电、水电、光伏发电、生物质发电或供热、甲烷回收发电或供热及林业碳汇项目等。除了可再生能源项目,CCER 的其他项目技术类型主要集中在垃圾填埋气回收发电、垃圾焚烧发电、煤层气、煤矿瓦斯和通风瓦斯回收发电、工业水梳理过程中的沼气回收发电、家庭或小农场农业活动沼气回收、在建筑内安装节能照明和控制装置等领域。不同类型的自愿减排项目未来收益形式差异较大。针对既定的项目,合适的方法学是有效评估项目未来潜在收益的关键因素。

11.4.2 碳资产质押融资制约因素分析

对于拥有碳排放权配额和 CCER 的重点控排企业,碳资产是企业拥有的无形资产。能源企业可将碳排放权配额和 CCER 作为抵质押品或担保品向银行进行融资。现阶段碳排放权的法律性质界定不明晰,交易顶层政策设计不完善,定价精准度低、融资评估准确度受限等诸多因素的共同作用,导致碳排放权融资业务批量推广受到限制[①]。

（1）碳排放权的法律性质界定尚不明晰。根据《碳排放权交易管理办法》,能源企业可在碳交易市场上自由交易、转让其持有的多余碳排放权并取得一定收益,因此碳排放权配额与核证自愿减排量均具有资产属性。但依据物权法定原则,碳排放权抵质押登记缺少物权效力,除非行政法规或更高的层级给予授权。现阶段我国法律行政法规并未明确界定碳排放权属于权利质权的范围,即使根据 7 个碳交易试点省市交易所或全国碳交易市场的规定进行了登记与公示,该登记行为并不一定能产生质权设立的效力。因此金融机构在为能源企业提供碳排放权抵质押融资时,存在碳排放权配额与 CCER 不是合格抵质押品的法律风险。

（2）碳排放权交易顶层政策设计尚不完善。目前国内尚未制定碳排放权抵质押融资的相关法律,仅有绍兴市、济南市、浙江省和上海市先后出台了碳排放权抵押贷款业务的专项操作指引或意见,其他地区往往只能依据地方政府或是监管机构的意见执行,缺少全国统一的标准。例如,建设银行规定碳排放权质押贷款必须通过碳排放权交易中心进行质押登记,光大银行则要求碳配额的质押贷款需通过人民银行征信中心动产融资统一登记公示系统进行质押登记和公示。又如浦发银行为顺利推动广州大学城华电新能源碳排放配额抵押贷款业务的落地,申请了包括广东省发展改革委、广东省金融办、人行广州分行、广东省银监局、广东省证监局、广州市发展改革委联合会签批复,并以此作为碳排放抵押贷款发放的法律

---

① 金上.能源企业碳排放权融资实践与思考[J].能源,2022(6):63-67.

依据。

（3）碳排放权定价精准度低，融资评估准确度受限。碳排放权作为抵质押品，是银行防止信用风险的重要缓释手段，是银行融资的第二还款来源。一旦出现融资企业无法清偿贷款的情况，银行会通过碳市场处置碳排放权，弥补贷款本金的损失。倘若全国碳排放权交易市场的价格出现大幅波动，银行难以在贷前审批时合理测算碳排放权的评估价值、抵质押率和融资期限，甚至会要求融资企业增加额外担保或者是其他固定资产抵押物，显然以上都会额外增加融资企业的经济负担[①]。全国碳市场虽然在一定程度上赋予碳排放权市场价值和流动性，但由于上线时间较短，所涉控排行业单一、可参考交易数据少，仍无法精确评估碳排放权的价值，因此银行很难依赖碳排放权的市场价格对于碳排放权融资进行准确的估值。

11.4.3 碳资产质押融资带来的发展机遇

1. 工商企业发展机遇与建议

对于企业而言，尤其是重点控排企业，其具有的碳排放权配额是企业的一大无形资产，若企业不想出售碳配额，又想降低资金占用压力，将碳排放权作为担保，向银行申请贷款是最好的选择。碳排放权抵质押融资为企业提供了一条低成本的市场化减排途径，解决了一些中小型企业融资难的问题，盘活了他们的碳配额资产。同时，企业将获得的资金用于减排项目建设、技术改造升级及运营维护，也促进了企业的低碳经营和发展。

碳中和是一个范式变革。据清华大学的估算，未来30年左右碳中和领域新增投资需求将超过160万亿元，而我国现有金融体系中300多万亿元的资产也需要实现碳中和，这意味着碳中和将带来整个经济结构剧烈且深刻的变化。

首先，碳金融将为项目提供规模巨大、期限长、低利率的金融融资，有助于碳中和的实现，同时各类资产将在碳中和进程中被重新定价。如果企业希望通过碳金融获得融资便利，重要前提是对公司组织层面开展碳盘查，摸清自身范围一和范围二的碳排放量，以估算自身碳排放成本内部化后的真实影响，并制定科学的减排目标，在工艺、技术方面转型升级，实施节能减排行动。

其次，企业应以更加积极的态度看待碳中和为企业发展带来的机遇。尽管环境监管可能涉及额外的成本，但也为公司的研发提供了动力。开发与碳中和有关的产品或企业社会责任项目，将有利于增加公司的销量和利润。

最后，公司参与碳减排活动、增强ESG（环境、社会、公司治理）主题相关的信息披露可以提高声誉，获得竞争优势。伴随ESG投资规模的持续壮大，ESG产品体系不断丰富，投资者的环境偏好可能使碳绩效更好的公司获得更高的估值。

2. 银行等金融机构发展机遇与建议

对于银行等金融机构而言，开展碳排放权抵质押融资是顺应了我国的"双碳"进程和碳排放权交易蓬勃发展的潮流。发展碳排放权抵质押融资业务有助于银行推动绿色信贷业务发展，通过积极响应有关部门的号召，树立银行良好的社会形象，体现银行在我国实现"双碳"目标过程中的社会责任。

---

① 金上.能源企业碳排放权融资实践与思考[J].能源,2022(6):63-67.

在开展碳排放权抵质押融资的业务中,尤其要注重贷后管理。参考《江苏省碳资产质押融资操作指引(暂行)》,碳资产质押融资的贷后管理需注意以下问题。

(1)贷款人应加强贷后管理,密切关注国家碳减排政策的变化,定期对借款人的经营状况、碳减排、环保信用评价以及碳资产的权属、价格、质押登记、履约清缴等情况进行跟踪核查,建立风险预警机制。

(2)融资到期前,贷款人发现碳排放权价值发生较大幅度波动、碳资产被有权机关采取强制措施等情形,有权要求借款人及出质人补足担保物、压降融资额度、提前收回融资等。

(3)碳资产质押融资合同内容发生变化的,当事人应当在协商一致的基础上,签订补充合同或重新签订合同,并视情况办理变更登记。借款人未能按合同约定偿还到期债务时,需处置碳资产的,可以通过以下方式进行处置:第一,通过碳资产相关交易市场转让;第二,以公开竞价、协议转让等方式转让;第三,通过法院拍卖等司法途径处置。

(4)碳资产处置所得,按约定优先用于偿还贷款人全部本息及相关费用;不足以偿还贷款本息的,贷款人可依法对借款人不足清偿部分继续追偿。

总之,随着中国碳市场的不断完善和成熟,各类政策制度的完善,配额碳资产以及减排碳资产(CCER)的价格将趋于稳定,在市场定价功能得到充分发挥,其价值得到金融市场参与方的认可后,碳资产质押融资将成为各类企业碳资产保值与增值的重要方式,也将成为各类金融机构抢占绿色金融市场的重要方式。

课程思政

碳排放权质押融资对推动经济社会绿色化、低碳化发展有何重要作用?

习 题

1. 什么碳排放权质押融资?
2. 试分析碳排放质押融资的可行性。
3. 试论述碳配额与 CCER 组合质押融资的必要性。
4. 简述碳排放权配额与 CCER 组合质押融资的方法与流程。
5. 概述碳排放权配额叠加保险融资的定义及意义。
6. 结合现状,试论碳资产管理对企业融资的影响。

第 12 章

"双碳"目标下我国企业
碳资产管理的发展之路

【内容提要】
　　介绍企业碳资产管理战略的目标、选择与实施,碳资产管理的核心内容,以及碳资产管理模式的发展及创新趋势。

【教学目的】
　　要求学生理解企业碳资产管理战略选择与企业类型的关系,掌握碳资产数据与信息管理、碳资产技术管理与碳资产交易管理等内容的基本要素,了解我国碳资产管理模式的发展现状与创新趋势。

【教学重点】
　　碳资产管理战略选择与实施,碳资产数据与信息管理,碳资产交易管理。

【教学难点】
　　碳资产管理战略制定,碳资产交易管理。

　　在"双碳"战略目标驱动与全国碳交易市场建立的背景下,我国企业碳资产管理迎来新的机遇。政府建立碳交易市场的初衷是通过企业实施节能减排措施与购买碳排放权之间的成本差异,使纳入的控排企业以较低成本实现减排,同时有效控制区域性的碳排放总量。因此,对纳入管理的企业而言,通过节能改造或淘汰落后产能实现减排和降耗,不仅可顺利完成履约,还可以降低企业单位产能的能耗成本,增强企业竞争力。对于富余的碳排放配额,企业可通过碳交易实现额外收益。企业也可进行碳资产质押申请银行贷款,为企业实现融资提供新途径。从长远发展而言,企业可以将中长期战略发展与低碳目标相融合,实现高质量持续发展。

12.1　企业碳资产管理战略

12.1.1　碳资产管理战略目标

何为战略？战略领域的三大权威人物给出如下定义：艾尔弗雷德·钱德勒(Alfred Chandler)认为，战略决定了企业基本的长期目标和目的，明确了实现目标所必需的一系列行动即资源配置。肯尼斯·安德鲁斯(Kenneth Andrews)指出，战略定义了公司正在从事的或应该从事的业务，以及它现在所属于的或应当属于的企业类别。伊丹敬之(Hiroyuki Itami)认为，战略确定了一个企业经营活动的框架，为企业协调活动提供了指导方针，使企业可以应对并影响不断变化的环境。战略清楚明白地指出企业所倾向的环境，以及企业努力追求的组织类型。这些定义有许多相似之处，"长期目标"和"主要政策"说明了企业组织的发展与所面临的"重大"决策有关系，这些决策最终决定组织的成败。战略的定义强调"目的地模式"和"企业经营的框架"[①]。

碳资产管理战略分析的首要任务是确定企业碳资产管理的目标。一般而言，碳资产管理目标可划分为三个层次[②]。

1. 顺利履约

如何依托碳市场发展，完成企业履约是企业碳资产管理的初级目标。所谓碳配额履约，是指控排配额企业经过第三方审查机构审核后，按实际年度排放指标完成配额清缴。企业主要通过自身减排、购买配额、购买减排信用额抵消自身排放三种方式控制碳排放配额与实际排放量相等或相近，并按实际碳排放量清缴配额。在企业的低碳发展中，通过监测排放数据，设定适合的碳排放目标，制定企业碳排放策略，然后根据企业的实际需要储备用于履约的 CCER 和配额。如果重点排放企业存在配额缺口，可以根据市场的供求情况，进行价格预测，以获得最大收益；非重点企业可以选择适当时机出售 CCER，以获取资金。履约能否实现，与企业所属行业以及企业发展阶段有直接关联，也依赖碳市场是否稳健发展。对于短期履约目标，碳市场通过对碳排放量赋予一定的价格，在不同企业中间进行配额调节，促进目标实现。减排成本较高的企业能通过市场交易实现低成本的碳减排，保障企业的转型与升级；减排成本较低的企业能够通过碳市场的引导，提高企业的经济效益，推动碳减排项目的快速实施。对于长期履约目标，稳定的碳价预期有助于企业通过碳减排获得盈利，有助于企业制定长效研发机制，实现企业电能替代、氢能等技术的开发与应用。随着碳市场的开放，企业能够严格按照碳市场对碳排放的管控政策开展碳减排工作，通过碳交易机制，利用更加灵活的交易工具实现企业的低成本履约，有效节省企业成本，提高融资工具的利用率。企业能够充分运用市场机制控制碳排放，促进"双碳"目标的实现，提高企业竞争力。

2. 碳资产保值与增值

如何实现碳资产保值与增值是企业碳资产管理的中级目标。如何构建企业碳资产保值

[①]　贝赞可，德雷诺夫，尚利，等. 战略经济学[M]. 徐志浩，徐晨，周尧，等，译. 北京：中国人民大学出版社，2012.

[②]　北京绿色交易所. 企业碳资产管理体系建设及案例分享[EB/OL]. [2023-04-04] https://wenku.baidu.com/view/5f567b01f211f18583d049649b6648d7c0c70874.html.

与增值策略要从碳投资管理角度入手。碳资产是具有资金价值的无形资产。企业在充分考虑碳排放配额、碳减排技术的应用及碳交易成本等因素的基础上,结合企业自身的盈缺预测和排放数据,结合拆借、掉期、远期、套期保值等方式,利用各类金融工具,实现保值,控制各类风险,提高企业收益,将碳市场价格变动因素纳入企业碳投资战略的制定与分析,优化碳投资战略,促进企业的长远发展。

3. 低碳发展

如何将企业的发展与低碳的目标相融合,实现企业低碳高质量发展是企业碳资产管理的高级目标。"双碳"战略是我国绿色高质量发展的必然选择,也是我国实现自主发展的战略选择。企业应完整准确全面贯彻新发展理念,优化发展定位,推进科技创新,盘活优势资源。要实现绿色转型,推动传统产业与新能源、新材料、新技术、新要素的深度融合、赋能增值。特别是对于大型规模企业,在履行责任的同时,低碳发展也给企业带来更多的经济收益,与企业的发展相辅相成。

12.1.2 碳资产管理战略选择

企业在制定碳资产管理战略时,需根据环境的变化、本身的资源和实力选择适合的方式与目标,形成核心竞争力。

从外部环境角度看,当今时代,人类正面临着气候变化带来的海平面快速上升,洪水、干旱等自然灾害频发,粮食减产、物种灭绝等一系列问题。有评论指出,气候变化问题是人类有史以来面临的最大挑战,是 21 世纪的核心议题。面对气候变化的严峻形势,各国政府、学术界已展开多角度、多层面的行动。对于企业来说,及早制定碳资产管理战略,满足国际、国内法律法规要求,对提升企业品牌形象、提高行业竞争力具有重要意义。与此同时,市场层面的能源及原材料价格上涨,一些采购商为了打造绿色供应链,对采购的产品提出绿色节能的要求,从而倒逼企业进行升级改造,采取节能减排的新标准,只有这样才能在市场上夺得优势。

从本身的资源和实力角度看,具体战略选择需匹配企业类型、明确企业定位。重点企业是被强制要求参与碳交易体系的企事业单位。与非重点排放单位不同的是,重点排放单位将获得碳交易管理部门分配的配额。非重点单位由于没有获得配额,无须承担履约义务。因此,结合企业战略定位与低碳发展目标的关联度,可将企业划分为合规型企业、交易型企业与战略型企业。

目前我国大多数控排企业属于合规型企业,即遵守碳排放法律法规,参与交易相对较少,接受增加成本的情况下满足政府需求完成履约,其主要目标是最低成本的合规履约。

少数积极控排企业属于交易型企业。这类企业将碳交易作为业务形态,以盈利为目的,频繁交易,愿意使用碳金融工具,其主要目标是碳资产增值与保值,实现碳资产获利。

一些大型集团企业属于战略型企业。这些企业重视自身在行业内的排位、数据、能力建设、信息化建设、碳管理体系建设,积极参与交易,创新使用碳金融工具,其主要目标是实现企业的低碳发展。

12.1.3 碳资产管理战略实施

碳资产管理战略的实施可分为三步:确定组织架构,制定碳资产管理方案,发掘外部机会。

1. 确定组织架构

组织架构是企业的流程运转、部门设置以及职能规划等基本的结构依据。有效的组织架构可为强化企业内部控制建设提供重要支撑，是建立现代企业制度的重要保障，也是有效防范和化解各种舞弊风险的有力保证。

就现行碳资产管理模式而言，一共有三种，一是成立碳资产管理部门，二是成立碳资产管理公司，三是由总部及公司进行协同管理[①]。为了能有效执行公司碳资产管理战略，大型集团企业应成立由高层领导挂帅的多部门联席、职能明确的工作小组或专业的碳资产公司。如果碳约束并非强制纳入企业的管理体系，则碳减排工作最终有可能流于形式或者大打折扣，只有高层领导亲自挂帅并督导，在碳减排需要内部、外部支持时，才能获得应有的力度，最终确保碳资产管理工作顺利进行[②]。对于中小型企业，需成立职责分明、权属清晰的碳资产管理部门或专门碳工作组。由于碳资产管理属于新兴事物，关系到生产和运营的各个方面，如果不预先将可能涉及的各个部门纳入工作组，就会出现关键点遗漏等问题。一般企业碳工作组应纳入的部门包括战略部门、科技部门、环保部门、财务部门、运营部门等。只有各部门职能明确，才能各司其职以保证最终效果。

以大唐电力集团和华能电力集团为例。大唐新能源公司与摩科瑞亚洲投资有限公司于2011年7月27日合资成立了大唐摩科瑞（北京）技术开发有限公司，大唐新能源公司控股。该公司致力于利用双方的优势资源，包括项目资源、资金、业务团队、网络建设等开发中国市场的碳资产，并期望拓展国际碳市场，同时希望将业务范围拓展到国际传统能源市场及新能源市场。这在国内电力企业集团中尚属首例，同时也是可供借鉴的案例。华能碳资产经营管理有限公司与瑞士维多石油公司于2011年11月8日成立碳基金，基金规模5 000万人民币，华能碳资产出资51%，维多石油出资49%。该基金主要用于投资CDM项目开发，从项目碳资产收益中获取相应的收益。

明晰有效的组织架构是保证企业碳资产管理战略实施的前提。

2. 制定碳资产管理方案

制定具有可行性的碳资产管理方案是碳资产管理战略实施的重要环节。

碳资产管理的实质是企业对碳资产进行主动管理，实现企业效益及社会价值最大化、损失最小化。按照内容划分，碳资产管理方案可分为综合管理、技术管理、实物管理和价值管理等几个维度的管理方案。其中，综合管理主要包括规划、制度、流程、培训、咨询、风险等管理，是碳资产管理的基础；技术管理主要包括减排技术、能效技术、低碳解决方案等管理，是碳资源转变为碳资产的技术支撑；实物管理主要包括碳盘查、碳综合利用、碳排放等管理，是价值管理的基础；价值管理主要包括CCER项目开发、碳交易以及碳的金融衍生品，如碳债券、碳信用等管理，价值管理体现的是碳资产价值的实现。

按照操作方式划分，企业碳资产管理方案可分为碳减排方案、碳履约方案和碳交易方案。碳减排方案的制定主要包括确定碳减排基准、制定碳减排目标，识别并评估碳减排措

① 丁畅.基于全国统一碳市场建设的企业碳资产管理模式研究[J].经济与社会发展研究，2022(18)：71-73.
② 吴宏杰.碳资产管理[M].北京：清华大学出版社，2018.

施,跟踪监测碳减排计划的实施、反馈与改进、实施企业碳盘查等环节;碳履约方案的制定主要包括年初制订企业计划,监测数据采集及报告,第三方核查,碳交易,履约、反馈与改进等,尽管碳减排方案和履约方案的制定有所不同,但核心都是以最小的成本实现最大的利润。采用先进的碳减排技术,在技术上绝对领先,不仅是企业节能降耗、增加利润的重要手段,也是获得更多碳资产盈余的保障。目前企业的碳配额均由政府免费发放,一般在当年的下半年会予以发放,而履约使用是在第二年的 6 月前后。因此,碳配额从发放到履约保守说至少有半年的闲置期。合理制订碳交易方案正是有效利用了配额使用的"季节性",使碳资产增值。目前碳市场还不成熟,为避免碳价波动带来的交易风险,建议前期选择保守稳健的交易策略。已被证实的保守型碳交易策略包括碳配额—CCER 置换、保本型碳托管、碳质押抵押等。由于碳资产管理方案将成为企业贯彻节能减排的日常工作方案,很多大公司实施碳资产管理战略的同时,还常常聘请了专业的碳资产管理公司、其他研究机构,请专业的人来做专业的事,以最小的成本取得最大的收益。

3. 发掘外部机会

除了不断完善企业的碳资产管理能力,企业还应及时洞悉低碳发展趋势,主动争取资源支持。比如,以行业协议、低碳战略联盟等形式,汲取行业领先企业的实践经验;将企业低碳发展战略与地方区域实现"碳达峰、碳中和"目标相统一,发挥各自优势,加强地区基础设施建设与新能源结合的乡村振兴项目等合作,与各级政府通力合作,共赢发展;加强与高校、科研院所等科研平台的产学研合作,提升基础理论、低碳技术与碳管理等综合能力。

12.2 企业碳资产管理的核心内容

碳资产管理的核心内容包括碳资产数据与信息管理、碳资产技术管理、碳资产交易管理。

12.2.1 碳资产数据与信息管理

1. 碳资产数据管理

碳资产数据管理主要涉及数据检测与分析、数据核算与报告以及配合第三方核查等相关内容。

在数据检测与分析方面,要注意以下五个方面:①严格制订并实施年度碳排放监测计划;②用能部门需准确记录能源使用与消耗;③要及时汇总整理各个用能部门数据,并分析异常数据原因;④依据监测数据跟踪全年排放量,并预测预警配额盈缺量;⑤建立监测设备与计量器具台账,做好维护与定期校验工作。

在数据核算与报告方面,要注意以下两个方面:①正确识别排放源与排放边界,建立排放源台账;②建立并保持有效的数据内部校验与质量控制要求,包括对文件清单、原始资料以及监测报告等的要求。

2. 碳资产信息管理

碳资产信息管理主要涉及碳盘查与信息公开机制。

（1）碳盘查

碳盘查是指在定义的空间和时间边界内，以政府、企业为单位计算其在社会和生产活动中各环节直接或者间接排放的温室气体[①]。

制定科学有效的碳盘查管理体系对企业碳资产管理具有重要意义。从顺应国家低碳战略发展角度看，按时保质保量地完成碳盘算是国内控排企业参与碳交易的关键。企业开展碳盘查也是满足国内法律法规的需要。从企业运营成本看，通过碳盘查，企业能够清楚地了解各个时期、各个部门或者各个环节的碳排放量，从而制定针对性更强的节能减排目标，从而降低生产成本，提升企业竞争力。同时，碳盘查也有助于企业充分利用绿色信贷政策红利，降低融资成本。从市场需求角度看，开展碳盘查有助于提升企业形象，对引导消费者消费具有积极作用，同时对于部分企业，尤其是参与国际贸易的企业，开展碳盘查是满足客户需求的必备条件。

根据碳盘查对象不同，碳盘查可以分为基于组织层面（企业、政府等）的盘查和基于产品/服务层面的盘查。基于组织层面的盘查主要强调碳排放的责任归属，而基于产品/服务层面的盘查主要强调产品/服务的全生命周期的累计排放。

碳盘查的主要内容概括起来主要包括以下五个环节。

① 确定碳盘查的组合和运营边界。组织边界一般采用控制权法或股权持分法来确定。确定组织边界之后，需要定义运营边界，包括识别与运营相关的直接排放和间接排放。

② 鉴别排放源。一般包括固定燃烧（如锅炉烧煤等固定式设备的燃料燃烧）、移动燃烧（如汽车燃油排放）、过程燃烧（如水泥生产的燃烧过程中排放的二氧化碳）、逸散性排放（由于泄漏、蒸发或风的作用泄放到大气中的污染物）等。

③ 量化碳排放。确定排放量的方法主要有三种：一是直接测量法，优点是直观且准确，缺点是通常较为昂贵且难以实现。二是排放系数法。该方法是以燃料的使用量乘以排放系数得到温室气体排放量。常用的排放系数包括国家发改委每年公布的电力系统排放因子、IPCC公布的燃煤排放系数等。这是最为常用的计算方法。三是质量平衡法。该方法通过监测过程输入物质与输出物质的含碳量和成分，计算出温室气体排放量。

④ 生成碳排放清单报告。

⑤ 内外部核查。内部核查是指由公司内部组织的核查工作，外部核查是指由第三方机构进行的核查。

（2）信息公开机制

基于碳盘查的对象不同，信息公开机制主要分为碳披露和碳标签。

① 碳披露。碳披露是指在碳盘查的基础上，企业将自身的碳排放情况、碳排放计划和碳排放方案、执行情况等适时适度向公众披露的行为。碳披露能够督促企业加强掌控碳排放情况，同时也向公众表明了企业承担社会责任的态度。

欧美国家政府组织与环境主管机构掌握的碳排放数据可以免费供公众查询，主要用于政策制定和学术研究等用途。一般而言，欧美国家碳排放数据的披露是企业自发性行为，一些非营利组织与商业机构通过这一渠道整合了部分碳排放数据。一些欧美企业受商业利益或公益道德的驱动，选择在特定的平台主动披露碳排放数据，具有自下而上的特点。美国指

---

① 吴宏杰.碳资产管理[M].北京：清华大学出版社，2018.

数编制公司明晟通过企业自主披露或提供的模型工具,估算整合了全球 198 个国家超过 9 600 家企业的碳排放数据。全球性非营利组织全球环境信息研究中心(CDP)通过企业自主披露获取了全球 5 500 家企业温室气体排放相关数据,2020 年向 CDP 披露气候相关数据的公司市值占到二十国集团(G20)国家公司总市值的 50% 以上。

我国碳排放数据上报机制同样分为强制性上报和自愿披露。碳交易市场试点省市的环境主管部门通过企业强制上报获得一手数据。2013—2016 年,北京、天津、上海、重庆、湖北、广东、深圳、四川和福建 9 个省市陆续开展碳排放交易试点,先后出台了关于企业温室气体排放信息披露相关规定,要求包括电力、钢铁、化工、水泥、石化、造纸等在内的高耗能行业的重点碳排放单位,向当地生态环境厅(局)报送年度碳排放数据,经第三方机构核验后,用于制定各排放企业下一年度碳排放配额。目前全国性碳排放权交易市场已经正式启动,首批覆盖的 2 200 余家电力行业控排企业需要根据生态环境部制定的温室气体排放核算与报告技术规范,编制该单位上一年度的温室气体排放报告,载明排放量,并于每年 3 月 31 日前报生产经营场所所在地的省级生态环境主管部门,排放报告所涉数据的原始记录和管理台账至少被保存 5 年。预计"十四五"期间,钢铁、水泥、化工、建材等八大重点能耗行业都将被纳入统一碳排放权交易市场,届时相关行业的重点企业也必须向主管部门上报年度碳排放数据,我国碳排放数据覆盖范围届时将进一步扩大。我国一些非营利组织通过企业自愿披露获得了部分碳排放数据。2016 年国务院发布《"十三五"控制温室气体排放工作方案》,鼓励国有企业、上市公司、纳入碳排放权交易市场的企业主动公开温室气体排放信息。目前已有部分国有企业、上市公司积极响应号召,在行业年报、社会责任报告等载体中自发披露温室气体排放数据。此外,部分参与国际合作的中国企业基于工业和信息化部发布的《绿色供应链管理评价要求》,自愿在非营利性平台披露排碳信息。2021 年 6 月 28 日,证监会发布修订后的上市公司年度报告和半年度报告格式准则,鼓励上市公司自愿披露报告期内的碳排放信息。通过上述披露方式,我国一些非营利性组织掌握了部分碳排放数据。

② 碳标签。碳标签是基于产品生命周期分析和(或)产品碳足迹的计算方法学,将产品在生产、使用和弃置各个阶段所排放的二氧化碳及其温室气体的总量以标签的形式予以标示。早在 2006 年,国际上就推出了相应的"碳标签",这对扩大消费市场、带动绿色消费产生了积极的作用,同时也倒逼我国企业生产碳排放量较低的产品,形成碳减排闭环。

现行的产品碳标签主要分为碳足迹标签、碳减排标签、碳中和标签三类。碳足迹标签主要公布产品整个生命周期的碳排放量,或者标示出产品全生命周期每一阶段的碳排放量。碳减排标签不公布明确的碳排放数据,仅表明产品在整个生命周期内碳排放量低于某个既定标准。碳中和标签不公布明确的碳排放数据,标示了产品碳足迹已通过碳中和的方式被完全抵消。

目前市场对产品碳标签和企业碳标签的需求强烈,在"双碳"背景下,龙头企业开始有计划、有目的地制定和执行减碳战略。产品碳标签能大幅提高产品的品牌形象,有力引导消费者提高绿色环保理念,提高产品在更大市场范围的流通能力,能够有效促进全国统一大市场的建设。

12.2.2　碳资产技术管理

碳资产技术管理主要涉及减排技术、能效技术、碳中和与低碳解决方案等方面的管理,通过技术方式达到碳资源向碳资产的转化和优化。

1．企业内部减排技术管理

企业对经盘查识别出的重点排放源进行技术管理，有针对性地实施减排计划，如提高能源效率、技术改造、燃料转换、新技术应用等。

在国家大力提倡低碳经济的今天，企业开展节能减排实质上有很多利好的模式和政策可以借鉴。

（1）使用合同能源管理模式节能降耗。合同能耗管理是指企业与专业的节能服务公司通过签订合同，实施节能改造。合同内容一般包括用能诊断、项目设计、项目融资、设备采购、工程施工、设备安装调试、人员培训、节能量确认和保证等。这些模式将节能技术改造的一部分甚至大部分风险，转移给了节能服务公司。

对企业而言，将节能改造外包给专业的节能服务公司，可以解决前期技术改造升级所需的技术调研、设备采购、资金筹措、项目实施等关键问题，这种模式特别适合缺少专业人才和资金的中小企业。对于资金充裕、技术能力强的大企业，也可能因为节能项目风险责任的转移而取得更为实在的效果。

（2）享受国家低碳政策红利

目前各大银行基本上建立了向节能低排放用户倾斜的"绿色信贷机制"，很多银行还实行了"环保一票否决制"，对低排放节能的企业提供贷款扶持，同时促进高耗能、高排放的行业实现低碳转型。

同时，国家也出台了一系列税收优惠，扶持企业节能减排和技术改造。比如，国家对企业从事符合条件的环境保护、节能节水项目给予企业所得税减免所得额优惠。对于企业购置用于环境保护、节能节水、安全生产等专业设备的可以按一定比例实施税额抵免。

（3）申请课题资助，助力低碳技术研发和项目投资

国家为了加速低碳技术研发，也配套了各种资金，其中最为知名的是中国清洁发展机制基金（简称"清洁基金"）。清洁基金是由国家批准设立的政策性基金，按照市场化模式进行管理。清洁基金将通过有偿使用和理财获取合理收益，以做到保本微利，实现可持续发展。截至 2020 年 4 月，清洁基金已累计在全国 27 个省区市开展了 317 个、共计 194 亿元的清委贷项目，撬动社会资金近千亿元。清洁基金的使用分为赠款和有偿使用等方式。赠款可用于应对气候变化的政策研究、能力建设和提高公众意识的相关活动。有偿使用的清洁基金可用于有利于产生应对气候变化效益的产业活动。

上述政策和资金等利好措施可使企业在实现节能减排的同时，获得低息贷款或技术支持，在获得外界最大帮助的同时，减少企业的实际支出。

2．碳中和与低碳解决方案

碳中和也称碳补偿，是指在规定时期内二氧化碳的人为移除与人为排放相抵消。碳中和可购买的碳额度项目种类繁多，比如植树造林项目、可再生能源项目、温室气体吸收类项目等。

当一个企业或产品声称实现"碳中和"时，核算边界为全球公认的三大范围，第一大范围是直接排放，第二大范围是能源生产造成的间接排放，第三大范围是供应链上发生的所有间接排放。例如，对于苹果公司而言，2021 财年净碳排放量为 2 250 万吨，其中，范围一是公

司、数据中心、零售店直接拥有或运营的能源排放;范围二是用电过程中产生的碳排放(由于苹果使用100%可再生电力,因此此部分的碳排放为零);范围三包括商务差旅、员工通勤,以及供应商参与的产品制造、使用、运输、报废处理等,占所有净碳排放量的九成以上。范围三的排放核算与中和,在全世界是公认的难题。对于这类科技互联网企业,绿色电力可能是碳中和战略的最大抓手[①]。

12.2.3　碳资产交易管理

目前中国企业参与的碳交易主要有三类:第一类,参与 CDM 项目;第二类,参与全国碳排放权交易市场;第三类,参与自愿减排项目碳交易。涉及的碳交易管理主要有以下方面。

1. 碳价格影响因素分析

影响碳价格的因素可分为长期、中期和短期三大类型。长期因素包括国际谈判进展、国内政策预期、MRV 以及交易规则等;中期因素主要包括配额总量、配额分配方案,区域、行业、企业缺口,现货及衍生品价格、履约机制等;短期因素主要包括抵消政策、投资机构行为、企业管理行为等。

在分析碳价格影响因素的过程中,要特别注意相关政策分析及碳价格预警。比如,基于行业配额分配方案,实施产量计划预测及单位碳排放强度核算,对配额盈缺情况进行预估。同时还要结合区域配额分配方案,综合最新的政策动态,判断碳市场价格走势,并结合碳市场操作做相应的反馈预警。

2. 碳交易过程管理

碳排放权交易管理的目标是在加强监管与风险防控的同时,保证交易流程具有一定的灵活性。

中国碳市场交易系统的核心要素是配额设定与覆盖范围、配额分配制度、三大系统、交易制度。

与中国企业密切相关的三个系统指的是 MRV 系统,注册登记簿系统以及交易系统。MRV 系统是碳交易的核心制度,是最终核实企业排放、确定配额总量和核定企业履约的基础。MRV 系统遵循"谁排放谁负责"的原则,由控排企业自行监测,自下而上向试点管理者报告,排放数据最终还会经过第三方核证机构核实。交易系统是企业进行协议议价与定价转让的平台。注册登记簿系统是企业实现配额获取和履约的平台。

碳交易过程管理主要包括以下内容。

(1) 明确碳配额及 CCER 交易程序与交易规则。

(2) 制定碳配额及 CCER 卖出和买入交易工作程序。

(3) 制定碳配额及 CCER 场内与场外交易工作程序。

(4) 基于企业配额盈缺分析及碳排放权交易市场分析制订交易方案。

(5) 制定交易资金审批程序及交易资金计划。

(6) 制定交易资金风险防控制度。

[①] 南方周末绿色研究中心.科技互联网企业的碳中和突围与生意[EB/OL].[2023-04-04]. https://new.qq.com/rain/a/20220926A04XK100.

3．碳交易管理的风险控制

碳交易管理的风险控制是碳交易能否实现企业碳资产保值与增值的重要工作，主要涉及信用风险、政策风险、流动性风险、市场风险、资产返还风险等。

（1）信用风险层面。碳交易涉及多个层面与控排交易企业的沟通与交流，企业信用非常重要，如果对企业的信用无法判断或者判断失误，尤其是采取没有第三方担保的协议托管，则容易出现碳资产管理机构到期不能及时返还配额或者不能支付承诺收益的情况。

（2）政策风险层面。自从碳交易开展以来，国家主管部门和试点市场各自出台了政策，政策发布密集且多变。碳交易过程中要涉及政策的不断调整，稍微疏忽便会与政策要求不符，衍生政策风险。

（3）流动性风险层面。我国碳交易市场的流动性不足，市场换手率低。当交投清淡时，持有买单可能无法找到交易对手。尤其对于金额较大的买单而言，即使最终交易成功也会对市场价格产生较大的影响，拉高购买方成本。

（4）市场风险层面。由于多种因素会影响碳交易市场的价格与碳资产需求量，因此碳交易管理中需要承受碳市场波动带来的不确定性。

（5）资产返还风险层面。以碳资产托管为例，一些碳资产需要短期内从企业手中转移到碳资产管理公司手中，到期前由碳资产管理公司将资产返还给控排企业。在此过程中，控排企业需要托管资产在碳排放履约的最后期限之前返还，并且保证企业有充裕的时间完成履约操作。而碳资产管理公司希望碳资产越晚返还越好，返还期限尽可能接近履约期限，以充分利用碳资产的市场价格波动来交易、套利。因此，二者在碳资产的返还时间上存在利益冲突，从而需要合作双方事前约定①。

12.3　碳资产管理模式的发展及创新趋势

我国碳市场的作用在碳交易和碳资产管理两大核心职能上得到了充分体现。当前碳交易主要发生在碳控排企业和碳资产服务机构之间，随着金融机构被逐步纳入碳市场，未来碳交易或将在更多不同类型的主体间进行。目前看来碳资产管理的职能主要发生在"金融机构—碳控排企业"以及"碳控排企业—碳资产服务机构"之间。这一职能主要依托碳资产管理工具而产生。因此碳资产管理天然地接近碳控排企业，有望成为控排企业用来管理、盘活碳资产的重要手段或途径。以下概述我国碳资产管理模式的发展现状与创新趋势。

12.3.1　碳资产管理模式的发展现状

1．碳资产管理工具不断完善

按照中国证监会的《碳金融产品》行业标准，碳资产管理工具包括碳市场融资工具、碳市场支持工具以及碳期货等碳市场交易工具。其中，碳市场融资工具包括但不限于碳债券、碳资产抵质押融资、碳资产回购、碳资产托管等；碳市场支持工具则包括但不限于碳指数、碳保险、碳基金等。目前碳期货由广州期货交易所进行开发，其预期的功能之一便是帮助

---

①　段雅超.碳资产管理业务中的风险及应对措施[J].中国人口·资源与环境，2017，27(5):327-330.

碳控排企业实现套期保值,满足企业碳风险管理的需求。对于碳控排企业而言,由于在每个履约期都可以获得政府发放的配额,因此具有较大的碳资产托管、抵质押融资和风险管理等需求。

2. 碳资产管理服务成为碳控排企业的重要需求

当前的全国碳市场于 2021 年 7 月正式开市,首批纳入的 2 225 家发电企业年碳排放总额预计超过 40 亿吨,占全国年碳排放总量的 40% 左右。随着钢铁、有色金属、造纸等行业逐步被纳入全国碳市场,碳控排企业规模将不断扩大,而这些企业的风险偏好或将逐步分化。风险偏好较低的碳控排企业或更重视碳市场的碳资产管理职能,主要希望借助碳资产管理帮助自身降低履约成本等;风险偏好较高的碳控排企业或更关注碳市场的交易职能,希望参与套保或投机的操作。近年来,在大宗商品市场波动加剧的条件下,不少上市公司发布套期保值公告,希望利用期货与衍生品工具来管理企业面临的价格风险。由公开统计数据可知,A 股上市公司中,有意愿利用期货与衍生品市场套期保值的比例从 4.96% 上升至 10.67%,表明大多数公司对于期货市场的态度相对谨慎。目前来看资金实力相对雄厚、人才体系相对完善的上市公司,参与到期货套期保值中的比例仅为 10% 左右,预计绝大多数碳控排企业对于碳市场资产管理的需求或将明显高于交易职能的需求[①]。

3. 碳资产抵质押融资、碳资产回购等便利碳控排企业履约

中国证监会发布的《碳金融产品》给出的碳资产抵质押融资定义是,碳资产的持有者(借方)将其拥有的碳资产作为质押/抵押物,向资金提供方(贷方)进行抵质押以获得贷款,到期再通过还本付息解押的融资合约。随着碳金融服务体系的完善,碳控排企业可以将逐年获得的碳配额通过这种方式抵质押给提供服务的金融机构或碳资产服务机构,从而获得流动性,赋能企业日常经营管理;在履约期临近时,企业可再将碳配额赎回,并根据实际需要进行相关操作,以满足履约需求。

碳资产回购的操作机制是,碳资产的持有者(借方)向资金提供机构(贷方)出售碳资产,并约定在一定期限后按照约定价格购回所售碳资产,以获得短期资金融通的合约。可见,碳资产回购是碳资产抵质押融资的重要补充,可满足不同类型的碳控排企业的多样化需求。

当前中国不少碳试点市场尝试开展碳资产管理业务。以广东碳排放权交易所(以下简称"广碳所")为例,其碳配额抵质押的业务流程可分为:① 控排企业向广碳所提交融资申请及相关材料,控排企业和银行达成融资意向并签署融资合同后,双方向广碳所提交抵押申请;② 广碳所通过审核后,按照业务规则在系统中将控排企业的配额进行抵押登记;③ 向银行出具碳资产抵押登记证明;④ 银行向控排企业发放融资款项;⑤ 融资期限到期后,控排企业偿还银行融资款项以及利息,银行与广碳所为控排企业碳资产进行解除抵押操作。根据广碳所披露数据,截至 2022 年 5 月 11 日,已累计完成 21 笔碳配额抵押融资,涉及配额量 508 万吨,金额 7 023 万元。此外,还完成了 44 笔碳配额回购融资,涉及 1 752 吨配额,金额 2 亿元。

4. 碳信托日趋活跃

碳资产托管的运作机制是,碳资产管理机构(托管人)与碳资产持有主体(委托人)约定

---

① 巴曙松,郑伟一,陈英祺.当前中国碳资产管理发展趋势评估[J].清华金融评论,2022(7):73-76.

相应碳资产委托管理、收益分成等权利义务的合约。控排企业将碳资产托管给专业机构,能够降低履约成本和风险,获得碳资产投资收益,同时更专注于自身的主营业务,提高经营效率。获得托管碳资产后,碳资产管理机构可开展多种碳金融活动,例如,在二级市场开展套利碳交易等。信托公司参与碳资产账户管理有较为突出的优势,信托财产的独立性原则是信托制度区别于其他制度的本质特征,以信托形式设定的碳资产不受委托人和信托公司破产风险的影响,从而保护碳资产的安全性。一方面,信托公司可与控排企业约定托管目标,控排企业可借此盘活碳资产,提高配额管理水平,获得额外收益;信托公司则可借此以较低成本获得碳资产,赋能碳资产运作,实现交易获利。另一方面,信托公司可与碳排放权交易所合作,为投资者在交易平台设立个人信托账户,提供多元的投资品种和投资渠道,信托公司通过收取佣金的方式获取收益①。

从市场实践看,2013 年 6 月起中国各试点碳市场逐渐启动,碳资产托管业务逐渐受到关注。2014 年 12 月,全国首单碳资产托管业务在湖北碳排放权交易中心完成,湖北兴发化工集团股份有限公司向某碳资产管理公司托管 100 万吨碳排放权,约定到 2015 年 6 月湖北碳交易试点履约期前返还碳配额,同时兴发化工集团获得固定收益。广碳所披露的信息显示,截至 2022 年 5 月 11 日,已累计完成 53 笔碳配额托管业务,涉及的配额量达 1 871 万吨,规模远超其他碳金融服务②。

在各类市场上金融机构都发挥着活跃市场、流通资金的重要作用,碳市场也不例外。在碳市场上,控排企业很难独立获得减排所需的资金,从而产生融资需求;拥有减排能力的企业加入碳市场,存在专业知识和信息渠道的壁垒,从而产生顾问服务的需求;企业进行交易时,会产生风险规避需求。因此,需要金融机构积极参与到碳市场中,发挥创造性思维,开发更多的碳金融产品。随着企业和金融机构对于碳资产认识的不断加深,碳金融将更加成熟,更好地服务于企业碳资产管理。

随着碳市场的推进和不断成熟,碳金融业务的品种和类型必将越来越多。企业想要在碳金融业务方面获得保值和增值,必须有同时了解碳市场和金融的人才,而这一点大多数企业是无法办到或需要相当成本才能办到的。基于碳金融,碳资产管理可以提供的服务包括碳金融机会发现与识别、碳金融业务撮合等,而其主要目的可以概括为获得融资机会或者规避风险。

12.3.2 碳资产管理模式的创新趋势

1. 资产属性促进科技创新

除去履约指标属性,碳资产最重要的就是资产属性。碳资产可以将技术创新、降碳举措所产生的实际减排转化成具有公允价值的资产。零售类、投资类、资产类和保险类产品是全球主流的四类碳金融产品。发达国家银行业以成熟的传统金融产品为依托,在碳金融领域进行了诸多创新尝试。如以个人、家庭和中小企业为主要目标客户群的零售类金融产品,其特点是交易金额较小,风险系数相对较低;能将公众的消费行为与碳排放挂钩,能使购买者既得到一定的经济利益,又履行一定的减排义务。以大型企业、机构等团体为主要目标客户

---

①② 巴曙松,郑伟一,陈英祺.当前中国碳资产管理发展趋势评估[J].清华金融评论,2022(7):73-76.

的投资类碳金融产品,主要投向清洁能源项目、能源技术开发项目等,一定程度上缓解了低碳技术投入资金不足的问题,能够改善银行的融资结构,为低碳资金提供灵活的融资渠道。低碳资产管理类产品当中最受欢迎的项目——低碳投资基金,一般由政府主导,由政府全部承担出资或通过征税的方式或政府与企业按比例共同出资,交易金额一般较大。除此之外,国际上大型保险公司和部分银行还积极尝试低碳保险类产品。

在绿色金融越发受到金融机构与投资者青睐的今天,企业将碳资产聚合形成规模化优势,既可以拓宽短期融资渠道,也可以通过资产运作获取长期收益,进一步用于反哺低碳技术,引导资本向低碳技术转移,实现良性循环,促进各行业低碳转型发展[①]。

2. 碳市场发展的深度和广度将进一步拓展

全球范围内碳排放权因稀缺性而呈现的资产化以及国际碳交易市场的统一和各国市场的联结,都已成为不可逆转的趋势。2013年之后,全球版图上几个较大规模的强制性 ETS 相继依法确立,美国加利福尼亚州、魁北克以及韩国碳市场陆续启动,不仅有可能改变EU ETS 一家独大的局面,也会使全球碳市场进一步向成熟市场迈进。目前欧盟碳市场成功与多个国家在推进碳市场连接方面进行了有益的探索,尽管连接形式有所不同,但总体来看,越相似的市场间越容易连接。如挪威碳市场从一开始就依照欧盟碳市场的指令进行设计,因此只需要通过已有的自由贸易区协议就可以相互交易。此外,加利福尼亚州与魁北克碳市场由于碳市场关键设计要素保持一致,也实现了双向连接。

12.3.3 企业碳资产管理实践建议

1. 碳资产管理与绿色金融进一步深度融合

企业可充分把握绿色金融市场快速发展期,通过资产运作发掘资产金融属性,在严格控制金融风险的前提下,加强与金融机构的合作。目前相对成熟的碳资产金融方案主要是碳配额抵质押、碳远期与碳回购,通过碳资产金融管理为企业开拓短期融资新道,同时也有与碳资产挂钩的有价证券等中长期融资工具。随着我国碳市场不断发展,碳期货、碳基金等产品将陆续出现,企业碳资产将在金融市场开展跨期、跨行业碳资产运作管理,实现控排企业配额资产的跨期保值、风险对冲等目标。对于绿色低碳技改项目、新能源电源项目和低碳技术创新,如碳捕捉、储能等项目的投资,企业可以提早碳资产管理服务的介入时间,将碳排放预测与碳收益评估融入新建项目与改造项目的投资评价中,通过测算项目减碳效果,评估碳资产预期体量与收入,为项目投资开发决策提供重要依据。有条件的企业可以进一步利用金融手段,拓宽融资渠道、汇集更多社会资本,同时降低项目财务成本,提升项目投资收益率[②]。

2. 优化企业内部管理体系

(1)做到五个"统一"

五个"统一"是指统一领导、统一数据、统一策略、统一履约、统一交易,其可为中国企业碳资产提供保障。在利用上述两种模式进行碳资产管理时,相关企业需重视五个"统一"。

---

①② 高原.构建碳资产管理服务产业体系 促进电力低碳转型发展[J].中国电力企业管理,2022(4):80-81.

而五个"统一"的落实点为制度、组织。

（2）建立完善的碳管理体系

碳管理体系的建立可约束工作人员的行为，可为相关工作的落实提供保障。所以，相关企业需重视碳管理体系的建立。而碳管理体系的建立需以全国碳交易为抓手，根据企业实际情况由上而下建立制度体系，实现数据统计报送的由下至上，如此才可使企业面对市场变化、政策变化。

（3）积极参与全国碳市场建设

碳资产管理基于碳市场建设，所以想要做好碳资产管理工作，企业需要主动积极地参与到全国碳市场建设中。企业可从以下两方面入手：一是及时了解国内外碳市场情况、相关政策走向；二是根据国家相关部门部署配合相关部门工作。

（4）主动参与碳市场政策研究

讨论、制定碳市场政策需结合实际情况，而作为碳资产管理企业，需将自身探索过程中获得的经验分享出来，为碳市场政策制定贡献力量。比如，可根据自身实际情况对我国碳排放管理体系、碳排放管理方法进行探究，并将相关建议、诉求及时反馈给相关部门。同时，企业还需将自身优势充分利用起来，积极参与碳市场政策的研究、讨论和制定。

延伸阅读 国际实践：基于碳配额拍卖收入的创新基金、碳交易中介与咨询

（5）开展碳资产管理能力建设

碳资产管理工作效率、质量与相关工作人员的能力息息相关，想要提高碳资产管理效率、质量，就需开展相关培训工作，使工作人员的能力得到提高。同时，相关企业还需开展相关讲座，不断接受新知识，提高员工素养、综合素质和能力[①]。

在全国统一碳市场快速发展的背景下，企业需重视碳资产管理，结合自身情况，制定与企业特征相匹配的碳资产管理战略，选择适合企业低碳发展的碳资产管理模式。

📖 课程思政

战略型企业的碳资产管理对于确保我国能源安全有何重要意义？

❓ 习 题

1. 请概述企业碳资产管理战略目标。
2. 试分析不同类型企业碳资产管理的战略选择。
3. 简要概述碳资产管理战略实施过程。
4. 企业碳资产管理的核心内容是什么？
5. 简述国内企业碳资产管理模式的发展现状。
6. 结合碳资产管理模式的创新趋势分析，提出碳资产管理实践建议。

---

① 丁畅.基于全国统一碳市场建设的企业碳资产管理模式研究[J].经济与社会发展研究，2022(18)：71-73.